"十二五"国家重点图书出版规划项目

材料科学研究与工程技术系列

工程材料力学性能

Mechnical Performances of Engineering Materials

● 刘瑞堂 刘文博 刘锦云 编

哈尔滨工业大学出版社

内 容 简 介

本书主要介绍工程材料在各种载荷与环境条件下的力学性能,包括工程材料的基本力学性能:弹性变形、塑性变形、断裂和断裂韧性原理;与零件工作条件相关的力学性能;低温脆性、疲劳、蠕变和环境介质作用下的力学性能;工程非金属材料如复合材料、高分子材料和无机非金属材料的力学性能。

本书为材料科学与工程类各专业本科生教材,也可供有关专业的学生以及从事工程材料研究和加工、机械零件与结构设计、机械装备失效分析等专业技术人员参考。

图书在版编目(CIP)数据

工程材料力学性能/刘瑞堂,刘文博,刘锦云编. —2 版. —哈尔滨:
哈尔滨工业大学出版社,2013.8(2016.12 重印)
ISBN 978 - 7 - 5603 - 1651 - 2

Ⅰ.①工… Ⅱ.①刘…②刘…③刘… Ⅲ.①工程材料-材料力学
性质 Ⅳ.①TB301

中国版本图书馆 CIP 数据核字(2013)第 190865 号

材料科学与工程
图书工作室

责任编辑　张秀华
封面设计　卞秉利
出版发行　哈尔滨工业大学出版社
社　　址　哈尔滨市南岗区复华四道街 10 号　邮编 150006
传　　真　0451 - 86414749
网　　址　http://hitpress.hit.edu.cn
印　　刷　哈尔滨工业大学印刷厂
开　　本　787mm×1092mm　1/16　印张 17.625　字数 410 千字
版　　次　2013 年 8 月第 2 版　2016 年 12 月第 2 次印刷
书　　号　ISBN 978 - 7 - 5603 - 1651 - 2
定　　价　30.00 元

序　言

　　材料科学与工程系列教材是由哈尔滨工业大学出版社组织国内部分高校专家学者共同编写的大型系列教学丛书,其中第一系列、第二系列教材已分别被列为国家新闻出版总署"九五"、"十五"重点图书出版计划。第一系列教材9种已于1999年陆续出版。编写本系列教材丛书的基本指导思想是:总结已有、通向未来、面向21世纪,以优化教材链为宗旨,依照为培养材料科学人才提供一个较为广泛的知识平台的原则,并根据培养目标,确定书目、编写大纲及主干内容。为确保图书品位,体现较高水平,编审委员会全体成员对国内外同类教材进行了细致的调查研究,广泛征求各参编院校第一线任课教师的意见,认真分析国家教育部新的学科专业目录和全国材料工程类专业教学指导委员会第一届全体会议的基本精神,进而制定了具体的编写大纲。在此基础上,聘请了国内一批知名的专家,对本系列教材书目和编写大纲审查认定,最后确定各册的体系结构。经过全体编审人员的共同努力,第二系列教材即将出版发行,我们热切期望这套大型系列教学丛书能够满足国内高等学校材料工程类专业教育改革发展的需要,并且在教学实践中得以不断充实、完善和发展。

　　在本书的编写过程中,注意突出了以下几方面特色:

　　1.根据科学技术发展的最新动态和我国高等学校专业学科归并的现实需求,坚持面向一级学科、加强基础、拓宽专业面、更新教材内容的基本原则。

　　2.注重优化课程体系,探索教材新结构,即兼顾材料工程类学科中金属材料、无机非金属材料、高分子材料、复合材料共性与个性的结合,实现多学科知识的交叉与渗透。

　　3.反映当代科学技术的新概念、新知识、新理论、新技术、新工艺,突出反映教材内容的现代化。

　　4.注重协调材料科学与材料工程的关系,既加强材料科学基础的内容,又强调材料工程基础,以满足培养宽口径材料学人才的需要。

　　5.坚持体现教材内容深广度适中、够用的原则,增强教材的适用性和针对性。

　　6.在系列教材编写过程中,进行了国内外同类教材对比研究,吸取了国内外同类教材的精华,重点反映新教材体系结构特色,把握教材的科学性、系统性和适用性。

　　此外,本系列教材还兼顾了内容丰富、叙述深入浅出、简明扼要、重点突出等特色,能充分满足少学时教学的要求。

　　参加本系列教材编审工作的单位有:清华大学、哈尔滨工业大学、北京科技大学、北京航空航天大学、北京理工大学、哈尔滨工程大学、北京化工大学、燕山大学、哈尔滨理工大学、华东船舶工业学院、北京钢铁研究总院等 22 所院校 100 余名专家学者,他们为本系列教材的编审付出了大量心血。在此,编审委员会对这些同志无私的奉献致以崇高的敬意。此外,编审委员会特别鸣谢中国科学院院士肖纪美教授、中国工程院院士徐滨士少将、中国工程院院士杜善义教授,感谢他们对本系列教材编审工作的指导与大力支持。

限于编审者的水平,疏漏和错误之处在所难免,欢迎同行和读者批评指正。

材料科学与工程系列教材编审委员会

2001 年 7 月

前　言

　　工程材料力学性能是关于材料强度的一门科学,其研究对象主要是材料受外力作用后的力学行为规律及其物理本质和评定方法。《工程材料力学性能》是材料科学与工程类专业的主干课程之一,其内容包括工程材料的基本力学性能:弹性变形、塑性变形、断裂和断裂韧性原理,与零件工作条件相关的力学性能:低温脆性、疲劳、蠕变和环境介质作用下的力学性能,以及工程非金属材料如复合材料、高分子材料和无机非金属材料的力学性能。本课程的教学目的在于使学生掌握工程材料力学性能的基本理论和评价材料的力学性能指标及其测试方法,为正确选择和合理使用材料,优化和改进加工工艺以充分发挥材料的性能潜力,创制新材料、新工艺以及开展零构件失效分析等奠定必要的基础。本书的内容以金属材料力学性能为主,同时对几种主要的工程非金属材料的力学性能只进行了简要的介绍。因此,本书仍保留了金属力学性能教材的传统体系。在内容的组织上,努力做到既体现当代材料强度领域的新成就,如位错理论对材料力学性能规律的理解,断裂韧性原理及应用等,又适当介绍对学科发展曾起到重要作用的经典理论,以体现学科发展历程,启迪学生的创造性思维,并力图将基本理论与工程实际相结合,以增养学生理论联系实际和灵活运用知识的能力。

　　为使本书不仅可作为本科生教材,还可以作为研究生学位论文期间以及正在从事科研与生产实践的工程技术人员的参考书,因此,尽管近年来课程的学时安排趋于压缩,也只对其局部内容进行了删节和调整,所以篇幅显得稍长。应用本教材时,可根据实际需要和学时情况,适当删节。

　　由于时间紧迫,为应急于今年秋季教学使用,书中部分内容取材于国内外曾经和正在使用的有关教材(见书末参考书目),并且移植了其中的部分章节和段落。书中还吸收了近期材料力学性能研究的部分新成果,也是由于时间关系,未能将这些文献一一列出。在这里谨向这些参考书和文献的作者表示衷心的感谢。

　　参加本书编写的有刘瑞堂(第一至九章),刘锦云(第十章),刘文博(第十一至十四章)。全书由刘瑞堂统稿定稿。由于作者学术水平所限,书中疏漏在所难免,恳请采用本书的老师和读者不吝赐教。

作　者

2001 年 7 月

来信请寄:哈尔滨工业大学出版社　张秀华(收)

地　　址:哈尔滨市南岗区教化街 21 号

邮　　编:150006

目　　录

第一章　静载拉伸试验

静载拉伸试验是最基本的、应用最广的材料力学性能试验方法。一方面,由静载拉伸试验测定的力学性能指标,可以作为工程设计、评定材料和优选工艺的依据,具有重要的工程实际意义,另一方面,静载拉伸试验可以揭示材料的基本力学行为规律,也是研究材料力学性能的基本试验方法。本章主要介绍由静载拉伸试验得到的应力-应变曲线和材料的基本力学性能指标。

1.1　应力-应变曲线

静载拉伸试验所用试样一般为光滑圆试样[①],试样工作长度(标长)$l_0 = 10d_0$,d_0为原始直径。静拉伸试验,通常是在室温和轴向加载条件下进行的,其特点是试验机加载轴线与试样轴线重合,载荷缓慢施加,应变与应力同步,试样应变速率$\leq 10^{-1}/\mathrm{s}$。在静拉伸试验得到的应力-应变曲线上,记载着材料力学行为的基本特征,因此,应力-应变曲线成为理解材料基本力学行为的基础和信息源。材料应力-应变曲线的应力和应变,一般用条件应力σ和条件应变δ表示

$$\sigma = P/A_0 \qquad (1\text{-}1)$$
$$\delta = \Delta l/l_0 \qquad (1\text{-}2)$$

式中,P为载荷,Δl为试样伸长量,$\Delta l = l - l_0$,l_0为试样原始标长,l为与P相对应的标长部分的长度,A_0为原始截面积。在拉伸过程中,试样长度增加,截面积减小,但在上述计算中,假设试样截面积和长度保持不变,因此称σ为条件应力或工程应力,δ为条件应变或工程应变。下面介绍工程材料常见的几种应力-应变曲线。

1.1.1　拉伸脆性材料应力-应变曲线

图 1-1 为工程脆性材料的应力-应变曲线,其行为特点是应变与应力单值对应,成直线比例关系,只发生弹性变形,不发生塑性变形,在最高载荷点处断裂,形成平断口,断口平面与拉力轴线垂直。应力-应变曲线与横轴夹角的大小表示材料对弹性变形的抗力,用弹性模量E表示

$$E = \mathrm{tg}\alpha \qquad (1\text{-}3)$$

工程上大多数玻璃、陶瓷、岩石,横向交联很好的聚合物、淬火状态的高碳钢和普通灰铸铁等均具有此类应力-应变曲线。

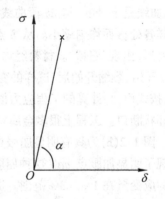

图 1-1　脆性材料的应力-应变曲线

---

① 其他试样形式及详细规定可参见本书附录 3 中所列出的相应试验标准。

1.1.2 塑性材料应力-应变曲线

图1-2为工程塑性材料应力-应变曲线的几种形式。图1-2(a)为最常见的金属材料应力-应变曲线，Oa为弹性变形阶段，其行为特点与图1-1相同。在a点偏离直线关系，进入弹-塑性阶段，开始发生塑性变形，过程沿abk进行。开始发生塑性变形的应力称为屈服点。屈服以后的变形包括弹性变形和塑性变形，如在m点卸载，应力沿mn降至零，m点所对应的应变Om'为总应变量，在卸载后恢复的部分$m'n$为弹性应变量，残留部分

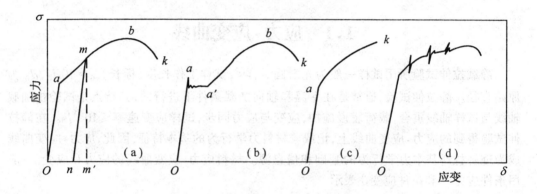

图1-2 塑性材料应力-应变曲线

nO为塑性应变量。如果重新加载，继续拉伸试验，应力-应变曲线沿nm上升，至m点后沿mbk进行，nm与Oa平行，属于弹性变形阶段，塑性变形在m点开始，其相应的应力值高于首次加载时塑性变形开始的应力值，这表明材料经历一定的塑性变形后，其屈服应力升高了，这种现象称为应变强化或加工硬化。b点为应力-应变曲线的最高点，b点之前，曲线是上升的，与ab段曲线相对应的试样变形是整个工作长度内的均匀变形，即在试样各处截面均匀缩小。从b点开始，试样的变形便集中于某局部地方，即试样开始集中变形，出现"缩颈"。材料经均匀形变后出现集中变形的现象称为颈缩。试样的颈缩在b点开始，颈缩开始后，试样的变形只发生在颈部的有限长度上，试样的承载能力迅速降低，按式(1-1)计算的工程应力值也降低，应力-应变曲线沿bk下降。最后在k点断裂，形成杯状断口。工程上很多金属材料，如调质钢和一些轻合金都具有此类应力-应变行为。

图1-2(b)为具有明显屈服点材料的应力-应变曲线，与图1-2(a)相比，不同之处在于出现了明显屈服点aa'，这种屈服点在应力-应变曲线上有时呈屈服平台，有时呈齿状，相应的应变量在1%～3%范围。退火低碳钢和某些有色金属具有此类应力-应变行为。

图1-2(c)为拉伸时不出现颈缩的应力-应变曲线，只有弹性变形的Oa和均匀塑性变形的ak阶段。某些塑性较低的金属，如铝青铜就是在未出现颈缩前的均匀变形过程中断裂的，具有此类应力-应变曲线。还有些形变强化能力特别强的金属，如ZGMn13等奥氏高锰钢也具有此类应力-应变行为，不但塑性大，而且形变强化潜力大。

图1-2(d)为拉伸不稳定型材料的应力-应变曲线，其变形特点是在形变强化过程中

出现多次局部失稳,原因乃是孪生变形机制的参与,当孪生应变速率超过试验机夹头运动速度时,导致局部应力松弛,相应地,在应力-应变曲线上出现齿形特征。某些低溶质固溶体铝合金及含杂质的铁合金具有此类应力-应变行为。

由上述可见,根据拉伸试验可以判断材料呈宏观脆性还是塑性,塑性的大小,对弹性变形和塑性变形的抗力以及形变强化能力的大小等。此外,还可以反映断裂过程的某些特点。但在工程上,拉伸试验被广泛用来测定材料的常规力学性能指标,为合理评定、鉴别和选用材料提供依据。

1.2 拉伸性能指标

材料拉伸性能指标,又称力学性能指标,用应力-应变曲线上反映变形过程性质发生变化的临界值表示。力学性能指标可分为二类:反映材料对塑性变形和断裂的抗力的指标,称为材料的强度指标;反映材料塑性变形能力的指标,称为材料的塑性指标。

1.2.1 屈服强度

原则上,材料的屈服强度应理解为开始塑性变形时的应力值。但实际上,对于连续屈服的材料,这很难作为判定材料屈服的准则,因为工程中的多晶体材料,其各晶粒的位向不同,不可能同时开始塑性变形,当只有少数晶粒发生塑性变形时,应力-应变曲线上难以“觉察”出来。只有当较多晶粒发生塑性变形时,才能造成宏观塑性变形的效果。因此,显示开始塑性变形时应力水平的高低,与测试仪器的灵敏度有关。工程上采用规定一定的残留变形量的方法,确定屈服强度。

工程上常用的屈服标准有三种:

(1)比例极限 应力-应变曲线上符合线性关系的最高应力值,用 σ_p 表示,超过 σ_p 时,即认为材料开始屈服。

(2)弹性极限 试样加载后再卸载,以不出现残留的永久变形为标准,材料能够完全弹性恢复的最高应力值,用 σ_{el} 表示,超过 σ_{el} 时,即认为材料开始屈服。

上述二定义并非完全等同,有的材料,如高强度晶须,可以超出应力-应变的线性范围,发生较大的弹性变形。一般材料中弹性极限稍高于比例极限。工程上之所以要区分它们,是因为有些设计,如火炮筒材料,要求有高的比例极限,而另一些情况,如弹簧材料,要求有高的弹性极限。

(3)屈服强度 以规定发生一定的残留变形为标准,如通常以 0.2% 残留变形的应力作为屈服强度,用 $\sigma_{0.2}$ 或 σ_{ys} 表示。

上述定义都是以残留变形为依据的,彼此区别在于规定的残留变形量不同。现行国家标准将屈服强度规范为三种情况。

1. 规定非比例伸长应力(σ_p) 试样在加载过程中,标距长度内的非比例伸长量达到规定值(以%表示)的应力,如 $\sigma_{p\,0.01}$,$\sigma_{p\,0.05}$ 等。

σ_p 通常用图解法测定,对有明显弹性直线段的材料,可利用自动记录的载荷-伸长($P-\Delta l$)曲线,如图 1-3,自弹性直线段与伸长轴的交点 O 起,截取一相应于规定非比例

伸长的线段 OC（$\overline{OC} = n \cdot L_e \cdot \varepsilon_p$，其中 n 为拉伸图放大倍数，L_e 为引伸计标距，ε_p 为规定的非比例伸长率），过 C 点作弹性直线段的平行线 CA，交曲线于 A 点，A 点对应的载荷 P_p 即为所测定的非比例伸长载荷，规定非比例伸长应力由下式计算

$$\sigma_p = P_p / A_0 \tag{1-4}$$

2. 规定残余伸长应力（σ_r）　试样卸载后，其标距部分的残余伸长达到规定比例时的应力，常用的为 $\sigma_{r0.2}$，即规定残余伸长率为 0.2% 时的应力值。

测定 σ_r 通常用卸载法（如图 1-4），即当卸载后所得残余伸长为规定残余伸长载荷 P_r，规定残余伸长应力由下式计算

$$\sigma_r = P_r / A_0 \tag{1-5}$$

3. 规定总伸长应力（σ_t）　试样标距部分的总伸长（弹性伸长与塑性伸长之和）达到规定比例时的应力。应用较多的规定总伸长率为 0.5%、0.6% 和 0.7%，相应地，规定总伸长应力分别记为 $\sigma_{t0.5}$、$\sigma_{t0.6}$ 和 $\sigma_{t0.7}$。

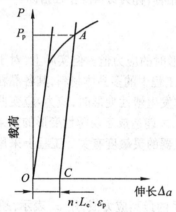

图 1-3　图解法测 σ_p

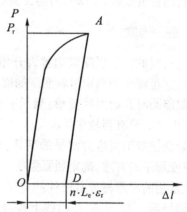

图 1-4　卸载法测 σ_r

测定 σ_t 也用图解法，操作与测定 σ_p 相同，拉伸图横轴放大倍数不小于 50 倍。如图 1-5 所示，在 P-Δl 曲线上，自曲线原点 O 起，截取相应于规定总伸长的线段 OE（$\overline{OE} = n \cdot L_e \cdot \varepsilon_t$，式中 ε_t 为规定总伸长率），过 E 点作纵轴平行线 EA 交曲线于 A 点，A 点对应的载荷即为规定总伸长的载荷，规定总伸长应力由下式计算

$$\sigma_t = P_t / A_0 \tag{1-6}$$

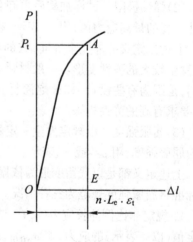

图 1-5　图解法测 σ_t

在上述屈服强度的测定中，σ_p 和 σ_t 是在试样加载时直接从应力-应变（载荷-位移）曲线上测量的，而 σ_r 则要求卸载测量。由于卸载法测定规定残余伸长应力 σ_r 比较困难，而且效率低，所以，在材料屈服抗力评定中，更趋于采用 σ_p 和 σ_t。σ_t 在测试上又比 σ_p 方便，而且

不失 σ_p 表征材料屈服特征的能力,所以,可以用 σ_t 代替 σ_p,尤其在大规模工业生产中,采用 σ_t 的测定方法,可以提高效率。

对于不连续屈服即具有明显屈服点的材料,其应力-应变曲线上的屈服平台就是材料屈服变形的标志,因此,屈服平台对应的应力值就是这类材料的屈服强度,记作 σ_{ys},按下式计算

$$\sigma_{ys} = P_y/A_0$$

式中,P_y 为物理屈服时的载荷或下屈服点对应的载荷。

屈服强度是应用最广的一个性能指标。因为任何机械零件在工作过程中,都不允许发生过量的塑性变形,所以,机械设计中把屈服强度作为强度设计和选材的依据。

1.2.2 抗拉强度

材料的极限承载能力用抗拉强度表示。拉伸试验时,与最高载荷 P_b 对应的应力值 σ_b 即为抗拉强度

$$\sigma_b = P_b/A_0 \tag{1-7}$$

对于脆性材料和不形成颈缩的塑性材料,其拉伸最高载荷就是断裂载荷,因此,其抗拉强度也代表断裂抗力。对于形成颈缩的塑性材料,其抗拉强度代表产生最大均匀变形的抗力,也表示材料在静拉伸条件下的极限承载能力。对于钢丝绳等零件来说,抗拉强度是一个比较有意义的性能指标。抗拉强度很容易测定,而且重现性好,与其他力学性能指标如疲劳极限和硬度等存在一定关系,因此,也作为材料的常规力学性能指标之一用于评价产品质量和工艺规范等。

1.2.3 实际断裂强度

拉伸断裂时的载荷 P_k 除以断口处的真实截面积 A_k 所得的应力值称为实际断裂强度,实际断裂强度用 S_k 表示

$$S_k = P_k/A_k \tag{1-8}$$

注意,在这里采用的是试样断裂时的真实截面积,S_k 是真实应力,其意义是表征材料对断裂的抗力,因此,有时也称为断裂真应力。

1.3 塑性指标及其意义

材料的塑性变形能力,即用延伸率和断面收缩率表示。

1. 延伸率 试样断裂后的总延伸率称为极限延伸率,用 δ_k 表示,其条件应变值用下式计算

$$\delta_k = \frac{l_k - l_0}{l_0} \times 100\% \tag{1-9}$$

式中,l_k 为断裂后的标长。

对于形成颈缩的材料,其伸长量 $\Delta l_k = l_k - l_0$,Δl_k 包括颈缩前的均匀伸长 Δl_b 和颈

缩后的集中伸长 Δl_c，即 $\Delta l_k = \Delta l_b + \Delta l_c$。因此，延伸率也相应地由均匀延伸率 δ_b 和集中延伸率组成 δ_c，即

$$\delta_k = \delta_b + \delta_c$$

研究表明，均匀延伸率取决于材料的冶金因素，而集中延伸率与试样几何尺寸有关，即

$$\delta_c = \beta \sqrt{A_0}/l_0$$

可以看出试样 l_0 越大，集中变形对总延伸率的贡献越小。由此产生了一个问题，即为了使同一材料的试验结果具有可比性，如何排除试样几何尺寸的影响？为此必须对试样尺寸进行规范化，这只要使 $\sqrt{A_0}/l_0$ 为一常数即可。工程上规定了两种标准拉伸试样，$l_0/\sqrt{A_0} = 11.3$ 和 5.65。对于圆形截面拉伸试样，相应于 $l_0 = 10d_0$ 和 $l_0 = 5d_0$，分别称为 10 倍和 5 倍试样。相应地，延伸率分别用 δ_{10} 和 δ_5 表示。由上述可见，$\delta_5 > \delta_{10}$。

2. 断面收缩率　试样断裂后所得总断面收缩率称为材料的极限断面收缩率，用 ψ 表示，其条件应变值由下式计算

$$\psi_k = \frac{A_0 - A_k}{A_0} \times 100\% \tag{1-10}$$

式中，A_k 为试样断口处的最小截面积。与延伸率一样，断面收缩率 ψ_k 也由两部分组成，均匀变形阶段的断面收缩率和集中变形阶段的断面收缩率，但与延伸率不同的是，断面收缩率与试样尺寸无关，只决定于材料性质。

3. 塑性指标间的关系　这要对颈缩前后分别讨论，对于颈缩前，根据体积不变条件

$$l_0 A_0 = lA$$

$$l = l_0 + \Delta l = l_0(1 + \frac{\Delta l}{l_0}) = l_0(1 + \delta)$$

$$A = A_0 - \Delta A = A_0(1 - \frac{\Delta A}{A_0}) = A_0(1 - \psi)$$

于是得条件塑性指标间的关系

$$1 + \delta = \frac{1}{1 - \psi}$$

或

$$\delta = \frac{\psi}{1 - \psi} \tag{1-11}$$

上式表明，在均匀变形阶段 δ 恒大于 ψ。

上面的讨论，塑性指标都采用条件应变。在拉伸过程中每一时刻的真应变 $d\varepsilon$ 为

$$d\varepsilon = dl/l$$

试样从 l_0 拉伸至 l 时，完成的真应变为

$$\varepsilon = \int d\varepsilon = \int_{l_0}^{l} \frac{dl}{l} = \ln\frac{l}{l_0} \tag{1-12}$$

于是真应变与条件应变的关系为

$$\varepsilon = \ln(1 + \delta) = \ln(\frac{1}{1 - \psi}) \tag{1-13}$$

在颈缩开始以后，颈部的变形是非常复杂的，此时，条件塑性指标之间已不存在上式关系，但真实塑性应变与条件断面收缩率之间尚有如下关系

$$\varepsilon = \ln \frac{l}{l_0} = \ln \frac{A_0}{A} = 2\ln \frac{d_0}{d} = \ln(\frac{1}{1-\psi}) \tag{1-14}$$

因此,试样断裂后,可通过测量断面收缩率 ψ_k,求得真实极限塑性 ε_f

$$\varepsilon_f = \ln(\frac{1}{1-\psi_k}) \tag{1-15}$$

4. **塑性指标的意义** 延伸率和断面收缩率是工程材料的重要性能指标。设计零件时,不但要选择材料,提出强度要求,以进行强度计算,同时还要提出对材料塑性的要求。如汽车齿轮箱的传动轴,选用中碳钢调质处理,要求 $\sigma_{0.2}$ 为 400 ~ 500MPa,同时还要求 δ 不小于 6% ~ 7%。这里对塑性的要求是出于安全考虑。零件工作过程中,难免偶然过载,或者应力集中部位的应力水平超过材料屈服强度,这时,材料如果具有一定的塑性,则可用局部塑性变形松弛或缓冲集中应力,避免断裂,保证安全。

另外,金属塑性变形能力是压力加工和冷成形工艺的基础。冷成形过程中,如冷弯、冲压等,为保证金属的流动性,必须具有足够的塑性,尤其材料均匀塑性变形能力的大小十分重要。

习　题

1. 工程金属材料的应力-应变曲线有几种典型形式? 其主要特征如何? 各为什么材料所特有?

2. 何谓材料的强度? 塑性?

3. 比较比例极限、弹性极限和屈服强度之异同。说明这几个强度指标的实际意义。

4. 常用的标准拉伸试样有 5 倍试样和 10 倍试样,其延伸率分别用 δ_5 和 δ_{10} 表示,说明为什么 $\delta_5 > \delta_{10}$。

5. 说明强度指标和塑性指标在机械设计中的作用。

6. 说明均匀塑性应变 ε_b 的实际意义。

第二章　弹性变形

材料受外力作用发生尺寸和形状的变化,称为变形。外力去除后,随之消失的变形为弹性变形,剩余的(即永久性的)变形为塑性变形。本章讨论弹性变形及其本质。

弹性变形的重要特征是其可逆性,即受力作用后产生变形,卸除载荷后,变形消失。这反映了弹性变形决定于原子间结合力这一本质属性。

2.1　弹性变形及其物理本质

弹性变形是原子系统在外力作用下离开其平衡位置达到新的平衡状态的过程,因此,对弹性变形的讨论,必须从原子结合力模型开始。

2.1.1　弹性变形过程

在平衡状态下,晶体中的原子处于其平衡位置,在平衡位置上的原子之间的作用力——吸引力和排斥力是平衡的。各原子之间保持着一定的距离。对于以金属键结合为主的晶体而言,可以认为吸引力是金属正离子与公有电子间库仑引力的作用结果,显然这是一个长程力,其作用范围比原子尺寸大得多。而排斥力来源于金属离子之间以及同性电子之间的排斥作用,属于短程力,在原子间距离扩大时,其作用很小,但当原子彼此靠近时,即显示出其主导作用。说明原子间结合力的双原子

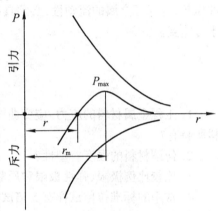

图 2-1　原子间作用力双原子模型

模型如图 2-1 所示。当吸引力与排斥力相平衡时,原子即处于平衡位置。受外力作用,原子间距拉大时,原子间作用力的合力表现为吸引力,而当原子间距减小时,表现为排斥力。作为原子间作用力的吸引力或排斥力的作用是恢复原子的平衡位置。外力引起的原子间距的变化,即位移,在宏观上就是所谓弹性变形。外力去除后,原子复位,位移消失,弹性变形消失,从而表现了弹性变形的可逆性。

原子间作用力 P 随原子间距 r 的变化而变化,其关系为

$$P = \frac{A}{r^2} - \frac{B}{r^4} \tag{2-1}$$

式中,A 和 B 分别为与原子本性和晶格类型有关的常数。式中第一项为引力,第二项为斥力。该式表明原子间作用力与原子间距并不成线性关系,而是抛物线。这在本质上反映了 Hooke 定律的近似性。在外力不很大时,原子偏离平衡位置不远,原子间作用力曲线的起始段,可近似视为直线,因此,Hooke 定律表达的外力与位移的关系近似为直线关系。

弹性模量 E 本质上是原子间结合力曲线的斜率,因此,弹性模量随变形量的变化也

不是一个常数。但通常金属晶体弹性变形量很小,弹性模量只是原子间作用力在平衡位置处的斜率,可以认为是一个常数。

由上述可见,弹性性能与特征是原子间结合力的宏观体现,本质上决定于晶体的电子结构,而不依赖于显微组织,因此,弹性模量是对组织不敏感的性能指标。

由图 2-1,当 $r = r_m$ 时,原子间作用力合力表现引力,而且出现极大值 P_{max},如果外力达到 P_{max},就可以克服原子间的引力而将它们拉开。这就是晶体在弹性状态下的断裂强度,即理论正断强度,相应的弹性变形量也是理论值。实际中由于晶体中含有缺陷如位错,在弹性变形量尚小时的应力足以激活位错运动,而代之以塑性变形,所以实际上可实现的弹性变形量不会很大。对于脆性材料,由于对应力集中敏感,应力稍大时,缺陷处的集中应力即可导致裂纹的产生与扩展,使晶体在弹性状态下断裂。

2.1.2 Hooke 定律

物体在弹性状态下应力与应变之间的关系用 Hooke 定律描述,其常见形式为

$$\sigma = E \cdot \varepsilon \tag{2-2}$$

所表达的是各向同性体在单轴加载方向上的应力 σ 与弹性应变 ε 间的关系。须知,在加载方向上的变形例如伸长,必然导致与加载方向垂直的方向上的收缩。对于复杂应力状态以及各向异性体上的弹性变形,情况更要复杂,这需要用广义 Hooke 定律描述。

受力体中任一点的应力状态可用其单元体上的 9 个应力分量表示,如图 2-2 所示。切应力角标第一个字母表示应力所在平面的法线方向,第二个字母表示应力的方向,并且规定正面的正方向为正,负面的负方向

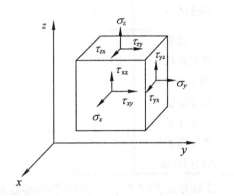

图 2-2 受力体中一点的应力表示法

也为正。其中 6 个切应力分量 τ_{xy}, τ_{yz}, τ_{zx}, τ_{yx}, τ_{zy}, τ_{xz} 中,根据切应力互等原理,有 $\tau_{xy} = \tau_{yx}$, $\tau_{yz} = \tau_{zy}$, $\tau_{zx} = \tau_{xz}$,故 9 个应力分量中,只有 6 个独立应力分量。相应的正应变和切应变也只有 6 个独立应变分量:ε_x, ε_y, ε_z, γ_{xy}, γ_{yz} 和 γ_{zx}。应变分量角标含义与应力分量相同。每一应力分量都可表示成 6 个应变分量的线性函数,即

$$\begin{aligned}
\sigma_x &= C_{11}\varepsilon_x + C_{12}\varepsilon_y + C_{13}\varepsilon_z + C_{14}\gamma_{xy} + C_{15}\gamma_{yz} + C_{16}\gamma_{zx} \\
\sigma_y &= C_{21}\varepsilon_x + C_{22}\varepsilon_y + C_{23}\varepsilon_z + C_{24}\gamma_{xy} + C_{25}\gamma_{yz} + C_{26}\gamma_{zx} \\
\sigma_z &= C_{31}\varepsilon_x + C_{32}\varepsilon_y + C_{33}\varepsilon_z + C_{34}\gamma_{xy} + C_{35}\gamma_{yz} + C_{36}\gamma_{zx} \\
\tau_{xy} &= C_{41}\varepsilon_x + C_{42}\varepsilon_y + C_{43}\varepsilon_z + C_{44}\gamma_{xy} + C_{45}\gamma_{yz} + C_{46}\gamma_{zx} \\
\tau_{yz} &= C_{51}\varepsilon_x + C_{52}\varepsilon_y + C_{53}\varepsilon_z + C_{54}\gamma_{xy} + C_{55}\gamma_{yz} + C_{56}\gamma_{zx} \\
\tau_{zx} &= C_{61}\varepsilon_x + C_{62}\varepsilon_y + C_{63}\varepsilon_z + C_{64}\gamma_{xy} + C_{65}\gamma_{yz} + C_{66}\gamma_{zx}
\end{aligned} \tag{2-3}$$

此即广义虎克定律,式中 $C_{ij}(i,j=1,2,\cdots,6)$ 是应力分量与应变分量间的比例系数,称为刚度常数。也可将任一应变分量写成应力分量的关系式,比例系数用 S_{ij} 表示,S_{ij} 称为

柔度常数。由此可见,广义虎克定律中刚度常数和柔度常数各为 36 个。可以证明,即使各向异性程度最大的晶体如三斜晶系,也存在 $C_{ij} = C_{ji}$ 的对称关系,所以,36 个弹性常数中只有 21 个是独立的。随着晶体对称性的提高,21 个常数中有些彼此相等或为零,独立的弹性常数更少,直至在对称性最高的各向同性体中,就只有 2 个独立的弹性常数了,即

$$
\begin{array}{cccccc}
S_{11} & S_{12} & S_{12} & 0 & 0 & 0 \\
 & S_{11} & S_{12} & 0 & 0 & 0 \\
 & & S_{11} & 0 & 0 & 0 \\
 & & & 2(S_{11} - S_{12}) & 0 & 0 \\
 & & & & 2(S_{11} - S_{12}) & 0 \\
 & & & & & 2(S_{11} - S_{12})
\end{array}
\tag{2-4}
$$

各晶系的独立弹性常数个数如表 2.1 所列。

表 2.1　晶体结构与独立弹性常数个数

晶体结构	独立弹性常数个数
三斜晶系	21
单斜晶系	13
斜方晶系	9
四方晶系	6
六方晶系	5
立方晶系	3
各向同性体	2

工程中应用的材料,金属材料或非金属材料(陶瓷、高聚物等),在很多情况下都可看成是各向同性体,因此,只有 2 个独立的弹性常数。其定义如下

$$
\left.
\begin{array}{l}
E = \dfrac{1}{S_{11}} \\[2mm]
\nu = \dfrac{S_{12}}{S_{11}} \\[2mm]
G = \dfrac{1}{2(S_{11} - S_{12})}
\end{array}
\right\}
\tag{2-5}
$$

由式(2-4)和(2-5)可导出各向同性体广义 Hooke 定律形式

$$
\left.
\begin{array}{l}
\varepsilon_x = \dfrac{1}{E}\left[\sigma_x - \nu(\sigma_y + \sigma_z)\right] \\[2mm]
\varepsilon_y = \dfrac{1}{E}\left[\sigma_y - \nu(\sigma_z + \sigma_x)\right] \\[2mm]
\varepsilon_z = \dfrac{1}{E}\left[\sigma_z - \nu(\sigma_x + \sigma_y)\right]
\end{array}
\right\}
\tag{2-6}
$$

$$\left.\begin{array}{l} \gamma_{xy} = \dfrac{1}{G}\tau_{xy} \\[2mm] \gamma_{yz} = \dfrac{1}{G}\tau_{yz} \\[2mm] \gamma_{zx} = \dfrac{1}{G}\tau_{zx} \end{array}\right\} \tag{2-6}$$

在单向拉伸条件下,上式简化为

$$\varepsilon_x = \frac{1}{E}\sigma_x$$

$$\varepsilon_y = \varepsilon_z = -\frac{\nu}{E}\sigma_x \tag{2-7}$$

由此可见,即使在单向加载条件下,材料不仅在受拉方向上有伸长变形,而且在垂直于拉伸方向上有收缩变形。

2.1.3 常用弹性常数及其意义

各种材料的弹性行为的不同,表现在弹性常数的差异上。工程材料弹性常数除式(2-5)给出的 E、ν、G 外,还有一个体积弹性模量 K。下面分别说明这些弹性常数的物理意义。

1. 弹性模量 E,在单向受力状态下,由式(2-6)的第 1 式有

$$E = \sigma_x / \varepsilon_x \tag{2-8}$$

可见 E 表征材料抵抗正应变的能力。

2. 切变弹性模量 G,在纯剪切应力状态下由式(2-6)第 4 式有

$$G = \tau_{xy} / \gamma_{xy} \tag{2-9}$$

可见 G 表征材料抵抗剪切变形的能力。

3. 泊松比 ν,在单向受力状态下,由式(2-7)有

$$\nu = -\varepsilon_y / \varepsilon_x \tag{2-10}$$

可见 ν 反映材料受力后横向正应变与受力方向上正应变之比。

4. 体积弹性模量 K,它表示物体在三向压缩(流体静压力)下,压强 P 与体积变化率 $\Delta V / V$ 之间的线性比例关系,由式(2-6)前三式中任何一式有

$$\varepsilon = \frac{1}{E}\big[-P - \nu(-P - P) \big] = \frac{P}{E}(2\nu - 1)$$

而在 P 作用下的体积相对变化为

$$\Delta V / V = 3\varepsilon = \frac{3P}{E}(2\nu - 1)$$

所以

$$K = \frac{-P}{\Delta V / V} = \frac{E}{3(1 - 2\nu)} \tag{2-11}$$

由于各向同性体只有 2 个独立的弹性常数,所以上述 4 个弹性常数中必然有 2 个关系式把它们联系起来,即

$$E = 2G(1 + \nu) \tag{2-12}$$

或 $$E = 3K(1 - 2\nu) \tag{2-13}$$

常用弹性常数 E、G、ν 通常是用静拉伸或扭转试验测定的。不过,当要求精确测定

或要给出单晶特定方向上的弹性模量时,则宜采用动态试验法,一般是利用某种形式的共振试验测出共振频率,然后通过相应的关系式计算相应的弹性模量或切变弹性模量。

2.2 弹性性能的工程意义

任何一部机器(或构造物)的零(构)件在服役过程中都是处于弹性变形状态的。结构中的部分零(构)件要求将弹性变形量控制在一定范围之内,以避免因过量弹性变形而失效。而另一部分零(构)件,如弹簧,则要求其在弹性变形量符合规定的条件下,有足够的承受载荷的能力,即不仅要求起缓冲和减震的作用,而且要有足够的吸收和释放弹性功的能力,以避免弹力不足而失效。前者反映的是刚度问题,后者则为弹性比功问题。

2.2.1 刚度

在弹性变形范围,构件抵抗变形的能力称为刚度。构件刚度不足,会造成过量弹性变形而失效。如镗床的镗杆、机床主轴、刀架等,如果发生了过量的弹性变形就会造成失效。以镗杆为例,若在镗孔过程中,发生了过量的弹性变形,则镗出的内孔直径偏小。应如何提高构件的刚度呢?根据刚度的定义

$$Q = \frac{P}{\varepsilon} = \frac{\sigma \cdot A}{\varepsilon} = E \cdot A \tag{2-14}$$

可见刚度 Q 与材料弹性模量 E 和构件截面积 A 有关,对于一定材料的制件,刚度只与其截面积成正比。可见要增加零(构)件的刚度,要么选用正弹性模量 E 高的材料,要么增大零(构)件的截面积 A。

对于结构质量不受严格限制的地面装置,在多数情况下是可以采用增大截面积的方法提高刚度的。但对于空间受严格限制的场合,如航空、航天装置中的一些零(构)件,往往既要求刚度高,又要求质量轻。因此加大截面积是无论如何不可取的,只有选用高弹性模量的材料才可以提高其刚度。不仅如此,为了追求质量轻,还提出比弹性模量,用来衡量材料的弹性性能。比弹性模量=弹性模量/密度,几种金属的比弹性模量列于表2.2。可见金属中铍的比弹性模量最大,为 $16.8 \times 10^8 \, \text{cm}$,因此在导航设备中得到广泛应用。另外氧化铝、碳化硅等也显示出明显的优势。

弹性模量 E 是一个只决定于原子间结合力的力学性能指标,合金成分、组织以及环境条件的改变,对它都不会产生明显影响。因此,如果需要高弹性模量的材料,则要从选择合金基体的原子类型考虑。从原子间结合键的本质看,具有强化学键结合的材料的弹

表2.2 几种常用材料的比弹性模量

材 料	铜	钼	铁	钛	铝	铍	氧化铝	碳化硅
比弹性模量/$\times 10^8$ cm	1.3	2.7	2.6	2.7	2.7	16.8	10.5	17.5

性模量高,而分子间仅由弱范德瓦尔斯力结合的材料的弹性模量很低,所以弹性模量与熔点一样,都取决于其中粒子间的键合强度。二者有相同的变化趋势。表2.3列出一些工程材料的弹性模量和熔点。

除上述对弹性模量的传统认识外,利用高弹性模量组元制成复合材料,从而获得高弹性模量的材料是一种新的研究领域。如利用高弹性模量的 SiC 晶须与金属(Ti 或 Al)复合,制成的 SiC 晶须增强钛或铝金属基复合材料,不仅具有较高的弹性模量,而且重量轻,可望成为较有竞争力的导航仪表材料。

表 2.3 一些工程材料的弹性模量、熔点和键型

材　　料	E/MPa	T_m/℃	键　　型
钢	207 000	1 538	金属键
铜	121 000	1 084	金属键
铝	69 000	600	金属键
钨	410 000	3 387	金属键
金刚石	1 140 000	> 3 800	共价键
Al_2O_3	400 000	2 050	共价键和离子键
非晶态聚苯乙烯	3 000	$T_g \sim 100$	范氏力
低密度聚乙烯	200	$T_g \sim 137$	范氏力

* T_g 为玻璃化温度

2.2.2 弹性比功

所谓弹性比功是指材料吸收变形功而不发生永久变形的能力,它标志着单位体积材料所吸收的最大弹性变形功,是一个韧度指标,图 2-3 中影线所示面积即代表这一变形功的大小。

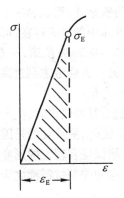

图 2-3 弹性比功

$$弹性比功 = \frac{1}{2}\sigma_e \cdot \varepsilon_e = \frac{\sigma_e^2}{2E} \qquad (2\text{-}15)$$

从上式可以看出,欲提高材料的弹性比功,途径有二:或者提高 σ_e,或者降低 E。由于 σ_e 是二次方,所以提高 σ_e 对提高弹性比功的作用更显著。表 2.4 列出了一些材料的弹性比功的数据。将上式改写一下有

$$\frac{1}{2}\sigma_e \cdot \varepsilon_e = \frac{1}{2}\frac{P_e}{A_0} \cdot \frac{\Delta l}{l_0} = \frac{1}{2}\frac{\sigma_e^2}{E}$$

$$\frac{1}{2}P_e \cdot \Delta l = \frac{1}{2}\frac{\sigma_e^2}{E} \cdot A_0 l_0 \qquad (2\text{-}16)$$

式中,$\frac{1}{2}P_e \cdot \Delta l$ 为弹性功,$A_0 l_0$ 为体积。这表明欲提高一个具体零件的弹性比功,除上述采取提高 σ_e 或降低 E 的措施外,还可以改变零件的体积。体积越大,弹性比功越大,亦即储存在零件中的弹性能越大。

生产中的弹簧主要是作为减震元件使用的,它既要吸收大量变形功,但又不允许发生塑性变形。因此,作为减震用的弹簧要求材料应具有尽可能大的弹性比功。从这个意义上说,理想的弹性材料应该是具有高弹性极限和低弹性模量的材料。

这里应强调指出的是弹性极限与弹性模量的区别。前者是材料的强度指标,它敏感地决定于材料的成分、组织及其他结构因素,而后者是刚度指标,只决定于原子间的结合力,属结构不敏感的性质,已如前述。因此,在弹簧或弹簧钢的生产中,普遍采用的合金化、热处理以及冷加工等措施,其目的都是为了最大限度地提高弹性极限,从而提高材料的弹性比功。弹簧钢采用淬火中温回火,是为了获得回火屈氏体组织,即通过改变第二相的形态(指碳化物相的形状、大小和分布特点)来提高其弹性极限;另外,由于形变硬化

表 2.4　几种材料的弹性比功

材　　料	$E/(MN \cdot m^{-2})$	$\sigma_e/(MN \cdot m^{-2})$	弹性比功/$(MN \cdot m \cdot m^{-3})$
中碳钢	206 800	310	0.23
高碳弹簧钢	206 800	970	2.27
杜拉铝	68 950	127	0.12
铜	110 320	28	0.0036
橡皮	1	2	2

可以大大地提高 σ_e,所以冷拔弹簧钢丝采用直接冷拉成形和中间铅浴等温淬火再冷拔成形的工艺。弹簧钢中加入的合金元素之所以常采用 Si 和 Mn,目的之一是由于弹簧钢的基体为铁素体,而 Si、Mn 是强化铁素体诸元素中最为强烈的元素,特别是 Si,主要以固溶在铁素体中的形式存在,可以大大提高钢基体的 σ_e;至于弹簧钢的碳含量之所以确定在 $0.5w\%$ ~ $0.7w\%$ 范围,一方面是由于碳含量的增加,第二相数量增加,这将有利于 σ_e 的提高;另一方面考虑到过高的碳含量将对冷热加工不利,故通常选取 $0.5w\%$ ~ $0.7w\%$ 左右的碳含量。

制造某些仪表时,生产上常采用磷青铜或铍青铜,除因为它们是顺磁性的适于制造仪表弹簧外,更重要的是因为它们既具有较高的弹性极限 σ_e,又具有较小的弹性模量 E。这样,能保证在较大的形变量下仍处于弹性变形状态,即从 E 的角度来获取较大弹性比功,这样的弹簧材料称之为软弹簧材料。

2.3　弹性不完整性

完整的弹性应该是加载时立即变形,卸载时立即恢复原状,应力-应变曲线上加载线与卸载线完全重合,即应力与应变同相,变形值大小与时间无关,即变形的性质的确是完全弹性的,但是实际上,如上所述,弹性变形时加载线与卸载线并不重合,应变落后于应力,存在着弹性后效、弹性滞后、Bauschinger 效应等,这些现象属于弹性变形中的非弹性问题,称为弹性的不完整性。

2.3.1　弹性后效

如图 2-4,把一定大小的应力骤然加到多晶体试样上,试样立即产生的弹性应变仅是

该应力所应该引起的总应变(OH)中的一部分(OC),其余部分的应变(CH)是在保持该应力大小不变的条件下逐渐产生的,此现象称为正弹性后效,或称弹性蠕变或冷蠕变。当外力骤然去除后,弹性应变消失,但也不是全部应变同时消失,而只先消失一部分(DH),其余部分(OD)也是逐渐消失的。此现象称为反弹性后效。工程上通常所说的弹性后效就是指的这种反弹性后效。总之,这种在应力作用下应变不断随时间而发展的行为,以及应力去除后应变逐渐恢复的现象都可统称为弹性后效。

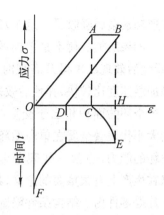

图 2-4　弹性后效示意图

弹性后效现象在仪表、精密机械制造业中极为重要。如长期承受载荷的测力弹簧材料、薄膜材料等,就应考虑正弹性后效问题。如油压表(或气压表)的测力弹簧,就不允许有弹性后效现象,否则测量失真甚至无法使用。通常经过校直的工件,放置一段时间后又会变弯,这便是由于反弹性后效引起的结果,也可能是由于工件中存在的第Ⅰ类残余内应力引起的正弹性后效的结果。前者可以在校直后通过合理选择回火温度(钢为300～450℃,铜合金为150～200℃),在回火过程中设法使反弹性后效最充分地进行,从而避免工件在以后使用中再发生变形。

实际工程多晶体材料的弹性后效与起始塑性变形的非同时性有关,所以它随材料组织不均匀性的增大而加剧。金属镁有强烈的弹性后效,可能和它的六方晶格结构有关。因为和立方晶格金属相比,六方晶格的对称性较低,故具有较大的"结晶学上的不均匀性"。在固溶体合金系中,Cu－Ni,Cu－Ag,Cu－Zn的弹性后效随固溶体浓度增加而减小。

除材料本身外,外在服役条件也影响弹性后效的大小及其进行速度。

温度升高,弹性后效速度加快,如锌,提高温度15℃,弹性后效的速度增加50%.温度同时也影响弹性后效形变量的绝对值。假若以10℃时弹性后效形变量为100%,则在扭转时,每升高1℃,黄铜的弹性后效形变量值增加2.9%,铜增加3.4%,银增加3.6%。反之,若温度下降,则弹性后效变形量急剧下降,以致有时在低温(－185℃)无法确定弹性后效现象是否存在。

应力状态也剧烈影响弹性后效,应力状态柔度越大,亦即切应力成分越大时,弹性后效现象(即变形量)越显著。所以扭转时的弹性后效现象比弯曲或拉伸时为大。

2.3.2　弹性滞后环

从上面对弹性后效现象的讨论中可知,在弹性变形范围内,骤然加载和卸载的开始阶段,应变总要落后于应力,不同步。因此,其结果必然会使得加载线和卸载线不重合,而形成一个封闭的滞后回线,如图2-4中的OABDO所示。这个回线称为弹性滞后环。这个环说明加载时消耗在变形上的功大于卸载时金属恢复变形所做的功。这就是说,有一部分变形功被金属吸收了。这个环面积的大小正好相当于被金属吸收的那部分变形功的大小。如果所加载荷不是单向的循环载荷，而是交变的循环载荷，并且加载速度比较缓慢，弹性后效现象来得及表现时，则可得到两个对称的弹性滞后环，如图 2-5(a)所示。如果加载速度比较快，弹性后效来不及表现时，则得到如图 2-5(b)和(c)所示的弹性滞后环。这个环的面积相当于交变载荷下不可逆能量的消耗(即内耗)，也称为循环韧性。它的大小代表着金属在单向循环应力或交变循环应力作用下，以不可逆方式吸收能量而不破坏的能力，也就是代表着金属靠自身来消除机械振动的能力(即消振性的好坏)，所以在生产上有很重要的意义，是一个重要的机械性能指标。例如飞机的螺旋桨和汽轮机叶片等零件由于结构条件限制，很难采取结构因素(外界能量吸收器)来达到消振

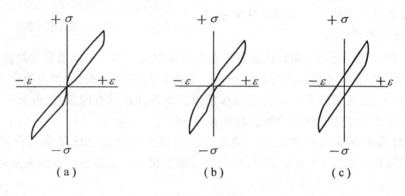

（a）　　　　　　（b）　　　　　　（c）

图 2-5　弹性滞后环

的目的，此时材料本身的消振能力就显得特别重要。Cr13 系列钢之所以常用作制造汽轮机叶片材料，除其耐热强度高外，还有一个重要原因就是它的循环韧性大，即消振性好，灰铸铁循环韧性大，是很好的消振材料，所以常用它做机床和动力机器的底座、支架以达到机器稳定运转的目的。相反，在另外一些场合下，追求音响效果的元件如音叉、簧片、钟等，希望声音持久不衰，即振动的延续时间长久，则必须使循环韧性尽可能地小。

　　由于弹性的不完整性破坏了载荷与变形间的单值关系，呈现出应变落后于应力的滞后现象，从而引起弹性后效和弹性滞后环(内耗)，所以各种因素对弹性滞后环大小及形状的影响和它们对弹性后效的影响是相似的。弹性后效和弹性滞后环的起因，即产生滞弹性的原因是很多的，可能是因位错的运动引起，也可能由于其他效应所引起。例如，在应力作用下，造成溶质原子有序分布，从而产生沿某一晶向的附加应变，并因此而出现滞弹性现象。或由于在宏观或微观范围内变形的不均匀性，在应变量不同地区间出现温度梯度，形成热流。若热流从压缩区流向拉伸区，则压缩区将因冷却而收缩，拉伸区将因受热而膨胀，由此产生附加应变，既然这种应变是由于热流引起的，那么它就不容易和应力同步变化，因此出现滞弹性现象。此外，也可能由于晶界的粘滞性流变或由于磁致伸缩效应产生附加应变，而这些应变又往往是滞后于应力的。关于这些效应的详细讨论可看有关金属物理方面的书籍。

2.3.3 Bauschinger 效应

图 2-6 为 T10 钢淬火 350℃回火试样经不同顺序加载后,其比例极限 σ_p 和弹性极限 (条件屈服强度)$\sigma_{0.2}$ 的变化情况。曲线 1 为该试样的拉伸曲线,此时 $\sigma_{0.2}$ 约为 1 130MPa。曲线 2 为同样的另一根试样,但是事先经过轻微预压缩变形后再拉伸的情况。此时发现 $\sigma_{0.2}$ 明显降低了,只有约 880MPa(曲线 3 和 4 与此类似,只是改为压缩加载或事先经过拉伸应变后再压缩加载)。这种经过预先加载变形,然后再反向加载变形时的弹性极限(屈服强度)降低的现象称为 Bauschinger 效应。此效应中值得注意的是反向加载时 σ_p 几乎下降到零的变化,这说明反向变形时原来的正比弹性性质改变了,立即出现了塑性形变。实验指出,不论单晶或多晶都存在这种现象,说明此效应是一晶内现象。

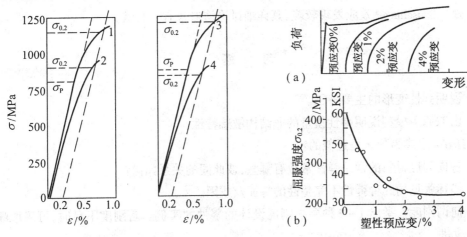

图 2-6 淬火 350℃回火 T10 钢的 Bauschinger 效应　　图 2-7 某低合金高强度钢的 Bauschinger 效应

这种现象在退火状态或高温回火状态的金属与合金中表现较明显。通常在 1%～4% 预塑性变形后即可发现。图 2-7 为某低合金高强度钢不同预拉伸应变后再压缩加载时的 Bauschinger 效应。其中(a)表明反向加载时的载荷形变曲线均无弹性直线段;(b)表明 $\sigma_{0.2}$ 随预应变量增加而下降,在 1% 左右预应变下降非常剧烈,2% 以上预应变时已下降至原 $\sigma_{0.2}$ 值的一半,即 50%。可见在一定条件下此效应的影响是很大的。度量 Bauschinger 效应大小的参量有:比较正、反向流变应力大小或差异的应力参量;在给定应力下比较反向应变大小的应变参量;还有能量参量等。

Bauschinger 效应对于研究金属疲劳问题很重要,因为疲劳就是在反复交变加载的情况下出现的。生产上某些情况下此现象也有直接的实际意义,如经过轻微冷作变形的材料,当其使用于与原来加工过程加载方向相反的载荷时,就应考虑其弹性极限(屈服强度)将会降低的问题。

消除 Bauschinger 效应的办法,或是予以较大残余塑性变形,或是在引起金属回复或再结晶的温度下退火。

关于 Bauschinger 效应的成因,一种看法是认为由于位错塞积引起的长程内应力(常称反向应力),在反向加载时能有助于位错运动从而降低比例极限所致。另一种看法认为是由于预应变使位错运动阻力出现方向性所致。因为经过正向形变后,晶内位错最后总是停留在障碍密度较高处,如图 2-8 中位置 1 处所示,一旦有反向变形,则位错很容易克服曾经扫过的障碍密度较低处,而达到相邻的另一障碍密度较高处,如图 2-8 中位置 2 处。Bauschinger 效应发现较晚,其详细讨论请参考有关文献。

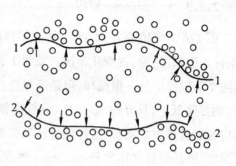

图 2-8 变形障碍的各向异性引起 Bauschinger 效应

习　题

1. 说明弹性变形的主要特征。

2. 由双原子模型说明弹性模量的非结构敏感特性。

3. Hooke 定律为什么是近似的?

4. 各向同性材料的常用弹性常数有哪些,彼此间的关系如何?

5. 描述常见的几种弹性不完整性的特征及成因。

6. 何谓刚度? 举出 1~2 种要求刚度设计的零件的实例。若刚度不足时,可采取哪些措施改进。

7. 何谓循环韧性,其工程意义如何?

8. 某汽车弹簧,在未装满载时,已变形到最大位置,卸载后可完全恢复到原来状态;另一汽车弹簧,使用一段时间后,发现弹簧弓形越来越小,即产生了塑性变形,而且塑性变形量越来越大。试分析这两种故障的本质及改进措施。

第三章 塑性变形

塑性变形和形变强化是金属材料区别于其他工业材料的重要特征,也是金属材料在人类文明史上能够发挥无与伦比的作用的原因。由于金属可以承受塑性变形而可被加工成形;由于金属具有形变强化特性而可以采用塑性变形工艺提高其强度;由于形变强化而使承载零件在超载变形情况下免于破坏。对塑性变形机制和规律的研究,有助于更好地理解材料强度和塑性的本质,从而为发展新材料,创制提高材料强度和塑性的新工艺。

3.1 金属材料塑性变形机制与特点

3.1.1 金属晶体塑性变形的机制

金属晶体塑性变形的主要机制为滑移和孪生。滑移是晶体在切应力作用下沿一定的晶面和晶向进行切变的过程。发生滑移的晶面和晶向分别称为滑移面和滑移方向。滑移面和滑移方向常是晶体中的原子密排面和密排方向,如面心立方点阵中(111)面、$[10\bar{1}]$方向,体心立方点阵中的(011)、(112)和(123)面、$[11\bar{1}]$方向,密排六方点阵中的(0001)面、$[11\bar{2}0]$方向。每一滑移面和该滑移面上的滑移方向组成一个滑移系统,表示在滑移时,可能采取的空间取向。通常,晶体中的滑移系统越多,在各方向上变形的机会就越多,晶体塑性越大。

孪生是发生在金属晶体内局部区域的一个切变过程,切变区域宽度较小,切变后形成的变形区的晶体取向与未变形区成镜面对称关系,点阵类型相同。密排六方点阵的金属,因其滑移系少,在滑移不足以适应变形要求的情况下,经常以孪生方式变形,作为滑移的补充。体心立方和面心立方金属在低温和高速变形条件下,有时也发生孪生变形。

孪生可以提供的变形量是有限的,如镉孪生变形只提供约 7.4% 的变形量,而滑移变形量可达 300% 。但是,孪生可以改变晶体取向,以便启动新的滑移系统,或者使难于滑移的取向改变为易于滑移的取向。

3.1.2 多晶体材料塑性变形特点

工程中的金属材料大多数是多晶体材料,其中的各晶粒的空间取向是不同的,各晶粒通过晶界联结起来。这种结构特点决定了多晶体材料塑性变形的下列特点。

1. 各晶粒塑性变形的不同时性和不均匀性

多晶体试样受到外力作用后,大部分区域尚处在弹性变形范围时,在个别取向有利的晶粒内,与试样的宏观切应力方向一致的滑移系统上首先达到滑移所要求的临界条件,塑性变形首先在这些晶粒开始。以后,随着应力的加大,进入塑性变形的晶粒越来越多。因此,多晶体材料的塑性变形不可能在不同晶粒中同时开始,这也是连续屈服材料的应力-应变曲线上弹性变形与塑性变形之间没有严格界限的原因。

此外,一个晶粒的塑性变形必然受到相邻不同位向晶粒的限制,由于各晶粒的位向差异,这种限制在变形晶粒的不同区域上是不同的,因此,在同一晶粒内的不同区域的变形量也是不同的。这种变形的不均匀性,不仅反映在同一晶粒内部,而且还体现在各晶粒之间和试样的不同区域之间。对于多相合金,则变形首先在软相上开始,各相性质差异越大,组织越不均匀,变形的不同时性越明显,变形的不均匀性越严重。

2. 各晶粒塑性变形的相互制约与协调

由于各晶粒塑性变形的不同时性和不均匀性,为维持试样的整体性和连续性,各晶粒间必须相互协调。为了保证变形的协调进行,滑移必须在更多的滑移系统上配合地进行。我们知道,物体内任一点的应变状态可用 3 个正应变分量和 3 个切应变分量表示。由于可以认为塑性变形中材料体积保持不变,即

$$\varepsilon_x + \varepsilon_y + \varepsilon_z = 0 \tag{3-1}$$

因此,在 6 个应变分量中只有 5 个是独立的。由此可见,多晶体内任一晶粒可以实现任意变形的条件是同时开动 5 个滑移系统。曾经在多晶铝中观察到在同一晶粒内同时有 5 个滑移系统发生滑移的事实。实际上,晶体塑性变形的过程是比较复杂的。当初期的滑移系统受阻或晶体转动后,原来未启动的滑移系统上的切应力升高,达到其临界切应力时,便进入滑移状态,这样,一个晶粒内便有几个滑移系统开动,于是形成了多系滑移的局面,多系滑移的发展必然导致滑移系的交叉和相互切割,这便是拉伸试样表面出现的滑移带交叉的情况。在塑性变形中,还可能启动孪生机制。所以,实际的塑性变形是比较复杂的。只要滑移系统足够多,就可以保证变形中的协调性,适应宏观变形的要求。因此,滑移系统越多,变形协调越方便,越容易适应任意变形的要求,材料塑性越好。反之亦然。

3.2 屈服现象及其本质

3.2.1 物理屈服现象

受力试样中,应力达到某一特定值后,开始大规模塑性变形的现象称为屈服。它标志着材料的力学响应由弹性变形阶段进入塑性变形阶段,这一变化属于质的变化,有特定的物理含义,因此称为物理屈服现象。退火低碳钢的屈服过程,如图 3-1 所示,属于物理屈服的典型情况。塑性变形在试样中的迅速传播开始于 A 点,伴随着明显的载荷降落,由 A 陡降到 B。与屈服传播相对应的应力-应变曲线为 BC,成一平台,或成锯齿状,至 C 点屈服过程结束,并由此进入形变强化阶段。与最高屈服应力相对应的 A 点称为上屈服点,屈服平台 BC 对应的力称为下屈服点,BC 段长度对应的应变量称为屈服应变。

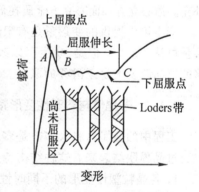

图 3-1 低碳钢的物理屈服点及屈服传播

光滑试样拉伸试验时,屈服变形开始于试样微观不均匀处,或存在应力集中的部位,

一般在距试样夹持部分较近的地方。局部屈服开始后,逐渐传播到整个试样。与此过程相对应地,可以观察到试样表面出现与拉伸轴线成 45°方向的滑移带,亦称 Lüders 带,及其逐渐传播到整个试样表面。有时能观察到试样表面有两个或几个滑移源启动的情况。至滑移带遍布全部试样表面时,应力-应变曲线到达 C 点。屈服应变量 BC 是靠屈服变形提供的。

物理屈服现象实际上反映了材料的不均匀变形过程,对屈服现象的控制,对于冷冲压工艺有实际意义,在薄钢板冷冲压成形时,往往因局部变形不均匀,形成表面折皱。为避免折皱出现,可对钢板预变形,变形量稍大于屈服应变,然后冲压时,将不出现物理屈服,避免折皱。

3.2.2 屈服现象的本质

物理屈服现象首先在低碳钢中发现,尔后在含有微量间隙溶质原子的体心立方金属,如 Fe、Mo、Nb、Ta 等,以及密排六方金属,如 Cd 和 Zn 中也发现有屈服现象。对屈服现象的解释,早期比较公认的是溶质原子形成 Cottrell 气团对位错钉扎的理论。以后在共价键晶体如硅和锗,以及无位错晶体如铜晶须中也观察到物理屈服现象。这些事实说明,晶体材料的屈服是带有一定普遍性的现象,对屈服的理解也比当初复杂一些。

实际上,拉伸曲线表明的物理屈服点是材料特性和试验机系统共同作用的结果。试样的变形是受试验机夹头运动控制的,夹头恒速运动时,试样以恒定的速度变形。在弹性变形阶段,试样伸长完全受夹头运动控制,载荷和伸长都均匀增加。但开始塑性变形后,弹性变形速度降低,应力增加速度减慢,应力-应变偏离直线关系。如果塑性变形量增加较快,等于夹头运动速度,则弹性变形量不再增加,应力不再升高,这在应力-应变曲线上就表现为屈服平台。如果塑性变形速度超过了机器夹头运动速度,则在应力-应变曲线上就表现为应力的降落,即屈服降落。

从材料方面考虑,材料的塑性应变速率 $\dot{\varepsilon}$ 与材料中的可动位错密度 ρ,位错运动速度 v 和位错柏氏矢量 b 的关系为

$$\dot{\varepsilon} = b\rho\bar{v} \tag{3-2}$$

在有明显屈服点的材料中,由于溶质原子对位错的钉扎作用,可动位错密度 ρ 较小,在塑性变形开始时,可动位错必须以较高速度运动,才能适应试验机夹头运动的要求。但位错运动速度决定于其所受外力的大小,即

$$\bar{v} = \left(\frac{\tau}{\tau_0}\right)^m \tag{3-3}$$

式中,τ 为作用于滑移面上的切应力;τ_0 为位错以单位速度运动时所需的切应力;m 为位错运动速率的应力敏感性指数,表明位错速度对应力的依赖程度。因此,欲提高位错运动速度,就需要较高的应力。塑性变形一旦开始,位错便大量增殖,使 ρ 迅速增加,从而使 $\bar{v}$ 相应降低和所需应力下降。这就是屈服开始时观察到的上屈服点及屈服降落。

在上述过程中,位错速度的应力敏感性也是一个重要因素,m 值越小,为使位错运动速度变化所需的应力变化越大,屈服现象就越明显,反之亦然。如体心立方金属 $m<20$,而面心立方金属 $m>100$,因此,前者屈服现象明显。

3.2.3 应变时效

与物理屈服现象联系在一起的是间隙固溶体合金，如低碳钢的应变时效。如图3-2所示，A区相当于退火状态低碳钢拉伸，出现屈服平台并进入形变强化阶段，如果拉伸至x点卸载，应力-应变曲线沿xx'下降，卸载到x'，不作任何处理继续拉伸，则应力-应变曲线沿$x'x$上升到原来的卸载点x，由x开始塑性变形，沿xy发展。这一事实说明x点的卸载和x'的重新加载并未造成材

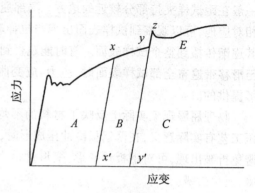

图3-2　低碳钢应变时效曲线

料状态和性能的变化。如果拉伸到y点，卸载到y'，并且对材料进行时效处理，室温放置数天或100℃保温数小时，或150℃保温10分钟，时效后重新拉伸，应力-应变曲线又重新出现屈服点，并且屈服点从y升高至z，且材料塑性韧性有所降低。这种经变形和时效处理后，材料塑性、韧性降低，脆性增加的现象称为应变时效。这一事实说明时效处理引起了材料状态的变化，从而导致性能的变化。研究认为，应变时效现象与固溶的碳、氮原子与位错的相互作用有关。退火状态下合金中的位错多为碳、氮原子气团钉扎，这是产生明显屈服点的物理原因，已如前述。经一定塑性变形后，大量位错脱钉，摆脱了气团的影响，由x点的卸载及卸载后立即重新拉伸，被甩掉的碳、氮原子来不及形成气团，从而对位错运动无影响，因此，在x点的继续塑性变形，不会出现屈服点。在y点的卸载及重新拉伸的情况不同，因时效处理，被甩掉的溶质原子重新形成气团、钉扎位错，重新构成了物理屈服的原因，从而导致重新拉伸时，在y点出现屈服点，使材料强度升高，塑性韧性下降。

应变时效使屈服点再现将导致材料局部不均匀变形，造成产品外观的不规整。工业上处理这一问题是采用预变形，如对于钢板采用冷轧平整或光轧工艺，使金属变形到x点，并在可能产生时效前完成加工过程。

工业上采用应变时效敏感性实验评定材料的应变时效脆化倾向。实验时，先将坯料拉伸10%，再加工成冲击试样，而后在250℃时效1小时，进行冲击试验。与原始状态的冲击值相比，用冲击值降低的百分数来表征材料的应变时效敏感性。

3.3　真实应力-应变曲线及形变强化规律

拉伸试验中，试样完成屈服应变后，便进入形变强化阶段。材料在形变强化阶段的变形规律用真应力-应变曲线描述。拉伸过程中的真实应力S按每一瞬时试样的真实截面积A计算

$$S = P/A \tag{3-4}$$

式中，P为截面积为A时的载荷。真实应变ε按式(1-12)计算。真实应力-应变($S-\varepsilon$)曲线与条件应力-应变曲线的比较，如图3-3所示，可以看出：载荷相同时真应变小于条

件应变,而真应力大于条件应力;在真应力-应变曲线上,弹性变形部分几乎与纵坐标重合,表示颈缩开始的点位于条件应力-应变曲线相应点的左上方;随塑性变形的发展,材料一直在形变强化,条件应力-应变曲线上颈缩后的应力降低是一种假象;颈缩后的集中应变并不比均匀变阶段的应变量小。可以说,真应力-应变曲线避免了条件应力-应变曲线造成的假象,真实地反映了拉伸过程中材料的应力与应变之间的关系。

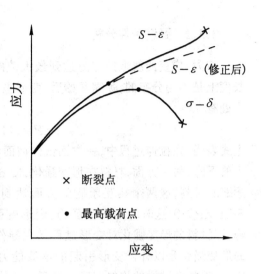

图 3-3 真应力-应变曲线与条件
应力-应变曲线的比较

3.3.1 冷变形金属的真应力-应变关系

从屈服点到颈缩之间的形变强化规律,可以用 Hollomon 公式描述

$$S = K\varepsilon^n \qquad (3-5)$$

式中,ε 为真实塑性应变,K 为强度系数,n 为应变强化指数。可见材料的形变强化特征主要反映在 n 值的大小上。当 $n = 0$ 时,为理想塑性材料的典型情况。当 $n = 1$ 时,应力与应变成线性关系,为理想弹性材料的典型情况。大多数工业金属材料的 n 值在 0.1~0.5 之间,见表 3.1。

表 3.1 室温下各种金属的 $K \cdot n$ 值

材 料	状 态	n	K/MPa
纯 铜	退 火	0.443	448.3
黄 铜	退 火	0.423	745.8
纯 铝	退 火	0.250	157.5
纯 铁	退 火	0.237	575.3
40 钢	调 质	0.229	920.7
40 钢	正 火	0.221	1 043.5
T8 钢	退 火	0.204	996.4
T8 钢	调 质	0.209	1 018.0

应变强化指数 n 的大小,表示材料的应变强化能力或对进一步塑性变形的抗力,是一个很有意义的性能指标。n 与应变硬化速率 $dS/d\varepsilon$ 并不完全等同。按定义

$$n = \frac{d\ln S}{d\ln \varepsilon} = \frac{\varepsilon}{S} \frac{dS}{d\varepsilon}$$

即

$$\frac{dS}{d\varepsilon} = n \cdot \frac{S}{\varepsilon} \qquad (3-6)$$

可见在 S/ε 相同的条件下,n 值大时 $dS/d\varepsilon$ 也大,应力-应变曲线越陡。但对于 n 值较小的材料,当 S/ε 较大时,也可以有较高的形变强化速率 $dS/d\varepsilon$。

3.3.2 颈缩条件分析

应力-应变曲线上的应力达到最大值时开始颈缩。颈缩前,试样的变形在整个试样长度上是均匀分布的,颈缩开始后,变形主要集中于颈部地区。在应力-应变曲线的最高点处有

$$dP = SdA + AdS = 0 \qquad (3-7)$$

上式表明,在拉伸过程中,一方面试样截面积不断减小,使 $dA<0$,SdA 表示试样承载能力的下降,另一方面,材料在形变强化,使 $dS>0$,AdS 表示试样承载能力的升高,在开始颈缩的时刻,这两个相互矛盾的方面达到平衡。在颈缩前的均匀形变阶段,$AdS>-SdA$,$dP>0$,这时的变形特征为,因形变强化导致的承载能力提高大于承载能力的下降,即材料的形变强化对变形过程起主导作用,于是,什么地方有较大的塑性变形,那里的形变强化足以补偿变形引起的承载能力的下降,将进一步的塑性变形转移到其他地方,实现整个试样的均匀变形。但颈缩开始以后,随应变量增加,材料的形变强化趋势逐渐减小,出现了 $AdS<-SdA$,$dP<0$ 的情况,这时变形的特征为,塑性变形导致的承载能力下降超过了形变强化引起的承载能力提高,即削弱承载能力的方面上升为控制变形过程的因素,此时,尽管材料仍在形变强化,但这种强化趋势已不足以转移进一步的塑性变形,于是,塑性变形量较大的局部地区,应力水平增高,进一步的变形继续在该地区发展,即形成颈缩。由 $dP=0$ 可得

$$\frac{dS}{S} = -\frac{dA}{A} = d\varepsilon$$

所以
$$\frac{dS}{d\varepsilon} = S \qquad (3-8)$$

此即所谓颈缩判据。此式说明颈缩开始于应变强化速率 $dS/d\varepsilon$ 与真应力相等的时刻,如图 3-4 所示。

由应变强化指数 n 的定义得出

$$\frac{dS}{d\varepsilon} = n\,\frac{S}{\varepsilon}$$

将颈缩条件 $\dfrac{dS}{d\varepsilon} = S$ 代入上式,得

$$n = \varepsilon_b \qquad (3-9)$$

说明在颈缩开始时的真应变在数值上与应变强化指数 n 相等。利用这一关系,可以大致估计材料的均匀变形能力。对于冷成形用材料来说,总是希

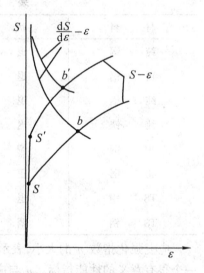

图 3-4 颈缩判据的图示

望获得尽量大的均匀塑性变形量 ε_b,避免冷变形过程中发生塑性失稳乃至断裂。但事实上,材料的均匀塑性变形能力不可能很大,在数值上大致与应变强化指数相等。

颈缩前的变形是在单向应力条件下进行的,颈缩开始以后,颈部的应力状态由单向应力变为三向应力,除轴向应力 S_l 外,还有径向应力 S_r 和切向应力 S_t,如图 3-5 所示,这种应力状态特点将在第五章分析。这里要说明的是,颈部形状这种几何特点导致的三

向应力状态,使变形来得困难,按真应力计算式计算得到的真应力比实际的真应力来得高,随着颈缩过程的发展,三向应力状态加剧,计算真应力的误差越来越大。这就是图3-3中真应力-应变曲线尾部上翘的原因。为了扣除这种几何因素造成的影响,对颈缩后的真应力应引入颈缩修正。

Bridgman 对颈部应力状态及分布进行了分析。假设颈部轮廓为以 R 为半径的圆弧,颈部最小截面为以 a 为半径的圆,并且截面上应变均匀分布。在上述条件下导出了颈缩后的真应力计算式

$$S' = \frac{S}{(1 + \frac{2R}{a})\ln(1 + \frac{a}{2R})}$$

式中,S 为三向应力条件下的轴向应力;S' 为修正后的真应力。

修正后的真应力-应变曲线如图3-3中的虚线所示。

3.3.3 形变强化的实际意义

形变强化是金属材料最重要的性质之一,在工程实际中已获得了广泛应用。首先,形变强化可使金属零件具有抵抗偶然超载的能力,保证安全。机件工作过程中,难免遇到偶然过载或局部应力超过材料屈服强度的情况,此时,如果材料不具备形变强化能力,超载将引起塑性变形并因变形继续发展而断裂。但由于

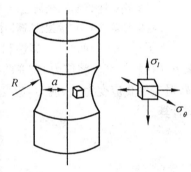

图 3-5　拉伸试样颈部应力状态

材料本身具有的形变强化性能,可以阻止塑性变形的继续发展。因此,认为形变强化是材料具有的一种安全因素,而形变强化指数是衡量这种安全性的定量指标。其次,形变强化是工程上强化材料的重要手段,尤其对于不能进行热处理强化的材料,如变形铝合金和奥氏体不锈钢等,形变强化成为提高其强度的非常重要的手段。如 18-8 型不锈钢,变形前 $\sigma_{0.2} = 196$MPa,经 40% 冷轧后,$\sigma_{0.2} = 780 \sim 980$MPa,屈服强度提高 3~4 倍。喷丸和表面滚压也属于表面形变强化工艺,可以有效地提高零件表面强度和疲劳抗力。第三,形变强化性能可以保证某些冷成形工艺,如冷拔线材和深冲成形等顺利进行。

3.3.4 韧性的概念及静力韧度分析

另一个重要的性能参数是材料的韧性,韧性是指材料在断裂前吸收塑性变形功和断裂功的能力。而韧度则是度量材料韧性的力学性能指标。对拉伸断裂来说,韧度可以理解为应力-应变曲线下的面积

$$W = \int_0^{\epsilon_f} S d\epsilon \tag{3-10}$$

因此,只有在强度与塑性具有较好的配合时,才能获得较高的韧性,如图3-6所示,在工程上常用综合机械性能说明这种状态。简言之,在过分强调强度而忽视塑性的情况下或者在片面追求塑性而不兼顾强度的情况下,均不会得到高韧性,即没有强度和塑性的较佳配合,不会有良好的综合机械性能。这是选材时应注意的基本原则。

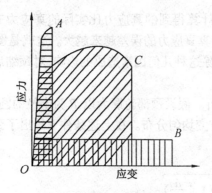
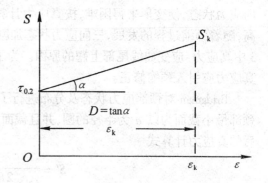

图 3-6 强度与塑性的配合

A:高强度低塑性,低韧性;

B:高塑性低强度,低韧性;

C:中等强度,中等塑性,高韧性

图 3-7 简化的真应力 – 应变曲线

为了进一步说明强度、塑性和韧性之间的关系,用简化的真应力-应变曲线,如图 3-7来表征材料韧度。将应力-应变曲线的弹性变形部分省略,形变强化从 $\sigma_{0.2}$ 开始,至 S_k 断裂,对应的真应变为 ε_k,应力-应变曲线的斜率为形变硬化模量 $D = \tan\alpha$,材料韧度可用下式计算

$$W = \frac{\sigma_{0.2} + S_k}{2}\varepsilon_k \tag{3-11}$$

$$\varepsilon_k = \frac{S_k - \sigma_{0.2}}{D} \tag{3-12}$$

将式(3-12)代入式(3-11)得

$$W = \frac{S_k^2 - \sigma_{0.2}^2}{2D} \tag{3-13}$$

上式说明,在不改变材料断裂应力的情况下,提高屈服强度将导致材料韧性降低,或者可以说这种情况下材料强度的提高是以牺牲韧性为代价的。

3.3.5 形变强化过程中的损伤

由前述可见,金属材料的形变强化现象是与塑性变形过程相伴存在并不断发展的,属于提高材料强度的因素。但从材料损伤的角度来说,塑性变形过程中材料组织的变化,导致材质劣化和连续性丧失等损伤形式的产生与发展,造成塑性韧性降低,脆性增加,或者承载能力降低甚至诱发早期断裂。

在塑性变形初期,变形主要在基体上进行。Keh 对 α-Fe 的研究表明,这一阶段的位错结构随变形量的增加而发生明显变化,当 $\varepsilon = 0.09$ 以后,形成稳定的胞状位错结构。位错胞状结构的形成,可以理解为早期形变强化的原因。与这一阶段形变强化相对应的材质损伤是弹性模量的降低。

工业金属是由基体、第二相和某些非金属夹杂物组成的。受外力作用时,变形首先在软相开始,待其形变强化到与较强的相的强度相同时,后者也参与到变形中。材料中的非金属夹杂物,一般较脆且与基体结合较弱。在基体形变强化进程中,当其强度超过

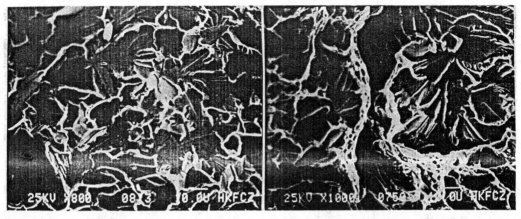

(a) $\varepsilon=0.052$ (b) $\varepsilon=0.18$

图 3-8　20Cr 形变强化过程中的微孔损伤

非金属夹杂物本身或其界面结合强度时,便在这里形成最早的开裂,要么夹杂物折断,要么界面脱开。这是材料形变强化过程中产生的最早的不连续因素,称为微孔损伤。退火20Cr 钢的颈缩开始于 $\varepsilon_b=0.213$,在颈缩前的微孔损伤情况如图 3-8 所示。试样拉伸至一定应变量后,卸载并在液氮温度冲断。已开裂的部分断口呈微孔型,未开裂的部分呈解理特征。上述事实说明,在材料塑性变形过程中,损伤的产生与发展是与形变强化过程相伴进行的,即使在颈缩前的均匀变形阶段,也是如此。

3.4　应力状态对塑性变形的影响

单轴拉伸试验条件下,试样为单向应力状态。实际零件受载的应力状态为复杂应力状态,同时受不同方向上的正应力和切应力作用,材料的变形与断裂行为决定于这些应力的作用方向和相对大小。另外,为工程结构的选材和材料性能评定,需要测定不同应力状态下的材料性能,如扭转、弯曲、压缩等。复杂应力状态特点用应力状态的柔度系数表示。

3.4.1　应力状态柔度系数

复杂应力状态用应力单元体上作用的 6 个应力分量表示,各应力的大小取决于单元体取向。切应力与正应力在材料变形和断裂中所起的作用是不同的,切应力引起塑性变形和塑性断裂,正应力导致脆性断裂。为了表征应力状态特点与材料力学行为特点的关系,引入应力状态柔度系数

$$\alpha=\tau_{max}/S_{max} \tag{3-14}$$

式中,τ_{max} 和 S_{max} 分别为应力状态中最大切应力和最大正应力。τ_{max} 和 S_{max} 分别由第三强度理论和第二强度理论给出,即

$$\tau_{max}=\frac{1}{2}(\sigma_1-\sigma_3)$$

$$S_{\max} = \sigma_1 - \nu(\sigma_2 + \sigma_3)$$

式中 σ_1、σ_2 和 σ_3 分别为三个主应力，ν 为泊松比。取 $\nu = 0.25$，则

$$\alpha = \frac{\sigma_1 - \sigma_3}{2\sigma_1 - 0.5(\sigma_2 + \sigma_3)} \tag{3-15}$$

常见的几种加载方式下的柔度系数如表 3.2。

表 3.2 不同加载方式的应力状态柔度系数

加载方式	主 应 力			α
	σ_1	σ_2	σ_3	
三向不等拉伸	σ	$\frac{8}{9}\sigma$	$\frac{8}{9}\sigma$	0.1
单向拉伸	σ	0	0	0.5
扭 转	σ	0	$-\sigma$	0.8
二向等压缩	0	$-\sigma$	$-\sigma$	1
单向压缩	0	0	$-\sigma$	2
三向不等压缩	$-\sigma$	$-\frac{1}{3}\sigma$	$-\frac{7}{3}\sigma$	4

应力状态柔度系数 α 表征应力状态的软硬，α 值较大时，表示应力状态较软，即最大切应力分量较大，这表明在最大正应力尚小时，最大切应力得到较充分的发展，因此容易引起塑性变形。反之，α 较小时，应力状态较硬，最大正应力分量容易得到发展，导致脆性断裂。

3.4.2 材料在扭转加载条件下的力学性能

1. 应力-应变分析

扭转加载时，应力状态柔度系数 $\alpha = 0.8$，最大切应力 $\tau_{\max} = \frac{1}{2}\sigma_{\max}$。假定一圆柱形试样受扭矩作用，其应力-应变分布如图 3-9 所示。在横截面上无正应力作用，只有切应力。弹性变形阶段，横截面上各点切应力与半径方向垂直，其大小与该点距中心的距离成正比，中心处切应力为零，表面处最大，如图 3-9(b)。表层产生塑性变形后，各点切应力仍与距中心的距离成正比，但切应力水平却因塑性变形而降低，如图3-9(c)。在与轴线成45°角的平面上承受最大正应力。最大正应力与最大切应力相等，即

$$\tau_{\max} = \frac{\sigma_1 - \sigma_3}{2} = \frac{2\sigma_1}{2} = \sigma_{\max}$$

在弹性变形范围内，圆杆表面的切应力计算公式如下

$$\tau = M/W \tag{3-16}$$

式中，M 为扭矩；W 为截面系数。对于实心圆杆，$W = \pi d_0^3/16$；对于空心圆杆，$W = \pi d_0^3 (1 - d_1^4/d_0^4)/16$，其中 d_0 为外径，d_1 为内径。

因切应力作用而在圆杆表面产生的切应变为

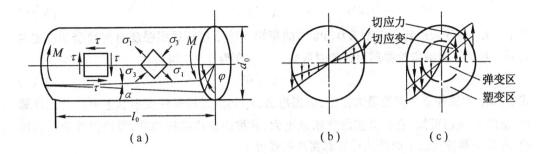

图 3-9 扭转试件中的应力和应变

(a)试件表面的应力状态；   (b)弹性变形阶段横截面上的切应力与切应变分布；
(c)弹塑性变形阶段横截面上的切应力与切应变分布

$$\gamma = \tan\alpha = \frac{\varphi d_0}{2l_0} \times 100\% \qquad (3\text{-}17)$$

式中，α 为圆杆表面任一平行于轴线的直线因 τ 的作用而转动的角度，见图 3-9(a)；φ 为扭转角；l_0 为杆的长度。

2. 扭转试验及测定的力学性能

扭转试验采用圆柱形(实心或空心)试件，在扭转试验机上进行。扭转试件如图 3-10 所示，有时也采用标距为 50mm 的短试件。

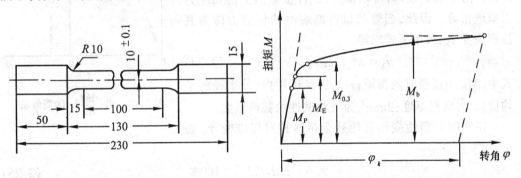

图 3-10　扭转试件   图 3-11　扭转图

在试验过程中，随着扭矩的增大，试件标距两端截面不断产生相对转动，使扭转角 φ 增大，利用试验机的绘图装置可得出 $M \sim \varphi$ 关系曲线，称为扭转图，如图 3-11 所示。它与拉伸试验测定的真应力-真应变曲线相似，这是因为在扭转时试件的形状不变，其变形始终是均匀的，即使进入塑性变形阶段，扭矩仍随变形的增大而增加，直至试件断裂。

根据扭转图和式(3-16)以及式(3-17)，可确定材料的切变模量 G、扭转比例极限 τ_p、扭转屈服强度 $\tau_{0.3}$ 和抗扭强度 τ_b 如下

$$G = \tau/\gamma = 32Ml_0/(\pi\varphi d_0^4) \qquad (3\text{-}18)$$

$$\tau_p = M_p/W \qquad (3\text{-}19)$$

式中，M_p 为扭转曲线开始偏离直线时的扭矩，确定 M_p 时，使曲线上某点的切线与纵坐标轴夹角的正切值较直线与纵坐标夹角的正切值大 50%，则该点所对应的扭矩即为 M_p。

$$\tau_{0.3} = M_{0.3}/W \qquad (3-20)$$

式中，$M_{0.3}$ 为残余扭转切应变为 0.3% 时的扭矩。确定扭转屈服强度时的残余切应变取 0.3%，是为了与确定拉伸屈服强度时取残余正应变为 0.2% 相当。

$$\tau_b = M_b/W \qquad (3-21)$$

式中，M_b 为试件断裂前的最大扭矩，应当指出，τ_b 仍然是按弹性变形状态下的公式计算的；由图 3-9(c)可知，它比真实的抗扭强度大，故称为条件抗扭强度，考虑塑性变形的影响，应采用塑性状态下的公式计算真实抗扭强度 t_k

$$t_k = \frac{4}{\pi d_0^3}\left[3M_k + \theta_k\left(\frac{dM}{d\theta}\right)_k\right] \qquad (3-22)$$

式中，M_k 为试件断裂前的最大扭矩；θ_k 为试件断裂时单位长度上的相对扭转角；$\theta_k = \frac{d\varphi}{dl}$；$\left(\frac{dM}{d\theta}\right)_k$ 为 $M-\theta$ 曲线上 $M=M_k$ 点的切线的斜率 $tg\alpha$，如图 3-12 所示，若 $M-\theta$ 曲线的最后部分与横坐标轴近于平行，则 $\left(\frac{dM}{d\theta}\right)_k \approx 0$。

于是，式(3-22)可简化为

$$t_k = 12M_k/\pi d_0^3 \qquad (3-23)$$

真抗扭强度 t_k 也可用薄壁圆管试件进行试验直接测出。由于管壁很薄，可以认为，试件横截面上的切应力近似地相等。因此，当管状试件断裂时的切应力即为真抗扭强度 t_k，可用下式求得

$$t_k = M_k/2\pi ar^2 \qquad (3-24)$$

式中，M_k 为断裂时的扭矩；r 为管状试件内、外半径的平均值；a 为管壁厚度；$2\pi ar^2$ 为管状试件的截面系数。

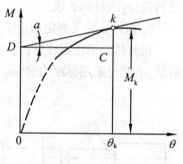

图 3-12　求 $\left(\frac{dM}{d\theta}\right)_k$ 的图解法

扭转时的塑性变形可用残余扭转相对切应变 γ_k 表示，按下式求得

$$\gamma_k = \left[\varphi_k d_0/2l_0\right] \times 100\% \qquad (3-25)$$

式中，φ_k 为试件断裂时标距长度 l_0 上的相对扭转角。扭转总切应变是扭转塑性应变与弹性应变之和。对于高塑性材料，弹性切应变很小，故由式(3-25)求得的塑性切应变即近似地等于总切应变。

关于扭转试验方法的技术规定可参阅国标 GB10128－88。

3．扭转试验的特点及应用

扭转试验是重要的力学性能试验方法之一，具有如下的特点。

(1)扭转时应力状态的柔度系数较大，因而可用于测定那些在拉伸时表现为脆性的材料，如淬火低温回火工具钢的塑性。

(2)圆柱试件在扭转试验时，整个长度上的塑性变形始终是均匀的，其截面及标距长度基本保持不变，不会出现静拉伸时试件上发生的颈缩现象。因此，可用扭转试验精确地测定高塑性材料的变形抗力和变形能力，而这在单向拉伸或压缩试验时是难以做到的。

(3)扭转试验可以明确地区分材料的断裂方式,正断或切断,对于塑性材料,断口与试件的轴线垂直,断口平整并有回旋状塑性变形痕迹(见图 3-13(a))。这是由切应力造成的切断。对于脆性材料,断口约与试件轴线成 45°,成螺旋状(见图 3-13(b))。若材料的轴向切断抗力比横向的低,如木材、带状偏析严重的合金板材,扭转断裂时可能出现层状或木片状断口(见图 3-13(c))。于是,我们可以根据扭转试件的断口特征,判断产生断裂的原因以及材料的抗扭强度和抗拉(压)强度相对大小。

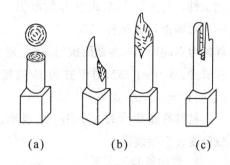

图 3-13　扭转断口形态
(a)切断断口;(b)正断断口;(c)层状断口

(4)扭转试验时,试件截面上的应力应变分布表明,该试验对金属表面缺陷显示很大的敏感性。因此,可利用扭转试验研究或检验工件热处理的表面质量和各种表面强化工艺的效果。

(5)扭转试验时,试件受到较大的切应力,因而还被广泛地应用于研究有关初始塑性变形的非同时性的问题,如弹性后效、弹性滞后以及内耗等。

综上所述,扭转试验可用于测定塑性材料和脆性材料的剪切变形和断裂的全部力学性能指标,并且还有着其他力学性能试验方法所无法比拟的优点。因此,扭转试验在科研和生产检验中得到较广泛的应用。然而,扭转试验的特点和优点在某些情况下也会变为缺点。例如,由于扭转试件中表面切应力大,越往心部切应力越小,当表层发生塑性变形时,心部仍处于弹性状态(见图 3-9(c))。因此,很难精确地测定表层开始塑性变形的时刻,故用扭转试验难以精确地测定材料的微量塑性变形抗力。

3.4.3　弯曲试验

弯曲试验时,试样一侧为单向拉伸,另一侧为单向压缩,最大正应力出现在试样表面,对表面缺陷敏感,因此,弯曲试验常用于检验材料表面缺陷如渗碳或表面淬火层质量等。另外,对于脆性材料,因对偏心敏感,利用拉伸试验不容易准确测定其力学性能指标,因此,常用弯曲试验测定其抗弯强度,并相对比较材料的变形能力。

1. 弯曲试验方法

弯曲试验分为三点弯曲和四点弯曲,弯曲试样主要有矩形截面和圆形截面两种。通常用弯曲试件的最大挠度 f_{max} 表示材料的变形性能。试验时,在试件跨距的中心测定挠度,绘成 $P \sim f_{max}$ 关系曲线,称为弯曲图,图 3-14 表示三种不同材料的弯曲图。

对于高塑性材料,弯曲试验不能使试件发生断裂,其 $P \sim f_{max}$ 曲线的最后部分可延伸很长(见图 3-14(a))。因此,弯曲试验难以测得塑性材料的强度,而且实验结果的分析也很复杂,故塑性材料的力学性能由拉伸试验测定,而不采用弯曲试验。

对于脆性材料,可根据弯曲图(见图 3-14(c)),用下式求得抗弯强度 σ_{bb}。

$$\sigma_{bb} = M_b / W \qquad (3-26)$$

式中,M_b 为试件断裂时的弯矩,可根据弯曲图上的最大载荷 P_B 按下式计算:对三点弯曲试件，$M_b = P_B L/4$，式中 L 为跨距。

对四点弯曲试件，$M_b = P_B K/2$，式中 K 为支点与相邻施力点间距；W 为截面抗弯系数，对于直径为 d_0 的圆柱试件，$W = \pi d_0^3/32$，对于宽为 b、高度为 h 的矩形截面试件，$W = bh^2/6$。

材料弯曲变形的大小用 f_{max} 表示，其值可用百分表或挠度计直接读出。

2. 弯曲试验的应用

(1)用于测定灰铸铁的抗弯强度　灰铸铁的弯曲试件一般采用铸态毛坯圆柱试件。试验时加载速度不大于 0.1mm/s。若试件的断裂位置不在跨距的中点，而在距中点 x 处，则抗弯强度应按下式计算

$$\sigma_{bb} = \frac{8P_B(L-2x)}{\pi d_0^3} \qquad (3\text{-}27)$$

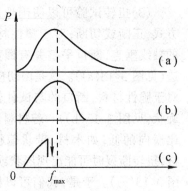

图 3-14　典型的弯曲图
(a)塑性材料；(b)中等塑性材料；
(c)脆性材料

(2)用于测定硬质合金的抗弯强度　硬质合金由于硬度高，难以加工成拉伸试件，故常做弯曲试验以评价其性能和质量，而且由于硬质合金价格昂贵，故常采用方形或矩形截面的小尺寸试件，常用的规格是 5×5×30mm，跨距为 24mm。

(3)陶瓷材料的抗弯强度测定　由于陶瓷材料脆性大，测定抗拉强度很困难，故目前主要是把测定其抗弯强度作为评价陶瓷材料性能的方法。

陶瓷材料的弯曲试验常采用方形或矩形截面的试件。考虑到实验结果的分散性，试件应从同一块或同质坯料上切出尽可能多的小试件，以便对实验结果进行统计分析，还应指出，试件的表面粗糙度对陶瓷材料的抗弯强度有很大的影响；表面越粗糙，抗弯强度越低。再者，磨削方向与试件表面的拉应力垂直，也会降低陶瓷材料的抗弯强度。

3.4.4　压缩试验

1. 单向压缩试验

单向压缩时应力状态的柔度系数较大，故用于测定脆性材料如铸铁、轴承合金、水泥和砖石等的力学性能，由于压缩时的应力状态较软，故在拉伸、扭转和弯曲试验时不能显示的力学行为，在压缩时有可能获得。压缩可以看做是反向拉伸。因此，拉伸试验时所定义的各个力学性能指标和相应的计算公式，在压缩试验中基本上都能应用。但两者之间也存在着差别，如压缩时试件不是伸长而是缩短，横截面不是缩小而是胀大。此外，塑性材料压缩时只发生压缩变形而不断裂，压缩曲线一直上升，如图 3-15 中的曲线 1 所示，正因为如此，塑性材料很少做压缩试验；如需做压缩试验，也是为了考察材料对加工工艺的适应性。

图 3-15 中的曲线 2 是脆性材料的压缩曲线。根据压缩曲线，可以求出压缩强度和塑性指标，对于低塑性和脆性材料，一般只测抗压强度 σ_{bc}，相对压缩率 ε_{ck} 和相对断面扩胀率 ψ_{ck}。

$$\sigma_{bc} = P_{bc}/A_0 \qquad (3\text{-}28)$$

$$\varepsilon_{ck} = [(h_0 - h_k)/h_0] \times 100\% \quad (3\text{-}29)$$

$$\psi_{ck} = [(A_k - A_0)/A_0] \times 100\% \quad (3\text{-}30)$$

式中，P_{bc} 为试件压缩断裂时的载荷；h_0 和 h_k 分别为试件的原始高度和断裂时的高度；A_0 和 A_k 分别为试件的原始截面积和断裂时的截面积。

公式(3-28)表明，σ_{bc} 是条件抗压强度。若考虑试件截面变化的影响，可求得真抗压强度（P_k/A_k）。由于 $A_k \geqslant A_0$，故真抗压强度要小于或等于条件抗压强度。

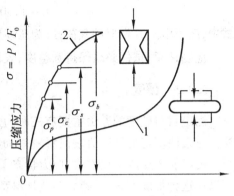

图 3-15　压缩载荷变形曲线

常用的压缩试件为圆柱体，也可用立方体和棱柱体。为防止压缩时试件失稳，试件的高度和直径之比 h_0/d_0 应取 $1.5\sim2.0$。高径比 h_0/d_0 对试验结果有很大影响，h_0/d_0 越大，抗压强度越低。为使抗压强度的试验结果能互相比较，一般规定 $h_0/\sqrt{A_0}$ 为定值。

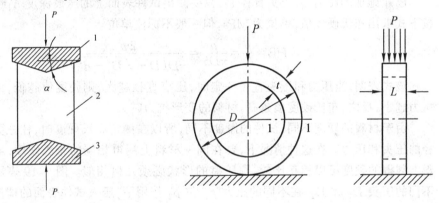

图 3-16　减小端面摩擦的压头和试件的形状
1－上压头；2－试件；3－下压头

图 3-17　压环强度试验示意图

压缩试验时，在上下压头与试件端面之间存在很大的摩擦力。这不仅影响试验结果，而且还会改变断裂形式。为减小摩擦阻力的影响，试件的两端面必须光滑平整，相互平行，并涂润滑油或石墨粉进行润滑。还可将试件的端面加工成凹锥面，且使锥面的倾角等于摩擦角，即 $tg\alpha = f$，f 为摩擦系数；同时，也要将压头改制成相应的锥体（见图3-16）。

2. 压环强度试验

在陶瓷材料工业中，管状制品很多，故在研究、试制和质量检验中，也常采用压环强度试验方法。此外，在粉末冶金制品的质量检验中也常用这种试验方法。这种试验采用圆环试件，其形状与加载方式如图 3-17 所示。

试验时将试件放在试验机上下压头之间，自上向下加压直至试件破断。根据破断时的压力求出压环强度。由材料力学可知，试件的 Ⅰ-Ⅰ 截面处受到最大弯矩的作用，该处拉应力最大。试件断裂时 Ⅰ-Ⅰ 截面上的最大拉应力即为压环强度，可根据下式求得

$$\sigma_r = 1.908 P_r (D - t)/2Lt^2 \tag{3-31}$$

式中,P_r 为试件压断时的载荷;D 为压环外径;t 为试件壁厚;L 为试件宽度(见图 3-17)。

应当注意,试件必须保持圆整度,表面无伤痕且壁厚均匀。

3.4.5 硬度

测定材料硬度的方法主要有三种:压入法、回跳法和刻画法。工业上主要采用压入法。压入法测定的硬度值表征材料表面抵抗硬物侵入的能力,是大塑性变形抗力指标。压入硬度属于侧压加载方式,应力状态柔度系数 $\alpha > 2$,即最大切应力远大于最大正应力,所以在这种加载方式下,绝大多数材料都可以发生不同程度的塑性变形。压入硬度法分为布氏硬度、洛氏硬度、维氏硬度和显微硬度等。

1. 布氏硬度

(1)布氏硬度测试的原则和方法 测定布氏硬度是用一定的压力将淬火钢球或硬质合金球压入试样表面,保持规定的时间后卸除压力,于是在试件表面留下压痕(见图 3-18)。单位压痕表面积 A 上所承受的平均压力即定义为布氏硬度值。

已知施加的压力 p,压头直径 D,只要测出试件表面上的压痕深度 h 或直径 d,即可按下式求出布氏硬度值,单位为 MPa,但一般不标注单位。

$$HB = \frac{p}{A} = \frac{p}{\pi D h} = \frac{2p}{\pi D (D - \sqrt{D^2 - d^2})} \tag{3-32}$$

该式表明,当压力和压头直径一定时,压痕直径越大,则硬度值越低,即材料的变形抗力越小;反之,布氏硬度值越高,材料的变形抗力越大。

由于材料的硬度不同,试件的厚度不同,所以在测定布氏硬度时,往往要选用不同直径的压头和压力。在这种情况下,要在同一材料上测得相同的布氏硬度,或在不同的材料上测得的硬度可以相互比较,则压痕的形状必须几何相似。图 3-19 表示用两个直径不同的压头 D_1 和 D_2,在不同的压力 p_1 和 p_2 作用下,压入试件表面的情况。要使两个压痕几何相似,则两个压痕的压入角 φ 应相等。由图 3-19 可知

$$d = D \sin \frac{\varphi}{2}$$

代入式(3-32),得

$$HB = \frac{p}{D^2} \frac{2}{\pi (1 - \sqrt{1 - \sin^2 \frac{\varphi}{2}})} \tag{3-33}$$

由此可见,当布氏硬度相同时,要保证压入角 φ 相等,即 p/D^2 应为常数,这就是根据压痕几何相似要求,对 p 和 D 之间的关系所作的规定,国标 GB231-84 根据材料的种类及布氏硬度范围,规定了 7 种 p/D^2 之值,见表 3.3。

布氏硬度试验前,应根据试件的厚度选定压头直径,试件的厚度应大于压痕深度的 10 倍,在试件厚度足够时,应尽可能选用 10mm 直径的压头。然后再根据材料及其硬度范围,参照表 3.3 选择 p/D^2 之值,从而算出试验需用压力 p 之值,应当指出,压痕直径 d 应在 $0.25 \sim 0.60D$ 范围内,所测硬度方为有效;若 d 值超出上述范围,则应另选 p/D^2 之

值,重作试验。

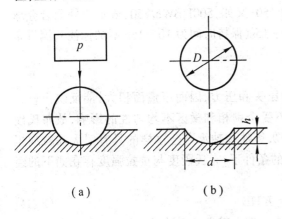

（a）　　　　　　（b）

图 3-18　布氏硬度试验原理图

　(a)钢球压入试样表面

　(b)卸载后测定压痕直径 d

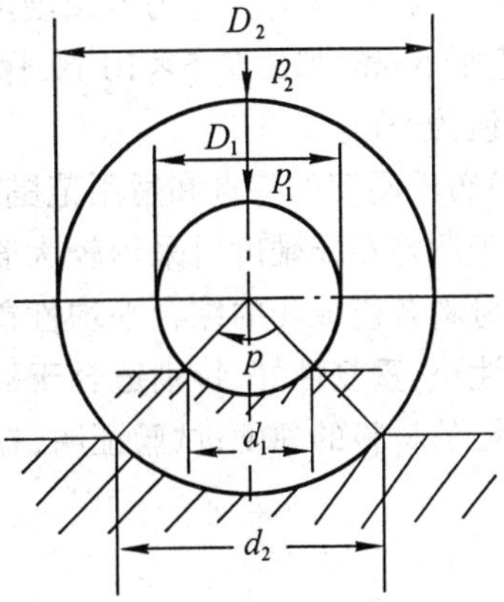

图 3-19　压痕相似原理

表 3.3　布氏硬度试验的 p/D_2 值选择表

材　料	布氏硬度	p/D^2
钢 及 铸 铁	＜140	10
	＞140	30
铜及其合金	＜35	5
	35～130	10
	＞130	30
轻金属及其合金	＜35	1.25
		2.5
	35～80	5
		10
		15
	＞80	10
		15
铅、锡		1
		1.25

　　布氏硬度测试在布氏硬度试验机上进行,测试时必须保持所加压力与试件表面垂直,施加压力应均匀平稳,不得有冲击和振动。在压力作用下的保持时间也有规定,对黑色金属为10s,有色金属为30s,对HB＜35的材料为60s。这是因为测定较软材料的硬度时,会产生较大的塑性变形,因而需要较长的保持时间。卸除载荷后,测定压痕直径 d,代入公式(3-32),即可求得 HB 之值。关于布氏硬度测定方法的细节可参阅国际GB231-84。

　　为使用方便,按公式(3-32)制出布氏硬度数值表,测得压痕直径后,即可查表求出HB 之值,并用下列符号表示:当压头为淬火钢球时,用 HBS 表示;当压头为硬质合金球时,用 HBW 表示。HBS 或 HBW 之前的数字表示硬度值,其后的数字表示试验条件,依次为压头直径、压力和保持时间。例如,150HBS10/1000/30 表示用 10mm 直径淬火钢球,加压 10^4N,保持 30s,测得的布氏硬度值为 150;又如,500HBW5/750,表示用硬质合金球压头,直径 5mm,加压 7.5×10^3N,保持 10~15s(保持时间为 10~15s 不加标注),测得布氏硬度值为 500。

(2)布氏硬度的特点和适用范围

由于测定布氏硬度时采用较大直径的压头和压力,因而压痕面积大,能反映出较大范围内材料各组成相的综合平均性能,而不受个别相和微区不均匀性的影响,故布氏硬度分散性小,重复性好,特别适合于测定像灰铸铁和轴承合金这样的具有粗大晶粒或粗大组成相的材料的硬度,试验证明,在一定的条件下,布氏硬度与抗拉强度存在如下的经验关系

$$\sigma_b = K\text{HB} \tag{3-34}$$

式中 K 为经验常数,随材料不同而异。表 3.4 列出了常见金属材料的抗拉强度与 HB 的比例常数。因此,测定了布氏硬度,即可估算出材料的抗拉强度。

表 3.4　金属材料不同状态下 HB 与 σ_b 的关系表

材　料	HB 范围	σ_b/HB	材　料	HB 范围	σ_b/HB
退火、正火碳钢	125~175	0.34	退火铜及黄铜	–	0.55
	>175	0.36	加工青铜及黄铜	–	0.40
淬火碳钢	<250	0.34	冷作青铜	–	0.36
淬火合金钢	240 250	0.33	软　铝	–	0.41
常化镍铬钢	–	0.35	硬　铝	–	0.37
锻轧钢材	–	0.36	其他铝合金	–	0.33
灰口铸铁		HB－40/6HB	锌合金	–	0.09

也由于测定布氏硬度时压痕较大,故不宜在零件表面上测定布氏硬度,也不能测定薄件或表面硬化层的布氏硬度。在大批量生产时,若要求对产品进行逐件检验,则因测定压痕直径要有一定的时间,所以要耗费大量的人工。当前正在研究布氏硬度测定的自动化,以提高测量精度和效率。

当使用淬火钢球作压头时,只能用于测定 HB<450 的材料;使用硬质合金球作压头时,测定的硬度可达 650HB。

2. 洛氏硬度

(1)洛氏硬度测定的原理和方法

洛氏硬度是直接测量压痕深度,并以压痕深度的大小表示材料的硬度。这是与布氏硬度定义的主要不同之点。洛氏硬度的压头有两类:即顶角为 120° 的金刚石圆锥体压头和直径为 1/16~1/2 英寸的钢球压头。测洛氏硬度时先加 100N 预压力,然后再加主压力,所加的总压力大小,视被测材料的软硬而定,采用不同压头并施加不同的压力,可以组成不同的洛氏硬度标尺,详见表 3.5。生产上常用的为 A、B 和 C 三种标尺,其中又以 C 标尺用得最普遍,用这三种标尺测得的硬度分别记为 HRA、HRB 和 HRC。

表 3.5　洛氏硬度各种标尺的应用

标尺	测量范围	压 头 类 型	主压力/N	总压力/N	常数 K	应用举例
A	60~85	金刚石圆锥体	500	600	100	硬金属及硬质合金
B	25~100	ϕ1.588 mm (1/16″)钢球	900	1000	130	有色金属及软金属
C	20~67	金刚石圆锥体	1400	1500	100	热处理结构钢、工具钢
D	40~77	同　上	900	1000	100	薄钢、表面淬火钢
E	70~100	ϕ3.175mm(1/8″)钢球	900	1000	130	塑　料
F	40~100	ϕ1.588mm 钢球	500	600	130	有色金属
G	31~94	同　上	1400	1500	130	珠光体铁、铜、镍、锌合金
H	–	ϕ3.175mm 钢球	500	600	130	退火铜合金
K	40~100	同　上	1400	1500	130	有色金属、塑料
L	–	ϕ6.350 mm (1/4″)钢球	500	600	130	同　上
M	–	同　上	900	1000	130	同　上
P	–	同　上	1400	1500	130	同　上
R	–	ϕ12.70 mm (1/2″)钢球	500	600	130	软金属、非金属软材料
S	–	同　上	900	1000	130	同　上
V	–	同　上	1400	1500	130	同　上

　　测定 HRC 时,采用金刚石压头,先加 100N 预载,压入材料表面的深度为 h_0,此时表盘上的指针指向零点(见图 3-20(a))。然后再加上 1400N 主载荷,压头压入表面的深度为 h_1,表盘上的指针逆时针方向转到相应的刻度(见图 3-20(b))。在主载荷的作用下,金属表面的变形包括弹性变形和塑性变形两部分,卸除主载荷以后,表面变形中的弹性部分将回复,压头将回升一段距离,即(h_1-e),表盘上的指针将相应地回转(见图 3-20(c))。最后,在试件表面留下的压痕深度残余增量为 e。人为地规定:当 $e=0.2$mm 时,HRC=0;当 $e=0$ 时,HRC=100,压痕深度每增 0.002mm,HRC 降低 1 个单位。于是有

$$\text{HRC} = (0.2-e)/0.002 = 100 - e/0.002 \tag{3-35}$$

　　这样的定义与人们的思维习惯相符合,即材料愈硬,压痕的深度愈小;反之,压痕深度大,可以很方便地按公式(3-35)所表示的 HRC-e 之间的线性关系,制成洛氏硬度读数表,装在洛氏硬度试验机上,在主载荷卸除后,即可由读数表直接读出 HRC 之值。

　　测定 HRB 时,采用 1/16 英寸的钢球作压头,主载荷为 900N,测定方法与测定 HRC 相同,但 HRB 的定义方法略有不同,如下式所示

$$\text{HRB} = (0.26-e)/0.002 = 130 - e/0.002 \tag{3-36}$$

总之,洛氏硬度可用下式统一来定义

$$\text{HR} = K - e/0.002 \tag{3-37}$$

式中 K 为常数,采用金刚石圆锥压头时为 100,采用钢球压头时为 130(见表 3.5)。

　　洛氏硬度测试时,试件表面应为平面,在圆柱面或球面上测定洛氏硬度时,测得的硬度值比材料的真实硬度要低,故应加以修正。修正量 ΔHRC 可按下式计算

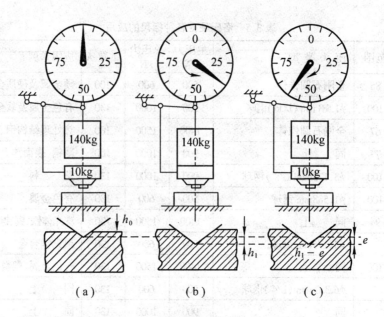

（a）　　　　　　　（b）　　　　　　　（c）

图 3-20　洛氏硬度试验过程的示意图

对于圆柱面　$\Delta \mathrm{HRC} = 0.06(100 - \mathrm{HRC}')^2 / D$　　　　（3-38a）

对于球面　$\Delta \mathrm{HRC} = 0.012(100 - \mathrm{HRC}')^2 / D$　　　　（3-38b）

式中 HRC' 为在圆柱面或球面上测得的硬度；D 为圆柱或球体的直径。对于其他标尺的洛氏硬度，其修正量在有关文献中可查到。关于洛氏硬度试验的技术规定可参阅 GB230-83。

（2）洛氏硬度的优缺点及其应用

综上所述，洛氏硬度测定具有以下优点：①因为硬度值可从硬度机的表盘上直接读出，故测定洛氏硬度更为简便迅速，工效高；②对试件表面造成的损伤较小，可用于成品零件的质量检验；③因加有预载荷，可以消除表面轻微的不平度对试验结果的影响。洛氏硬度的缺点主要是洛氏硬度的人为的定义，使得不同标尺的洛氏硬度值无法相互比较。再者，由于压痕小，洛氏硬度对材料组织不均匀性敏感，测试结果比较分散，重复性差，因而不适用具有粗大不均匀组织材料的硬度测定。

但是，洛氏硬度测定时采用金刚石或钢球作压头，不同的主载荷，根据材料的软硬加以选用。因此，洛氏硬度可用于测定各种不同材料的硬度，各种标尺的洛氏硬度的应用范围可参看表3.5。

（3）表面洛氏硬度

测定上述标尺的洛氏硬度施加的压力大，不宜用于测定极薄的工件和表面硬化层（如氮化及金属镀层等）的硬度。为满足这些试件硬度测定的需要，发展了表面洛氏硬度试验。它与普通洛氏硬度不同之处主要是：①预载荷为 30N，总载荷比较小；②取压痕残余深度 $e = 0.1\mathrm{mm}$ 时的洛氏硬度为零，深度每增大 $0.001\mathrm{mm}$，表面洛氏硬度减小一个单位。表面洛氏硬度的标尺，试验规范及用途列入表3-6中。

表面洛氏硬度的表示方法是在 HR 后面加注标尺符号，硬度值写在 HR 之前，如 45HR30N，80HR30T，等等。

表 3.6 表面洛氏硬度各标尺使用范围及试验条件

标 尺	压头类型	总载荷/N	测量范围	应用举例
15N	金刚石圆锥体 锥 角120°	150	68～92	硬质合金,氮化钢,渗碳钢。各种钢板等。
30N		300	39～83	表面淬火钢。渗碳钢。刃具,薄钢板等。
45N		450	17～72	淬火钢,调质钢,硬铸铁及零件边缘等。
15T	钢球直径 1/16 英寸	150	70～92	退火铜合金,薄软钢,黄铜,青铜薄板。
30T		300	35～82	薄软钢,铝合金,铜合金,黄铜,青铜,可锻铸铁
45T		450	7～72	珠光体钢,铜镍、锌镍合金薄板。

3. 维氏硬度

(1)维氏硬度测定的原理和方法

测定维氏硬度的原理与方法基本上与布氏硬度的相同,也是根据单位压痕表面积上所承受的压力来定义硬度值。但测定维氏硬度所用的压头为金刚石制成的四方角锥体,两相对面间的夹角为136°,所加的载荷较小,测定维氏硬度时,也是以一定的压力将压头压入试件表面,保持一定的时间后卸除压力,于是在试件表面上留下压痕,如图 3-21 所示。

已知载荷 P,测得压痕两对角线长度后取平均值 d,代入下式求得维氏硬度,一般不标注单位

$$HV = \frac{2P\sin\frac{136°}{2}}{d^2} = \frac{1.8544P}{d^2} \tag{3-39}$$

维氏硬度试验时,所加的载荷为 50,100,200,300,500 和 1000N 等 6 种,当载荷一定时,即可根据 d 之值,算出维氏硬度表。试验时,只要测量压痕两对角线长度的平均值,即可查表求得维氏硬度值。维氏硬度的表示方法与布氏硬度的相同,例如,640HV30/20 前面的数字为硬度值,后面的数字依次为所加载荷和保持时间。

维氏硬度特别适用于表面硬化层和薄片材料的硬度测定,选择载荷时,应使硬化层或试件的厚度大于 $1.5d$。若不知待试的硬化层的厚度,则可在不同的载荷下按从小到大的顺序进行试验,若载荷增加,硬度明显降低,则必须采用较小的载荷,直至两相邻载荷得出相同结果时为止。若已知待试层的厚度和预期的硬度,可参照图 3-22 选择试验载荷,当待测试件厚度较大,应尽可能选用较大的载荷,以减小对角线测量的相对误差和试件表面层的影响,提高维氏硬度测定的精度。但对于 HV>500 的材料,试验时不宜采用 500N 以上的载荷,以免损坏金刚石压头。

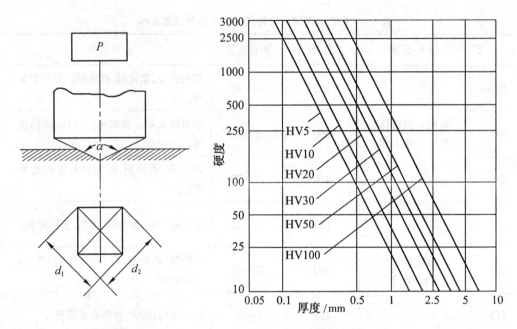

图 3-21　维氏硬度试验原理图　　　图 3-22　载荷、硬度值与试样最小厚度之间的关系

与洛氏硬度测试相同,维氏硬度测试时试件表面一般也应为平面。在曲面上测定维氏硬度时,则曲率对硬度值的影响应加以修正。维氏硬度试验的具体规定详见国标GB4340－84。

(2)维氏硬度的特点和应用

由于维氏硬度测试采用了四方角锥体压头。在各种载荷作用下所得的压痕几何相似。因此载荷大小可以任意选择,所得硬度值均相同,不受布氏法那种载荷 P 和压头 D 的规定条件的约束,维氏硬度法测量范围较宽,软硬材料都可测试,而又不存在洛氏硬度法那种不同标尺的硬度无法统一的问题,并且比洛氏硬度法能更好地测定薄件或薄层的硬度,因而常用来测定表面硬化层以及仪表零件等的硬度。此外,由于维氏硬度的压痕为一轮廓清晰的正方形,其对角线长度易于精确测量,故精度较布氏法高。维氏硬度试验的另一特点是,当材料的硬度小于 450HV 时,维氏硬度值与布氏硬度值大致相同。维氏硬度试验的缺点是效率低。但随着自动维氏硬度机的发展,这一缺点将不复存在。现已研制成功了一种无人操作自动维氏硬度机,该机测量效率和测量精度很高。

4.显微硬度

前面介绍的布氏、洛氏及维氏三种硬度试验法由于测定载荷较大,只能测得材料组织的平均硬度值。但是如果要测定极小范围内物质(例如,某个晶粒,某个组成相或夹杂物)的硬度,或者研究扩散层组织,偏析相,硬化层深度以及极薄件等等,这三种硬度法就不能胜任。此外,它们也不能测定像陶瓷这样的脆性材料的硬度,因为陶瓷材料在这么大的测定载荷作用下容易破碎,显微硬度试验为这些领域的硬度测试创造了条件,它在工业生产及科研中得到了愈来愈广泛的应用。所谓显微硬度试验一般是指测试载荷小于 2N 力的硬度试验。常用的有维氏显微硬度和努氏硬度二种。

(1)维氏显微硬度

维氏显微硬度试验实质上就是小载荷的维氏硬度试验,其测试原理和维氏硬度试验相同,故硬度值可用公式(3-39)计算,并仍用符号 HV 表示。但由于测试载荷小,载荷与压痕之间的关系就不一定像维氏硬度试验那样符合几何相似原理,因此测试结果必须注明载荷大小,以便能进行有效的比较。如 340HV0.1,表示用 1N 的载荷测得的维氏显微硬度为 340,而 340HV0.05 则是表示用 0.5N 的载荷测得的硬度为 340。

GB4342－84 对金属维氏显微硬度的测试载荷做了具体规定,试验时可参照选用。

(2)努氏硬度

努氏硬度是维氏硬度试验方法的发展。它采用金刚石长棱形压头,两长棱夹角为 172.5°,两短棱夹角为 130°(见图 3.23(a))。在试样上产生长对角线 L 比短对角线长度 W 大 7 倍的棱形压痕(见图 3.23(b))。努氏

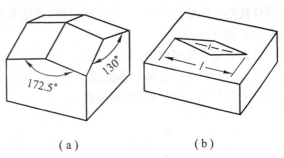

（a）　　　　　　　　　　（b）

图 3-23　努氏硬度压头与压痕示意图
(a)压头形状;(b)压痕形状

硬度值的定义与维氏硬度的不同,它是用单位压痕投影面积上所承受的力来定义的,已知载荷 P,测出压痕长对角线长度 L 后,即可按下式计算努氏硬度值(HK)

$$HK = \frac{14.22P}{L^2} \tag{3-40}$$

努氏硬度试验方法暂时还没有国家标准,测试载荷通常为 1～50N。测定显微硬度的试件应按金相试样的要求制备。

努氏硬度试验由于压痕浅而细长,在许多方面较维氏法优越。努氏法更适于测定极薄层或极薄零件,丝、带等细长件以及硬而脆的材料(如玻璃、玛瑙、陶瓷等)的硬度。此外,其测量精度和对表面状况的敏感程度也更高。

(3)显微硬度试验特点及应用

显微硬度试验的最大特点是载荷小,因而产生的压痕小,对试件几乎不损坏,便于测定微小区域内的硬度值。显微硬度试验的另一特点是灵敏度高,故显微硬度试验特别适合于评定细线材的加工硬化程度,研究磨削时烧伤情况和由于摩擦、磨损或者由于辐照、磁场和环境介质而引起的材料表面层性质的变化,检查材料化学和组织结构上的不均匀性。还可利用显微硬度测定疲劳裂纹顶端塑性区。

5. 肖氏硬度

肖氏硬度又叫弹跳硬度,其测定原理是将一定重量的具有金刚石圆头或钢球的标准冲头从一定高度 h_0 自由下落到试件表面,然后由于试件的弹性变形使其回跳到某一高度 h,用这两个高度的比值来计算肖氏硬度值,即

$$HS = K\frac{h}{h_0} \tag{3-41}$$

式中 HS 为肖氏硬度;K 为肖氏硬度系数,对于 C 型肖氏硬度计,K 取 $\frac{10^4}{65}$,对于 D 型肖氏硬度计,K 取 140。

由式(3-41)可见,冲头回跳高度越高,则试样的硬度越高。也就是说,冲头从一定高度落下,以一定的能量冲击试样表面,使其产生弹性和塑性变形。冲头的冲击能一部分消耗于试样的塑性变形上,另一部分则转变为弹性变形功储存在试件中,当弹性变形恢复时,能量就释放出来使冲头回跳到一定的高度。消耗于试件的塑性变形功愈小,则储存于试件的弹性能就愈大,冲头回跳高度便愈高。这也表明,硬度值的大小取决于材料的弹性性质。因此,弹性模数不同的材料,其结果不能相互比较,例如钢和橡胶的肖氏硬度值就不能比较。

肖氏硬度具有操作简便,测量迅速,压痕小,携带方便,可到现场进行测试等特点,主要用于检验轧辊的质量和一些大型工件和机床床面、导轨、曲轴、大齿轮等的硬度。其缺点是测定结果的精度较低,重复性差。

习　题

1．简述物理屈服现象的本质。

2．简述颈缩的条件与过程。

3．比较条件应力-应变和真实应力-应变的异同。

4．何谓形变强化现象？其规律如何表征？其工程意义如何？

5．根据不同材料的静力韧度讨论"综合机械性能"和"强韧化"的含义。

6．试综合比较单向拉伸、扭转、弯曲、压缩和剪切试验的特点。如何根据实际条件选择恰当的试验方法评定材料？

7．在测定扭转屈服强度时,为什么要采用 $\tau_{0.3}$？

8．为什么拉伸试验时所得条件应力-应变曲线位于真实应力-应变曲线之下,而压缩试验时恰恰相反？

9．$\phi 10$mm 正火状态 60Mn 拉伸试样的拉伸数据如下：($d = 9.9$mm 为屈服平台刚结束时的试样直径)

P/kN	39.5	43.5	4.76	5.29	55.4	54.0	52.4	48.0	43.1
d/mm	9.91	9.87	9.81	9.65	9.21	8.61	8.21	7.41	6.78

试求：1)绘制条件应力-应变曲线和真应力-应变曲线；

2)求 σ_s、σ_b、S_b、ε_b、ψ_b、ψ_k；

3)求 n 和 K。

第四章 断 裂

断裂是工程材料的主要失效形式之一。工程结构或机件的断裂会造成重大的经济损失,甚至人员伤亡。因此,如何提高材料的断裂抗力,防止断裂事故发生,一直是人们普遍关注的课题。由第三章的讨论可知,在材料塑性变形过程中,也在产生微孔损伤。微孔的产生与发展,即损伤的累积,导致材料中微裂纹的形成与长大,即连续性的不断丧失,这种损伤达到临界状态时,裂纹失稳扩展,实现最终的断裂。可以说,任何断裂过程都是由裂纹形成和扩展两个过程组成的,而裂纹形成则是塑性变形的结果。对断裂的研究,主要关注的是断裂过程的机理及其影响因素,其目的在于根据对断裂过程的认识制订合理的措施,实现有效的断裂控制。

工程上,按断裂前有无宏观塑性变形,将断裂分为韧性断裂和脆性断裂两大类。断裂前表现有宏观塑性变形者称为韧性断裂。断裂前发生的宏观塑性变形,必然导致结构或零件的形状,尺寸及相对位置改变,工作出现异常,即表现有断裂的预兆,可能被及时发现,一般不会造成严重的后果。而脆性断裂前,没有宏观塑性变形,所以脆性断裂往往造成严重后果,这也是脆性断裂特别受到人们关注的原因。

按断裂前不发生宏观塑性变形来定义脆性断裂,意味着断裂应力低于材料屈服强度。这是对脆性断裂的广义理解,包括低应力脆断,环境脆断和疲劳断裂等。显然这种分类方法稍嫌粗放有余,理性不足。习惯上将环境介质作用下的断裂和循环载荷作用下的疲劳断裂按其断裂过程特点单独讨论;一般所谓脆性断裂仅指低应力脆断,即在弹性应力范围内一次加载引起的脆断。主要包括与材料冶金质量有关的低温脆性,回火脆性和兰脆等,与结构特点有关的如缺口敏感性等,以及与加载速率有关的动载脆性等。

比较合理的分类方法是按照断裂机理对断裂进行分类,可分为切离、微孔聚集型断裂、解理断裂、准解理断裂和沿晶断裂。这种分类法有助于揭示断裂过程的本质,理解断裂过程的影响因素和寻找提高断裂抗力的方法。

4.1 延性断裂

4.1.1 光滑试样延性断裂的宏观断口特征

延性断裂是指在断裂过程中塑性变形起主导作用的断裂形式,包括切离和微孔聚集型断裂。

对于单晶体试样,在拉伸塑性变形时,如果只有一个滑移系统开动,如密排六方金属中只沿基面滑移的情况,滑移无限发展的结果,试样将沿滑移面分离,称之为切离,形成刃状断口如图 4.1(a)所示。如果可进行多系滑移,多个滑移系统同时动作,协调变形,试样将经过均匀变形和颈缩等阶段,变形至颈部截面积为零时断裂,形成尖锥状断口,如图4-1(b)所示。

对于塑性很好的多晶体金属,如纯铝和纯金,塑性变形充分发展,也可以达到100%的断面收缩率,形成图4.1(b)所示的断口,发生切离型断裂。图4-1所示的切离型式的断裂,在工业材料中很少见到,但这种断裂型式却是工业金属断裂的元过程。

工业金属材料都含有与基体性能不同的夹杂物和第二相,材料中的这些异相协调变形的能力差,经常作为产生微孔开裂的位置。塑性较好的工业多晶体金属,如低碳钢、调质钢、铝合金等,其光滑试样拉伸试验时会出现明显的颈缩,经大量塑性变形后断裂,形成图4.2(a)所示的杯锥状断口。这类断口分为三个特征区:中心比较平坦的纤维状区称为纤维区,具有放射状特征的放射区和边缘的与拉伸轴线约成45°方向的剪切唇,如图4.2(b)所示

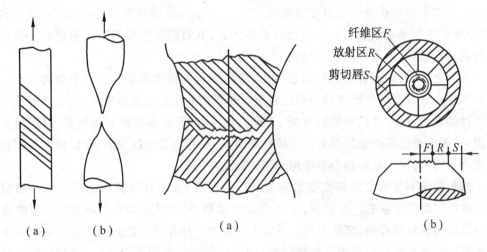

图4-1 切离型式断口
(a)单滑移形成切离
(b)多滑移或多晶体切离。

图4-2 杯锥状断口
(a)杯锥状断口纵剖面
(b)杯锥状断口三个特征区

研究表明,光滑圆试样拉伸试验中,在颈缩前的均匀变形阶段,$\varepsilon \approx 6\% \sim 8\%$ 时,材料内部已有微孔形成,因这时尚处在均匀形变强化阶段,试样上的应变分布是均匀的,微孔开裂的分布是随机的。但在颈缩开始以后,颈部由单向应力变为三向应力状态,变形集中在颈部进行。变形的局部化导致颈部应力水平升高,而颈部外的均匀变形部分却出现"卸载"和微孔损伤进程的停止。此后的微孔开裂便集中在颈部区域。在颈部区域内,中心截面即危险截面处三向应力最剧烈,该截面中心轴向应力最大,变形受到的约束也最严重。这里是微孔损伤发展最剧烈的地方。在早期的微孔形成和长大的同时,相邻区域又有新的微孔形成和长大,正在长大的微孔相遇后便连结起来,即微孔聚集,形成微裂纹。微裂纹的形成使材料内部增加了新的应力集中因素,以后便在微裂纹端部产生较集中的塑性变形,这又进一步加速了新的微孔开裂和长大,以及与微裂纹的连结。上述微裂纹的长大过程是靠塑性变形实现的,因此,微裂纹沿与横截面成大致45°方向扩展,当微裂纹稍大、偏开危险截面时便停止下来。与此同时,在危险截面上还有新的微裂纹形成并扩展。这些微裂纹最后以"之"字形连接成宏观裂纹。上述过程是裂纹缓慢扩展的过程,称为裂纹的亚临界扩展。这一过程中吸收了大量的塑性功,形成的断口较平坦,成

暗灰色,称为纤维状断口,断口平面与拉力轴线垂直。

纤维区裂纹扩展到临界尺寸之后,剩余的有效截面积不足以承受现有载荷时,裂纹失稳扩展,快速撕裂。这一阶段的断裂吸收的能量显著降低,形成具有放射状花样特征的比较光亮平坦的断口区,称为放射区。放射花样呈发散状,放射线指向与裂纹扩展方向一致,收敛于裂纹源。放射区特征对断裂分析很有意义,经常用它作为判断裂纹源位置的依据。

裂纹快速扩展至接近试样表面时,在与拉伸轴线成45°方向上形成剪切断口,称为剪切唇。剪切唇表面光滑,是试样表面层自由变形和快速剪切的结果。

断口的上述三个特征区称为断口三要素,它们是断裂过程遗留下来的痕迹,记载着断裂过程的重要信息。材料韧性程度、应力条件、试验温度、加载速度以及试样尺寸等都对断口特征有影响。一般说来,材料韧性越高,纤维区尺寸越大,试验温度越低,加载速度越高,试样尺寸越大,放射区面积所占断口比例越大。

4.1.2 微孔的形成

微孔聚集型断裂过程是由微孔形成、长大和连结等不同阶段组成的。

微孔聚集型断裂的电子断口形貌如图4-3所示,称为韧窝花样。在每一个韧窝内都含有一个第二相质点或者折断的夹杂物或者夹杂物颗粒。并且已经确定,材料中的非金属夹杂物和第二相或其他脆性相(统称为异相)颗粒是微孔形成的核心,韧窝断口就是微孔开裂后继续长大和连结的结果。

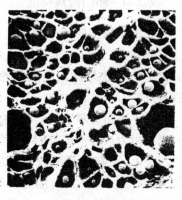

图 4-3 韧窝断口

材料中的异相在力学性能上,如强度、塑性和弹性模量等,均与基体不同。塑性变形时,滑移沿基体滑移面进行,异相起阻碍滑移的作用。滑移的结果,在异相前方形成位错塞积群,在异相与滑移面交界处造成应力集中。随着应变量的增大,塞积群中的位错个数增多,应力集中加剧。当集中应力达到异相本身的强度或异相与基体的界面结合强度时,便导致异相本身折断或界面脱离,这就是最初的微孔开裂,如图4-4所示。异

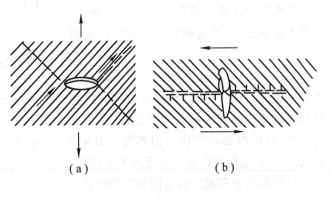

（a） （b）

图 4-4 微孔形成过程示意图
(a)异相基体界面开裂 (b)夹杂物折断

相尺寸越大,与基体结合越弱,微孔开裂越早。如果异相与基体结合很弱,可能因其弹性模量的差异,在弹性变形阶段便形成界面开裂。

4.1.3　微孔长大与连结

微孔的长大与连结是基体金属塑性变形的结果。在拉伸应力作用下，微孔可按图4-5所示的方式长大和连结。当相邻两个异相质点周围形成微孔开裂后，其间的金属犹如两侧带有切口的小试样继续变形，塑性变形优先在微孔所在截面内发展，并由于形变强化使其承载能力提高，进一步的变形便在该截面附近的材料中进行，结果该局部的材料被拉长，微孔钝化。此时，微孔间的材料犹如颈缩试样，在继续变形中伸长，并最终以内颈缩方式断裂，这一过程与图4-1(b)所示的情况相似，内颈缩的发展使微孔长大，局部断裂导致微孔连结。微孔连结遗留的痕迹即是断口上的韧窝。

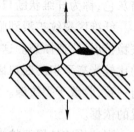

图4-5　微孔长大示意图

4.1.4　断口微观特征

在工业纯金属或单相合金中，由于异相分数非常少，断口上形成较大而深的韧窝。韧窝平均尺寸与异相质点间的平均距离存在较好的对应关系。

对于多相材料，微孔可以非金属夹杂物和析出相为核心形成，断口上的韧窝可粗分为二类，一类韧窝尺寸较大，以非金属夹杂物为核心形成，在其周围有大量尺寸较小，以析出相为核心的韧窝。一般地，析出相与基体的结合力较强，微孔开裂较迟。

韧窝形状决定于其形成时的应力条件，如图4-6所示，分为等轴韧窝和抛物线型韧窝。

图4-6(a)所示的等轴韧窝是在拉伸应力下形成的。图4-6(b)的韧窝是在剪切如扭转或拉伸试样剪切唇条件下形成的，成抛物线状，断口两侧抛物线方向相反。图4-6(c)的撕裂长型韧窝是在撕裂应力下形成的，但断口两侧的韧窝成方向相同的抛物线状。

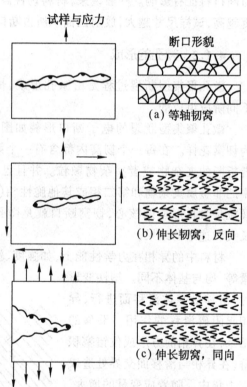

图4-6　典型韧窝花样形成条件示意图
(a)拉伸(b)剪切(c)撕裂

4.1.5　裂纹试样微孔型断裂过程

裂纹试样的微孔型断裂过程如图4-7所示。图中(a)为裂纹不受力的情况。受力后裂纹张开，裂纹顶端首先发生塑性变形，结果裂纹钝化，裂纹顶端材料横向收缩，如图(b)。裂纹顶端的这种塑性变形和横向收缩在断口上造成一个称为"延伸区"的区域，其尺寸与材料中异相质点间距相当。延伸区用肉眼难以分辨，在电镜下呈无特征的弧面，有时可以看到一些称为"蛇形滑动"的线条，是滑移带与裂纹顶端表面相交的痕迹。载荷继续加大，裂纹顶端塑性变形范围加大，形成所谓裂纹顶端塑性区，并有异相颗粒进入塑性变形区。在继续塑性变形过程中，异相与基体界面处开裂，形成最早的微孔，如图 4-7 (b)。裂纹顶端微孔的形成使裂纹顶端与微孔间的材料成为"颈缩小试样"，其后按内颈缩方式，微孔与延伸区之间迅速连结起来。使裂纹向前扩展了一步，如图 4.7(c)。通常将这一过程称为启裂，它是试样进入断裂状态的标志。裂纹的进一步扩展是上述过程的重复，如图 4.7(d)。最终导致试样整体断裂。

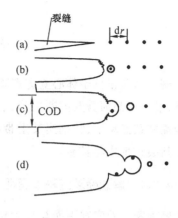

图 4-7　裂纹试样微孔型断裂过程示意图

4.1.6　韧窝形态与材料韧性

如图 4-7(c)所示，裂纹由塑性变形和钝化状态进入到断裂状态的重要标志是裂纹顶端的"启裂"。显然，在启裂时刻材料所受的应力或应变水平是衡量材料断裂抗力的尺度。在断裂韧性测试技术中，用启裂时刻的裂纹张开位移，简称 COD，作为材料的断裂韧度参数。启裂时 COD 值越大，进入断裂状态的临界应力值或应变值越高，即材料断裂韧度越高。

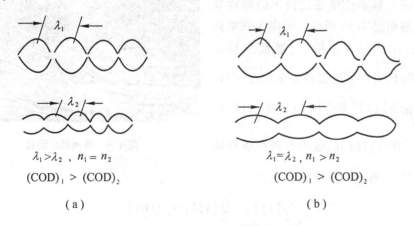

图 4-8　韧窝形态与材料韧性的关系

裂纹顶端钝化，形成延伸区的过程是基体材料塑性变形和形变强化的过程，基体材料形变强化能力决定于其形变强化指数 n，n 值越大，形变强化的潜力越大，启裂来得越迟。其次，启裂的时刻还与异相质点间距有关。材料中异相平均质点间距 λ，基体形变强化指数 n 与 COD 之间的关系如图 4-8 所示，图(a)中的两种材料，$n_1 = n_2$，$\lambda_1 > \lambda_2$，即在基体形变强化特征相同的情况下，异相质点间距越大，韧窝尺寸越大，COD 值越高。相反在图(b)中，$\lambda_1 = \lambda_2$，$n_1 > n_2$，表明在 λ 相同时，基体形变强化能力越高，韧窝越深，COD 越高。

4.2　解理断裂

解理断裂仅见于体心立方点阵和密排六方点阵金属为基的金属材料,是在拉应力作用下,沿一定晶面劈开的断裂形式,解理断裂的晶面称为解理面。低碳钢在较低的温度或较高加载速率下,特别当其上带有裂纹时,经常出现脆性的解理断裂。解理断裂过程也包括裂纹形成与扩展。

4.2.1　解理断裂的基本特征

解理断口的宏观平面与最大拉应力垂直,断口由许多小晶面组成,这些小晶面就是解理面,其大小与晶粒尺寸相对应。研究表明,解理面都是低指数晶面,如体心立方点阵金属的(100)面,密排六方点阵金属的(0001)面。在电子显微镜下观察,解理断裂并不是沿单一的解理面进行,而是沿一组平行的解理面进行,不同高度上的解理面以解理台阶相连。在解理裂纹扩展过程中,台阶汇合形成"河流"花样,如图4-9所示。典型的解理断口形貌为台阶、河流和舌状花样。对解理断裂的研究还发现,即使在脆性解理断裂情况下,断口上也保留有塑性变形的痕迹:滑移或很低温度下的孪晶。这一事实说明,解理断裂前有塑性变形发生。

4.2.2　解理断裂过程

Cottrell 基于位错理论提出的解理裂纹形成模型如图4-10所示。图中为铁素体单位晶胞,在拉应力作用下,塑性变形以(011)和$(0\bar{1}1)$面滑移的方式发生。在(011)内可有位错$\frac{a}{2}[\bar{1}\bar{1}1]$和$\frac{a}{2}[\bar{1}11]$,在$(0\bar{1}1)$内有$\frac{a}{2}[\bar{1}11]$和$\frac{a}{2}[111]$。运动位错在滑移面交线处相遇后,可有如下反应

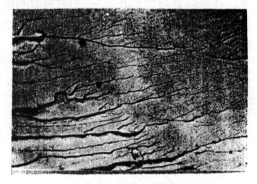

图4-9　解理断口形貌

$$\frac{a}{2}[\bar{1}\bar{1}1]+\frac{a}{2}[111]\rightarrow a[001] \tag{4-1}$$

$$\frac{a}{2}[\bar{1}11]+\frac{a}{2}[1\bar{1}1]\rightarrow a[001] \tag{4-2}$$

上述位错反应均可导致系统能量降低,而且生成的$a[001]$位错是晶体中的稳定存在的位错,因此上述过程可以自动进行,并且生成的$a[001]$位错布氏矢量与(001)晶面垂直,不能滑移。于是,新生成的位错便停留下来。在其后面,在交叉的滑移面内形成两列位错塞积群,而且在外力作用下,塞积群中的位错有继续上述反应的趋势。生成位错犹如楔子一样,在滑移面交叉处造成越来越大的应力集中,使晶体沿(001)面(解理面)劈开。

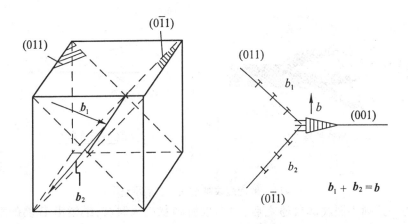

4-10 体心立方点阵金属中位错反应形成的解理裂纹

从能量角度考虑,上述过程涉及生成位错的畸变能,材料的表面能,裂纹扩展引起的弹性能释放,以及裂纹长大时外力所作的功等,Cottrell 采用能量分析方法导出裂纹形成的临界条件为

$$nb\sigma = 2\gamma \tag{4-3}$$

σ 为外加应力,n 为滑移带内位错个数,b 为位错布氏矢量,γ 为材料表面能。若令滑移带长度为晶粒尺寸 d 之半,则塞积群中的位错个数

$$n = (\tau - \tau_i)d/Gb$$

其中 τ 为滑移面上分切应力,τ_i 为位错运动时受的摩擦力,G 为切变弹性模量。令 $\tau = \sigma/2$,并不计 σ_i 作用,则有

$$\sigma_c = \left[\frac{4G\gamma}{d}\right]^{\frac{1}{2}} \tag{4-4}$$

上式表明解理裂纹形成所需要的应力与晶粒尺寸和表面能有关。曾在 α-Fe 的试验中观察到当二组交叉滑移面上受力相等时产生(001)解理的情况。

以上对解理裂纹形成的描述是在晶粒内部进行的事情。实际上,在解理断口附近的金相试样上经常可以发现两端都终止于晶界的裂纹,这表明晶粒已劈裂,但解理裂纹未能越过晶界扩展,这一事实说明裂纹在晶内形成并扩展消耗的能量较低,而越过晶界则较困难。事实上裂纹在晶内形成与扩展的主要阻力是表面能,解理面的表面能较低,所以过程进行得比较容易。但晶界两侧的晶粒存在位向差,相邻晶粒的解理面不连续,更兼晶界上原子排列紊乱,裂纹越过晶界扩展,则要克服大得多的阻力。

图 4-11 为解理裂纹越过晶界扩展的示意图。图中 A 晶已经开裂,裂纹由 A 晶向 B 晶扩展。由于位向差异,A 晶的解理裂纹受阻于 A/B 晶界,并在 A 晶解理面与晶界相交处造成应力集中。在 B 晶内与裂纹相交的一系列解理面上,在应力集中作用下,形成一系列相互平行的小解理裂纹,这些小裂纹向前扩展时,相邻二平行裂纹之间尚有金属"桥联"着,这金属"桥"在应力集中作用下,很快开裂,形成台阶,实现二相邻的平行裂纹的贯

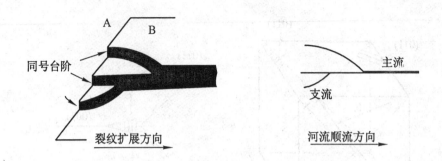

图 4-11　解理裂纹越过晶界扩展示意图

通。B晶内一系列小裂纹都贯通之后,便形成阶梯状的大裂纹,继续沿B晶的解理面扩展。在裂纹扩展过程中,晶界处的台阶逐渐汇合起来,以减少表面能,使台阶数目越来越少,台阶宽度逐渐加大。这种断口特征在电镜下呈河流花样。河流的流向与裂纹扩展方向一致,逆河流上溯可以找到裂纹源。

解理断口上还经常出现呈舌状花样的微观形貌,犹如一个舌头从解理面上突出来,如图 4-12 所示。解理舌是解理裂纹与形变孪晶相交,沿孪晶与基体的界面扩展形成的,其机制如图 4-12(b)和(c)。

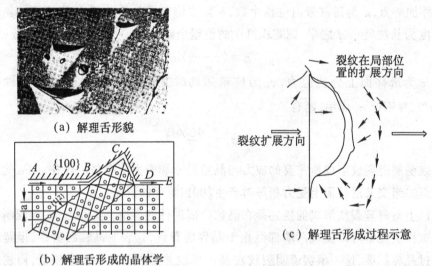

(a) 解理舌形貌

(b) 解理舌形成的晶体学

(c) 解理舌形成过程示意

图 4-12　舌状花样

综上所述,对于解理断裂过程的要点按其顺序可概括如下:(1)解理裂纹的形成是以塑性变形为先导的。(2)解理裂纹于晶内形成并在晶内扩展。(3)解理裂纹越过晶界扩展时,需在晶界重新形成小裂纹并沿解理面扩展。(4)解理台阶连结形成河流花样,但若裂纹平面与孪晶相遇,沿孪晶与基体间界面扩展,则形成舌状花样。

4.2.3　多晶体材料解理断裂过程分析

式(4-4)说明晶粒尺寸是决定多晶体材料解理断裂应力的重要参数,这与 Hall-Petch 关系

$$\sigma_s = \sigma_0 + K_y d^{-\frac{1}{2}} \tag{4-5}$$

很相似。LOW 曾采用一系列晶粒尺寸的低碳钢试样,在 −196℃进行单向拉伸和压缩试验,试验结果如图 4-13 所示,表明解理断裂应力比屈服强度对晶粒尺寸有更大的依赖性。根据这一试验结果可以得到如下推论:首先,屈服和断裂应力曲线的交点代表材料断裂特性的转变,交点左边(晶粒尺寸大于临界尺寸)为脆性解理断裂,交点右边为塑性解理断裂。其次,左边部分的解理断裂应力与屈服应力相等,即 $\sigma_c = \sigma_s$,当应力水平达到解理断裂应力的延长线(虚线)时,断裂并不发生,因为此时尚未屈服,只有当 $\sigma = \sigma_s$

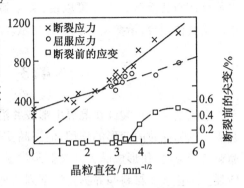

图 4-13 低碳钢的晶粒度对断裂强度和屈服强度的影响(−196℃拉伸)

时,塑性变形、解理裂纹形成和扩展几个过程相继完成,即 $\sigma = \sigma_s = \sigma_c$。第三,对于细晶粒部分,$\sigma_c > \sigma_s$,先发生屈服,完成一定的塑性变形后发生解理断裂,并且晶粒越细小,塑性变形量越大,这也表明了细化晶粒所取得的韧化效果。最后,由于 σ_s 和 σ_c 都是对温度敏感的参数,可以预期发生断裂特性转变的晶粒尺寸(曲线交点)也是温度敏感的,这将于下一章讨论。

4.2.4 碳化物对解理断裂的影响

前面讨论的 Cottrell 提出的解理裂纹形成模型曾经在 α-Fe 和 Mo 中证明过。但值得注意的是,它只是一种可能的裂纹形成机制。对于工业多晶体材料,其中必然含有多种夹杂物,而且其中有些是脆性相,不能忽视这些夹杂物在解理断裂中的作用。McMahon 曾进行了工业纯铁的解理断裂试验,仔细检查了 10^4 个晶粒中的裂纹数及裂纹起源情况,结果表明几乎每一个微裂纹都与碳化物颗粒的断裂有关,见表 4.1,即使在含碳量未饱和的情况下也是如此。

表 4.1 铁素体中微裂纹引发位置

材　　料	0.035% C	0.035% C	0.005% C
试验温度	−140℃	−180℃	−170℃
10^4 个晶粒中微裂纹总数	66	43	17
起源于开裂碳化物处微裂纹数	63	42	12
可能起源于孪晶处的微裂纹数	0	0	1
可能起源于开裂碳化物处微裂纹数	3	1	4

研究还表明,在脆化的晶粒边界和脆性第二相处形成微裂纹的可能性比在孪晶界面

和滑移带交叉处产生微裂纹的可能性大得多。基于这些事实,以后有不少研究者提出了多种解理断裂模型。因此可以说,关于解理断裂的理论,目前仍在研究、完善和发展之中。其具体内容,请参阅有关参考文献。

4.3 沿晶断裂

沿晶断裂是指裂纹在晶界上形成并沿晶界扩展的断裂形式。在多晶体变形中,晶界起协调相邻晶粒的变形的作用,但当晶界受到损伤,其变形能力被削弱,不足以协调相邻晶粒的变形时,便形成晶界开裂。裂纹扩展总是沿阻力最小的路径发展,遂表现为沿晶断裂。工业金属材料晶界损伤有下列几种情况:晶界有脆性相析出,基本呈连续分布,这种脆性相形成空间骨架,严重损伤了晶界变形能力,如过共析钢二次渗碳体析出即属此类。另一种情况是材料在热加工过程中,因加热温度过高,造成晶界熔化即过烧,严重减弱了晶界结合力,和晶界处的强度,在受载时,产生早期的低应力沿晶断裂。第三种情况是某些有害元素沿晶界富集,降低了晶界处表面能,使脆性转变温度向高温推移,如合金钢的回火脆性,就是由于 As,Sn,Sb 和 P 等元素在晶界富集,明显提高了材料对温度和加载速率的敏感性,在低温或动载条件下发生沿晶脆断。第四种情况是晶界上有弥散相析出,如奥氏体高锰钢固溶处理后,再加热时沿晶界析出非常细小的碳化物,从而改变了晶界层材料的性质。这也属于晶界受损伤的情况,虽尚有一定的塑性变形能力,但经一定变形后,沿晶界形成微孔型开裂。除上述冶金因素引起的晶界脆化以外,材料在腐蚀性环境中,也可因与介质互相作用导致晶界脆化。沿晶断裂的断口形貌如图 4-14 所示。

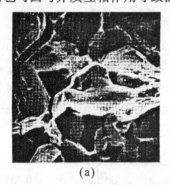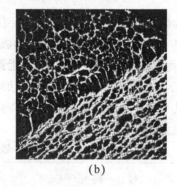

(a)   (b)

图 4-14 沿晶断裂断口形貌,(a)脆性沿晶断裂(冰糖状断口)
(b)微孔型沿晶断裂.(石状断口)

沿晶断裂过程包括裂纹的形成与扩展。晶界受损的材料受力变形时,晶内的运动位错受阻于晶界,在晶界处造成应力集中,当集中应力达到晶界强度时,便将晶界挤裂。这个集中应力与位错塞积群中的位错数目和滑移带长度有关,因此沿晶断裂应力与晶粒尺寸有下列关系

$$\sigma_g = \sigma_0 + k_g d^{-\frac{1}{2}} \tag{4-6}$$

式中 σ_g 和 k_g 为沿晶断裂应力和与晶界结合力有关的常数。该式已由低碳沸腾钢在 −

196℃的试验证实过。

沿晶断裂的性质决定于 σ_g 与屈服强度 σ_s 的相对大小,当 $\sigma_g < \sigma_s$ 时,晶界开裂发生于宏观屈服之前,断裂呈宏观脆性,在晶界上有脆性相连续分布时的断裂即属此类。当 $\sigma_g > \sigma_s$ 时,先发生宏观屈服变形及形变强化,在完成一定的变形量后发生微孔型沿晶断裂。当晶界上有弥散相析出时的断裂即属此类。由于弥散相析出,改变了晶界区的材料成分,虽然开始时晶界强度比晶内高,晶界具有协调变形的能力,但因晶界区形变强化能力受到损伤而很快耗尽,在晶界强度低于晶内时便丧失了协调变形的能力,遂在晶界弯折及三晶交叉处等有应力集中的地

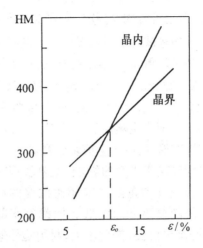

图 4-15　微孔型沿晶断裂时晶界/晶内结构强度随应变的变化

方按微孔聚集型断裂机制形成微孔并沿晶界扩展,形成韧窝型断口,但韧窝很细小而且沿晶界分布,如图 4-14(b),称为石状断口。这种沿晶断裂属于延性断裂范畴,材料的塑性、韧性水平决定于晶界受损的程度。图 4-15 为护环钢 50Mn18Cr4 经 1050℃ 固溶 380℃ 4 小时时效后,进行拉伸试验,并对个别晶粒在不同应变量时跟踪测定晶界与晶内显微硬度的结果。这里用显微硬度近似表示强度。研究指出,380℃ 时效导致富含 Mn,Cr,Fe 的渗碳体型碳化物沿晶界析出,其尺寸在 20~100nm,从而使晶界受到损伤。虽然在时效状态晶界强度比晶内高,但二者具有不同的形变强化特点,代表不同强化进程的两条曲线的交点表示晶内与晶界强度相等,交点对应的应变量称为等强应变 ε_0,当 $\varepsilon > \varepsilon_0$ 之后,晶界强度比晶内低,晶界剪切变形成为主要变形方式,其对总应变的贡献越来越大,最终导致微孔型沿晶断裂。

4.4　应力状态对断裂的影响

材料变形与断裂行为不仅决定于材料本身的性质,还决定于所受的应力状态,并且受环境条件如温度、加载速度等的影响。同一种材料,在不同应力条件下,可能表现出不同的断裂形式,或脆性正向断裂,或塑性的正向断裂,或塑性变形后的剪切断裂。显然,合理地表征材料在不同应力条件下的断裂性质,预测材料的破坏方式对工程实际是有重要意义的。以联合强度理论为基础的力学状态图可以表达材料性质与应力条件互作用所产生的不同断裂表现。在应力状态图(图 4-16)上,纵坐标按第三强度理论计算最大切应力,横坐标按第二强度理论计算最大正应力。就是说联合强度理论认为,引起塑性变形和切断的原因是最大切应力,即关于变形的判据采用了经典第三强度理论;引起正断的原因是材料中的最大正应变,即关于正断的判据采用经典第二强度理论。应力状态用柔度系数表示(见第三章),在力学状态图中用过原点的射线表示,不同斜率的射线表示

不同的应力状态。材料性质用剪切屈服强度 τ_s，切断强度 τ_f 和脆性正断强度 S_f 表示。τ_s 和 τ_f 可用扭转试验测定，S_f 要求在不发生塑性变形的情况下测定，只能用缺口试样在低温下的静弯试验求得。对于一定的材料，τ_s、τ_f 和 S_f 均为定值，分别以图中的水平线和垂直线表示。图 4-16 表示的材料，在单轴拉伸时，$\alpha = 0.5$，用图中 OC 表示，随载荷增加，OC 与表示脆性正断抗力的 $S_f P$ 相交，便发生正向脆断；该材料在扭转时，$\alpha = 0.8$，图中以 OB 表示，随着载荷增加，OB 首先与切变屈服强度 τ_s 相交，便产生塑性变形，而后又与 PQ 线相交，便产生塑性正向断裂；该材料压缩时，$\alpha = 2$，以 OA 线表示，随载荷增加，首先产生塑性变形，而后产生剪切断裂。

温度和载荷速度的影响，主要表现在对剪切屈服强度和正断强度相对位置的影响上。一般随着温度的降低和加载速率的升高，τ_s 升高较快，S_f 变化不大，材料脆性倾向增加。

至此不难理解，材料的脆性或塑性只是一个相对的概念，它是材料性质与应力状态相互作用的结果。引入 $\beta_1 = \tau_s / S_f$ 和 $\beta_2 = \tau_f / S_f$，表征材料发生塑性变形和塑变断裂的难易程度，则当 $\alpha < \beta_1$ 时，材料呈脆性，当 $\alpha > \beta_2$ 时，材料呈塑性。

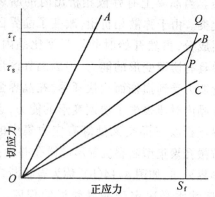

图 4-16 联合强度理论的力学状态图

力学状态图不仅可以定性地判断材料的相对脆性或塑性，还可以为一定材料的性能评定选择合适的试验方法，以获得尽可能多的信息。此外，对一定的用场可根据应力状态软硬程度，选择合适的材料。

习 题

1. 比较下列概念、过程和本质：(1)韧性断裂；(2)微孔聚集型断裂；(3)低应力脆断；(4)解理断裂；(5)沿晶断裂。

2. 延性断口由几部分组成？其形成过程如何？

3. 板材宏观脆性断口的主要特征是什么？如何根据断口特征寻找断裂源？

4. 简述延性断裂过程中基体和第二相的作用，其性态对材料韧性水平有何关系。

5. 由 Hall – Petch 关系式和解理断裂表达式讨论晶粒尺寸细化在强韧化中的作用。

6. 讨论力学状态图的实际意义。

第五章 缺口试样的力学性能

工程结构或零件大都含有缺口如键槽、油孔、螺纹以及截面变化等表面不连续因素，其作用与缺口相当。因此，必须研究这些不连续因素对力学性能的影响。这里的讨论以缺口试样为例。

5.1 缺口顶端应力、应变分析

缺口试样如图 5-1 所示，图(a)为力线分布，在拉力 σ 作用下，在远离缺口处力线均匀分布，横截面上应力分布也是均匀的。但在缺口截面附近，由于截面积减小，力线密集，应力加大，在缺口顶端应力最大，如图(b)所示。实际上，因为缺口部分不能承受外力，缺口部分应承担的外力传递给缺口前方的材料，产生所谓的应力集中现象。离开缺口顶端向内，应力逐渐减小。应力集中的程度用理论应力集中系数 K_t 表示，

$$K_t = \sigma_{max}/\sigma_n \qquad (5\text{-}1)$$

式中，σ_{max} 和 σ_n 分别为集中应力和名义应力。若缺口为椭圆形，则

$$K_t = 1 + 2\sqrt{\frac{a}{\rho}} \qquad (5\text{-}2)$$

椭圆长轴端点处的曲率半径 ρ 为

$$\rho = b^2/a$$

a 和 b 为椭圆的长短轴，则

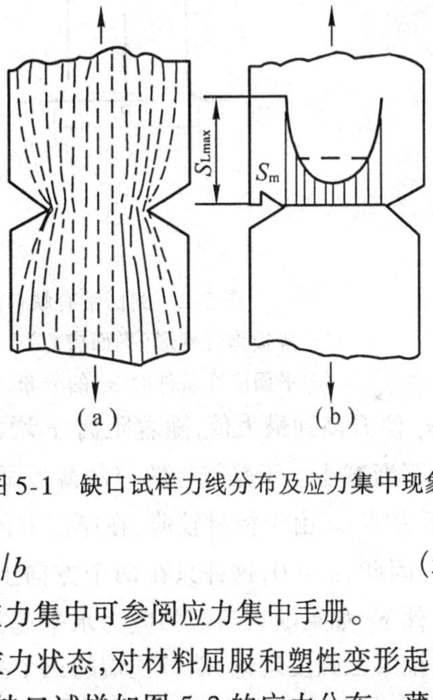

图 5-1 缺口试样力线分布及应力集中现象

$$K_t = 1 + 2a/b \qquad (5\text{-}3)$$

如果缺口为半圆形，则 $K_t = 3$，各种缺口引起的应力集中可参阅应力集中手册。

缺口更重要的作用是在缺口根部产生三向应力状态，对材料屈服和塑性变形起到约束作用。为说明这种情况，先讨论较简单的薄板缺口试样如图 5-2 的应力分布。薄板试样受 y 方向拉力作用后，当 $\sigma_y < \sigma_s$ 时，弹性变形，应力分布如图 5-2(a)，由于纵向伸长，必然引起横向(板宽方向)收缩。假设在缺口附近的不同距离内，取若干同样大小的微单元，离缺口最近的微单元受 σ_y 最大，产生的纵向伸长也最大，相应的横向收缩也应最大，与其相邻的微单元因 σ_y 相对较小，其横向收缩也较小。即这些微单元在 x 方向的收缩量各不相等。各微单元的横向收缩，将引起相邻微单元间的分离。但实际上，材料在变形中是保持连续的，各微单元被联在一个整体内，不能自由收缩，即受到约束。也就是在 x 方向存在一个拉力，将它们拉在一起，这个力就是 σ_x。在缺口自由表面，因不存在对 x 方向的约束，可以自由收缩，故 $\sigma_x = 0$。在离缺口不远处，σ_x 有一极大值，这是因为在缺口附近 σ_y 的应力梯度很大，相应的微单元间的横向收缩差也大，所以在很小的 x 距离

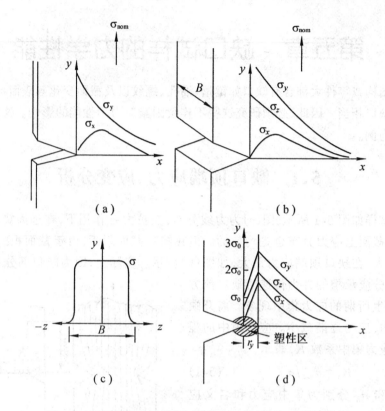

图 5-2 侧面带有缺口的薄板和厚板受拉伸时的应力分布

(a)薄板弹性变形(平面应力)　　(b)厚板弹性变形(三向应力)

(c)平面应变条件时 σ_z 的分布　　(d)平面应变条件局部屈服后的应力分布

内,σ_x 便升高到最大值,随着距离 x 增加,σ_y 逐渐平缓,各单元间横向收缩差也减小,σ_x 复又逐渐减小。于是带有缺口的薄板试样在弹性变形阶段的应力分布为双向应力:σ_y 和 σ_x(不为零)。由于板材较薄,在厚度方向(z 方向)可以自由变形,即在 z 方向的变形不受限制,因此,$\sigma_z=0$,这种只在两个方向上存在应力的状态称为平面应力状态。在平面应力条件下,如果缺口顶端的应力水平超过材料的屈服强度,将引起该局部材料的塑性变形。按第三强度理论,缺口顶端的三个主应力为:$\sigma_1=\sigma_y$,$\sigma_2=\sigma_x$,$\sigma_3=0$,屈服判据为

$$\frac{1}{2}(\sigma_y-0)=\frac{1}{2}\sigma_y \geqslant \tau_s=\frac{1}{2}\sigma_s$$

即 $\qquad\qquad\qquad\qquad\qquad\qquad \sigma_y \geqslant \sigma_s \qquad\qquad\qquad\qquad\qquad\qquad (5\text{-}4)$

σ_s 为单向拉伸时的屈服强度。缺口顶端的塑性变形将导致塑性区的应力松弛,如果不考虑加工硬化,塑性区内的应力水平与 σ_s 相等,而塑性区外侧为弹性变形区,其应力分布规律仍与图 5-2(a)相同。

　　在板厚较大时,如图 5-2(b)所示,缺口顶端的变形除受 x 方向约束外,还受到板厚度方向(z 方向)的约束。在试样前后表面,z 方向无约束,为平面应力状态。但在缺口截面内部均存在 z 方向的约束,使 $\sigma_y \neq 0$,$\sigma_x \neq 0$,$\sigma_z \neq 0$,成三向应力状态。缺口截面上,由表面向内部,应力状态是变化的,由平面应力状态过渡为三向应力状态。这种过渡只发

生在表面层。σ_z 是由于 z 方向变形约束产生的。越往试样内部,变形约束越大,σ_z 越大。这种约束作用的极限情况是使 z 方向无应变,即 $\varepsilon_z = 0$。这种状态称为平面应变状态,变形只发生在 $x - y$ 平面内,板厚方向变形为零。在平面应变条件下,缺口根部由前面向后面的 σ_z 变化情况如图 5-2(c)。另外,在缺口顶端的表面 $\sigma_x = 0$,根据虎克定律

$$\varepsilon_z = \frac{1}{E} [\sigma_z - \nu (\sigma_x + \sigma_y)] = 0$$

故有

$$\sigma_z = \nu (\sigma_x + \sigma_y) \tag{5-5}$$

所以在平面应变条件下,缺口顶端 σ_z 介于 σ_y 和 σ_x 之间,远离缺口时,σ_z 的水平逐渐减小。综上所述,在板厚较大时,缺口试样弹性变形阶段的应力分布特点是:表面为平面应力状态,试样内部为三向应力状态。由表面向心部存在由平面应力向三向应力的过渡,在板厚方向的变形完全受到抑制时,达到平面应变状态。

图 5-2(b)为缺口顶端的三向应力分布。σ_y 应力水平最高。当应力水平超过材料屈服强度时,缺口顶端局部塑性变形,按第三强度理论,屈服判据可写为

$$\frac{1}{2} (\sigma_y - \sigma_x) \geqslant \tau_s = \frac{1}{2} \sigma_s$$

$$\sigma_y = \sigma_s + \sigma_x \tag{5-6}$$

在缺口顶端表面,$\sigma_x = 0$,则屈服条件为 $\sigma_y = \sigma_s$。离开缺口顶端向内,随着 x 增大,σ_x 增大,所以 σ_y 升高。这表明在缺口顶端塑性区内,应力水平高于 σ_s,如图 5-2(d)所示,在弹-塑性区的边界处应力水平最高。塑性区外侧弹性区的应力分布规律与图 5-2(b)相同。上述表明,对于塑性材料,缺口试样的屈服,从缺口根部开始,随载荷提高,塑性变形向内传播,塑性区扩大,直到整个缺口截面全部进入塑性状态。由于塑性区的应力水平高于材料屈服强度,使缺口试样的屈服强度高于光滑试样,这种屈服强度的提高纯粹是在缺口诱发的三向应力状态下,变形受到约束的结果,因此称为缺口强化。实验证明缺口强化效应可使屈服强度提高到 $2.5 \sigma_s$ 以上。

5.2 缺口试样静载力学性能

不论何种金属材料,缺口总使其塑性降低,即脆性增大,因此,缺口是一种脆化因素。金属材料因存在缺口造成三向应力状态和应力应变集中而变脆的倾向,称为缺口敏感性。为了评价不同材料的缺口敏感性,需要进行缺口敏感性试验,即进行缺口试样力学性能试验,其中又分静载荷下缺口试样力学性能试验和冲击载荷下缺口试样力学性能试验。这类试验的实质是在很硬的应力状态和有应力集中条件下考查材料的变脆倾向。常用的缺口试样静载力学性能试验方法有,缺口拉伸和缺口偏斜拉伸及缺口静弯曲等。压缩试验对缺口试样意义不大,因为在没有拉应力条件下,缺口敏感性一般显示不出来。扭转试验对缺口影响也不显著,如许多钢和铝合金带环状缺口试样,其扭转强度几乎与光滑试样相同。

5.2.1 缺口试样静拉伸和偏斜拉伸

缺口试样静拉伸试验用于测定拉伸条件下金属材料对缺口的敏感性。试验时常用缺口试样的抗拉强度 σ_{bN} 与等截面尺寸光滑试样的抗拉强度 σ_b 的比值作为材料的缺口敏感性指标，并称为缺口敏感度，用 q_e 或 NSR(Notch Sensitivity Ratio)表示

$$q_e = \frac{\sigma_{bN}}{\sigma_b} \tag{5-7}$$

比值 q_e 越大，缺口敏感性越小。脆性材料的 q_e 永远小于 1，表明缺口处尚未发生明显塑性变形时就已经脆性断裂。高强度材料 q_e 一般也小于 1。对于塑性材料，若缺口不太尖锐有可能产生塑性变形时，q_e 总大于 1。

缺口试样拉伸塑性比光滑试样的低，如根部圆角半径为 0.1mm、深度为 1mm 的 30CrMnSiA 钢尖锐缺口试样，其平均断面收缩率仅为光滑试样的 1/6~1/8。因此有人认为，用塑性值显示材料的缺口敏感性，比用强度优越。但因为 ψ_N 不易准确测量，故不常采用。

金属材料的缺口敏感性除与材料本身性能、应力状态(加载方式)有关外，尚与缺口形状和尺寸、试验温度有关。缺口顶端曲率半径越小、缺口越深，材料对缺口的敏感性也越大。缺口类型相同，增加试样截面尺寸，缺口敏感性也增大，这是由于尺寸较大试样弹性能储存较高所致。降低温度，尤其对 bcc 金属，因 σ_s 显著增高，塑性储存下降，故缺口敏感性急剧增大。

因此，不同材料的缺口敏感性应在相同条件下对比。所用光滑试样的直径应等于缺口试样的 d_N。试样加工一定要满足表面质量、尺寸精度和光洁度要求，以保证结果的可靠性。试样缺口表面脱碳可使 σ_{bN} 提高 25%~30%，所以处理试样时要特别注意防止脱碳，最好在热处理后开缺口。试验时要注意试样仔细对中，否则也要影响结果，误差可达 10%~30%。由于缺口试样截面上应力应变分布不均匀，所以试验结果分散性很大，故应取较多试样进行试验。

图 5-3 为缺口拉伸试样的形状与尺寸。

缺口试样静拉伸试验广泛用于研究高强度钢的力学性能、钢和钛的氢脆，以及用于研究高温合金的缺口敏感性等。试验所得的缺口敏感度 q_e 如同材料的塑性指标一样，也是安全性能指标。在选材时只能根据使用经验确定对 q_e 的要求，不能进行定量计算。

缺口试样偏斜拉伸试验，因在试样上同时有拉伸和弯曲复合作用，故其应力状态更硬，缺口截面上应力更不均匀，因而能显示材料的高缺口敏感状态。这种方法对于高强度螺钉等类零件的选材和热处理工艺的评定与优化很合适。因为螺钉是带缺口机件，

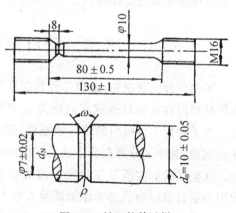

图 5-3 缺口拉伸试样

工作时难免有偏斜。

图 5-4 为缺口偏斜拉伸试验装置。与一般缺口拉伸不同,在试样与试验机夹头之间有一垫圈,垫圈的倾斜角 α 有 $0°$、$4°$、$8°$ 三种。更换不同角度的垫圈即可完成不同角度的偏斜拉伸试验。一般也用缺口试样的 σ_{bN}^a 与光滑试样的 σ_b 之比表示材料的缺口敏感度。

图 5-5 为 30CrMnSiA 钢试样力学性能与热处理工艺的关系,图中数字为该材料经两种温度回火后光滑试样的 σ_b 和冲击韧性 α_{KU},且在图中用虚线表示 σ_b。折线为偏斜拉伸试验结果,偏斜角为 $0°$、$4°$ 和 $8°$。偏斜角为 $0°$,即为一般缺口拉伸,所得结果为 σ_{bN},将其除以 σ_b 即为 q_e。在两种回火工艺下,q_e 均大致为 1.2 左右。由图 5-5(a)30CrMnSiA 钢经淬火 200℃ 回火

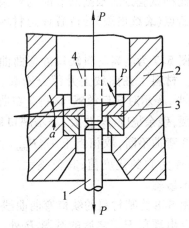

图 5-4 缺口偏斜拉伸试验装置
1—试样;2—试验机夹头;3—垫圈;
4—试样螺纹夹头

后,σ_{bN} 较高,但对偏斜十分敏感,表现为偏斜角增大,强度急剧下降。500℃ 回火(图 5-5(b)),σ_{bN} 仍高于 σ_b,但由于材料的塑性升高,使应力分布均匀化,故 σ_{bN} 对偏斜不敏感,数据分散性也很小。由此看来,如用 30CrMnSiA 钢制造高强度螺钉,其热处理工艺以淬火 +500℃ 回火工艺为佳。

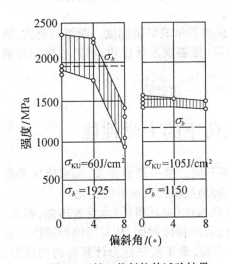

图 5-5 缺口偏斜拉伸试验结果

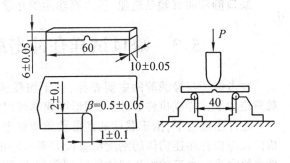

图 5-6 缺口弯曲试验及试样

5.2.2 缺口试样静弯曲

缺口静弯曲试验也可以显示材料的缺口敏感性。由于缺口和弯曲引起的不均匀性叠加,故缺口弯曲较缺口拉伸应力应变分布不均匀性还要大,但应力应变多向性减小。

图 5-6 为缺口弯曲试验方法及其试样,亦可用尺寸为 $10 \times 10 \times 55$、缺口深度为 2mm、夹角为 $60°$ 的 V 型缺口试样。试验可在室温或低温下进行,具体温度视设计要求而定。试验时要记录弯曲曲线,直到试样发生折断、记下全部弯曲曲线为止。

此种试验方法根据断裂时的残余挠度或弯曲破断点(裂纹出现)的位置评定材料的缺口敏感性。

图 5-7 为金属材料缺口静弯曲曲线的三种形式。材料 1 在曲线上升部分断裂,残余挠度 f_1 很小,表示对缺口敏感;材料 2 在曲线下降部分断裂,残余挠度 f_2 较大,表示缺口敏感度低;材料 3 弯曲不断,取相当于 $1/4P_{max}$ 时的残余挠度 f_3 作为它的挠度值,其值很大,表示材料对缺口不敏感。

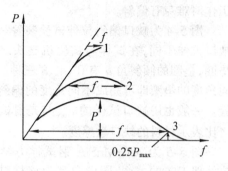

图 5-7　不同材料的缺口弯曲曲线

图 5-8 为某材料的缺口弯曲曲线。由图可见,破断点出现在 P_{max} 之后的载荷 P 处,以 P_{max}/P 作为衡量材料缺口敏感性指标。此值越大,说明材料断裂前塑性变形大,缺口敏感性小;若在 P_{max} 处突然脆性破坏,表示材料脆性趋势很大,缺口敏感性大。

如果将上述弯曲曲线所包围的面积分成弹性区Ⅰ、塑性区Ⅱ和断裂区Ⅲ,各区所占面积分别为弹性功、塑性功和断裂功。断裂功的大小决定于缺口处材料塑性变形能力。若材料塑性变形能力大,

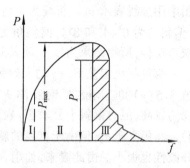

图 5-8　缺口弯曲曲线

裂纹扩展就慢,断裂功也大。因此,有人建议用断裂功表示缺口敏感度。断裂功越大,缺口敏感性小;反之,则缺口敏感性大。若断裂功为零,则裂纹发展极快,材料表现突然脆性断裂,缺口敏感性很大。

缺口静弯曲试验是造船、压力容器用钢必须进行的一项试验。

5.3　缺口试样在冲击载荷下的力学性能

冲击载荷与静载荷的主要差异,在于加载速率不同。第一章曾述及,加载速率是指载荷施加于试样或机件的速度,用形变速率可以间接地反映加载速率的变化。

在冲击载荷下,由于载荷的能量性质使整个承载系统(包括机件)承受冲击能,因此,机件及与机件相连物体的刚度都直接关系到冲击过程的持续时间,从而影响加速度和惯性力的大小。由于冲击过程持续时间很短而测不准确,难于按惯性力计算件内的应力。所以,机件在冲击载荷下所受的应力,通常是假定冲击能全部转换成机件内的弹性能,再按能量守恒法计算。

在冲击载荷下,由于加载速率大,条件更为苛刻,塑性变形得不到充分发展,故将缺口试样在冲击载荷下进行试验能更灵敏地反映材料的变脆倾向。常用的缺口试样冲击试验一般是冲击弯曲,有时也用冲击拉伸,但应用较少。

缺口试样静拉伸和偏斜拉伸试验结果的比值,用以评定材料缺口敏感性;缺口试样冲击试验则是按冲击性能指标的绝对值评定材料的缺口敏感性。

5.3.1 缺口试样冲击试验

冲击弯曲试验方法与原理见图 5-9、5-10。

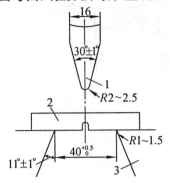

图 5-9　冲击试样的安放　　　　　图 5-10　冲击试验原理
1—摆锤;2—试样;3—支座　　　　　1—摆锤;2—试样

试验是在摆锤式冲击试验机上进行的。将试样水平放在试验机支座上,缺口位于冲击相背方向,并用样板使缺口位于支座中间。然后将具有一定重量摆锤举至一定高度 H_1,使其获得一定位能 GH_1。释放摆锤冲断试样,摆锤的剩余能量为 GH_2,则摆锤冲断试样失去的位能为 $GH_1 - GH_2$,此即为试样变形和断裂所消耗的功,称为冲击功。根据试样缺口形状不同,冲击功分别为 A_{kv} 和 A_{ku}。$A_{kv}(A_{ku}) = G(H_1 - H_2)$,单位为 J。$A_{kv}$ 亦有用 CVN 或 C_v 表示的。

用试样缺口处截面积 $F_N(cm^2)$ 去除 $A_{kv}(A_{ku})$,即得到冲击韧性或冲击值 $a_{kv}(a_{ku})$

$$a_{kv}(a_{ku}) = \frac{A_{kv}(A_{ku})}{F_N} \tag{5-8}$$

通常单位为 J/cm^2。

国家标准(GB229 – 84 和 GB2106 – 80)规定冲击试验标准试样是 U 型缺口或 V 型缺口。分别称为夏比(Charpy)U 型缺口试样和夏比 V 型缺口试样,习惯上前者又简称为梅氏(Менаже)试样,后者为夏氏试样。两种试样的尺寸及加工要求如图 5-11,5-12 所示。测量球铁或工具钢等脆性材料的冲击韧性,常采用 $10 \times 10 \times 55$ 的无缺口冲击试样。

5.3.2 冲击试样断裂过程

冲击试验所得到的冲击功 A_{kv} 或 A_{ku} 包括试样在冲击断裂过程中吸收的弹性变形功、塑性变形功和裂纹形成及扩展功等。简单的冲击试验不能将这些不同阶段的功耗区分开来,因此虽然冲击功属于韧性指标,但只是一种混合的性能指标,其物理含义是不明确的,在设计中不能定量使用。在夏比冲击试验机上装备冲击过程的监测系统(示波冲击系统)可以记录试样冲击变形和断裂的全过程,从而得以对断裂过程进行分析。示波冲击系统得到的载荷-挠度(P-f)曲线如图5-13,曲线所围成的面积即冲击功。曲线上 P_{Gy} 之前为弹性变形阶段,从 P_{Gy} 开始,试样进入塑性变形和形变强化阶段,由于缺口的存在,塑性变形只发生于缺口附近的局部范围,而且缺口越尖锐,参与塑性变形的材料体积

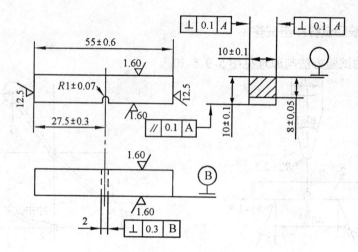

图 5-11 夏比 U 型缺口冲击试样

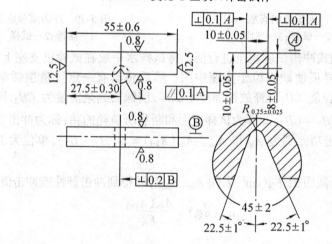

图 5-12 夏比 V 型缺口冲击试样

越小,得到的冲击功越低。缺口形式对某普低钢冲击功的影响列于表 5.1。由此可见缺口形式对冲击试验结果的影响之巨。一般评定材料时,希望揭示不同材料在冲击功方面的差异,因此,应根据材料的韧性情况,选择合适的缺口型式。如对于一组韧性很高的材料,应选用尖锐缺口试样,而对于韧性差的材料,则应选用钝缺口试样甚至不开缺口。

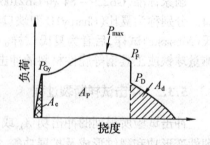

图 5-13 缺口冲击试样的载荷挠度曲线

表 5.1 缺口锐度对冲击某低合金钢冲击功的影响

缺口形式	U 型	V 型	预制裂纹
冲击值/(J·cm^{-2})	68	28	10

当载荷达到 P_{max} 时,塑性变形已贯穿整个缺口截面,缺口根部开始横向收缩(相当于颈缩

变形),承载面积减小,试样承载能力降低,载荷下降。在 P_{max} 附近试样内部萌生裂纹,视材料韧性情况,裂纹可能萌生于 P_{max} 之前,也可能在之后。缺口根部为三向应力状态,应力最大值不在缺口根部表面,而是在试样内部距缺口根部一定距离处,因而裂纹萌生于距缺口一定距离的试样内部。如图5-14 所示。裂纹形成以后,向两侧宽度方向和前方深度方向扩展,其机制遵循微孔聚集

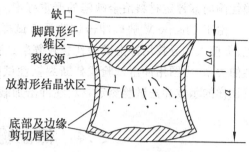

图 5-14　韧性材料冲击试样断口

型断裂规律。在裂纹扩展过程中,载荷继续下降,载荷达 P_F 时,裂纹已扩展到缺口根部的整个宽度。因试样中部约束较强,裂纹扩展较快,形成缺口前方的脚跟形纤维区。随着裂纹尺寸增大,裂纹在 P_F 点开始失稳扩展,形成试样中心的结晶状断口区,呈放射状特征,与此对应的载荷陡降到 P_D。此时裂纹前沿已进入试样的压应力区,尚未断裂的截面积已比较小,与两侧一样已处在平面应力状态下,变形比较自由,形成二次纤维区和剪切唇,相应的载荷由 P_F 降到零。研究表明,试样背面横向扩展量,缺口根部横向收缩量以及剪切唇的厚度都是衡量材料韧性的参数。

根据对断裂过程的分析,可将冲击功分为 A_e、A_p 和 A_d,如图5-13 所示。可以近似认为,A_e 为弹性变形功,A_p 为塑性变形、形变强化以及裂纹形成等过程吸收的功,A_d 为裂纹扩展功。不同材料,或相同材料但试样不同,各阶段吸收的功的相对比例不同。因此,有时尽管冲击功相同,但断裂的物理过程不同,并由此而引起对材料评定的差异。这也是冲击功不能用作定量设计指标的原因。

5.3.3　冲击试验的意义及应用

冲击试验产生于 20 世纪早期。当时德国克鲁伯炮厂采用 V 型缺口 Charpy 试样的冲击试验分析炮管炸膛事故的原因,发现自爆炮管的 Charpy-V 冲击功都低于 2.5J,因此确立了一个炮管钢材质量的检验标准,即要求 CVN 值高于 3J。这一经验判据逐渐被公认并加以推广。冲击试验的加载速率约在 5m/s 左右,冲击试验用来检验材料在该加载条件下的变形能力,或者材料的塑性变形能力对加载条件的适应性。冲击试验可以敏感地显示冶金因素对材料造成的损伤,如回火脆性、过热等,而静载试验方法对此却是无能为力的。因此,长期以来,冲击试验作为检验材料品质、内部缺陷及热加工工艺质量的试验方法被保留下来,广泛应用于工业生产和科学研究中。此外,该试验方法还具有简便、快捷和成本低廉等优点。

在冲击功中,只有裂纹形成和扩展功表示材料的韧性。但在计算冲击韧性时(式5-8),将冲击功除以缺口截面有效面积,这是缺乏科学依据的。因此认为冲击韧性 a_k 是没有物理意义的,也正是由于此,a_k 值不可能作为定量性能指标用于设计。目前,在材料评定中,较多采用冲击功 A_{KV} 或 A_{KU},冲击功表示在一定条件下冲断试样所消耗的功,可以相对比较材料的缺口敏感性。还可利用冲击断口上的结晶区面积的比例表示材料的

脆性倾向或评定材料冶金缺陷的严重程度。

由于 Charpy-V 缺口冲击试验具有试样尺寸小,加工方便,操作容易,试验快捷等优点,促使人们寻找用冲击试验代替较复杂试验的途径。一方面研究材料冲击功与断裂韧性的关系,力图用冲击试验代替断裂韧性试验(见后述);另一方面正在发展利用预制裂纹试样的示波冲击试验测定材料在冲击加载条件的断裂韧性 K_{Id}。

5.4 低温脆性及其评定

工程上的脆性断裂事故多发生于气温较低的条件下,因此人们非常关注温度对材料性能的影响。温度对金属材料屈服强度 σ_s 和断裂强度 σ_c 的影响以及缺口约束对 σ_s 的影响示于图 5-15。σ_s 与 σ_c 相交,交点对应的温度为脆性转变温度 T_K,当 $T < T_K$ 时,$\sigma_c < \sigma_s$ 为脆性断裂,$T > T_K$ 时,$\sigma_c > \sigma_s$ 为韧性断裂,说明光滑试样在 T_K 发生脆性转变。缺口试样屈服强度 σ_{SN} 与 σ_c 相交于 T_K' 温度,T_K' 为缺口试样的脆性转变温度。当 $T < T_K'$ 时,缺口试样即出现脆性断裂。在 T_K 和 T_K' 之间进行试验时,光滑试样为韧性断裂,缺口试样则表现为脆断。这种随温度降低金属材料由韧性断裂转变为脆性断裂的现象称为低温脆性。发生脆性转变的温度称为脆性转变温度。显然,T_K 与 T_K' 的差值表示缺口对脆性转变温度的影响,缺口越尖锐,T_K 升高越多。脆性转变温度是金属材料的一个很重要的性能指标。工程构件的工作温度必须在脆性转变温度以上,以防止发生脆性断裂。这在工程上实际事例很多,典型的是第二次世界大战期间,美国焊接的几千艘货轮曾发生脆断,其原因在于这些船体钢的脆性转变温度高于当时的环境温度。

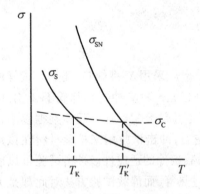 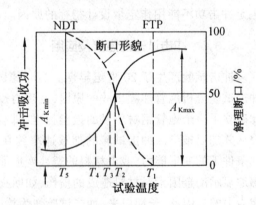

图 5-15　屈服强度和断裂强度随温度的变化　　图 5-16　低温脆性金属材料的系列冲击试验结果

这里值得说明的是,并不是所有金属都表现有低温脆性。对于以面心立方金属为基的中、低强度材料和大部分密排六方金属,在很宽的温度范围内其冲击功都很高,基本不存在低温脆性问题。而对于高强度材料,其屈服强度 $\sigma_s > E/150$(E 为弹性模量),如超高强度钢,高强度铝合金,钛合金等,在很宽的温度区间冲击功都很低。只有以体心立方金属为基的,如中低强度钢和铍、锌等具有明显的低温脆性,这些金属材料称为冷脆金属。

5.4.1 系列温度冲击试验

评定材料低温脆性的最简便的试验方法是系列温度冲击试验。该试验采用标准夏比冲击试样,在从高温(通常为室温)到低温的一系列温度下进行冲击试验,测定材料冲击功随温度的变化规律,揭示材料的低温脆性倾向。典型的试验结果如图 5-16 所示。在温度较高时,冲击功较高,存在一上平台,称为高阶能,在这一区间表现为韧性断裂。在低温范围,冲击功很低,表现脆性的解理断裂,冲击功的下平台称为低阶能;在高阶能和低阶能之间,存在一很陡的过渡区,该区的冲击功变化较大,数据较分散,可见随着温度降低,冲击功由高阶能转变为低阶能,材料由韧性断裂过渡为脆性断裂,相应地,断口形式也由纤维状断口经过混合断口过渡为结晶状断口,断裂性质由微孔聚集型断裂过渡为解理断裂。

5.4.2 低温脆性评定

在工程上,为了使材料评定结果具有可比性,需要建立评定脆性转变温度的准则,按统一的准则确定脆性转变温度,评价材料的脆性倾向性。研究结果可用于机械设计中的选材参考,也可以评价现有材料的可用性,或者用于评价现役结构的结构完整性。现有的确定脆性转变温度的准则,都是人们在同脆断进行斗争中,总结经验的基础上建立起来的,大体可分为三类。

1. 能量准则 前面提到的克鲁伯炮厂评定炮钢质量的夏比 V 型缺口冲击功 3kg·m,就是一种能量准则。在 20 世纪 40 年代开始进行系列温度冲击试验,并提出脆性转变温度的概念。后来,在船体钢脆性断裂原因研究中提出了 20J(15ft−1b)准则,意即在 Charpy−V 缺口系列冲击试验中,用冲击功 20J 对应的温度作为脆性转变温度。在工作温度下,凡冲击功大于 20J 者均未发生脆性断裂。而且已查明在发生脆断的气温条件下,发生脆断的船板的冲击功均低于 20J,但必须指出,20J 准则只适用低碳船体钢。随着低合金船体钢的发展,相应的脆性转变温度采用 27J 甚至 40J 等准则。在能量准则方面,也曾采用过高阶能与低阶能的平均值所对应的温度作为脆性转变温度。即图 5-16 中的 T_3。

2. 断口形貌准则 材料的脆性倾向性不仅表现在冲击功上,而且更敏感地反映在断口形貌上。在高阶能范围,形成塑性断口,在低阶能范围时,形成结晶状断口,过渡区则为混和断口,其中的结晶状部分和纤维状部分界限明确,容易分辨。20 世纪 50 年代,美国在对汽轮发电机转子飞裂事故的分析中,提出用 50% 结晶状断口所对应的温度作为脆性转变温度的准则,通常称为断口形貌转变温度 FATT(Fracture Appearance Transition Temperature),即图 5-16 中的 T_2。这种准则主要用于正火或调质状态钢材的评定。

3. 断口变形特征准则 试样冲断时,缺口根部收缩,试样背面膨胀,用试样背面膨胀量,规定膨胀达 0.38mm 时的温度,作为脆性转变温度。

按上述三种准则确定的脆性转变温度并不等效,表 5.2 给出按三种准则确定的几种钢的脆性转变温度,表明 20J 准则与 0.38mm 准则比较接近。

由此可见,脆性转变温度是相对的,只有按同一准则确定的脆性转变温度才有可比性。此外,还应认识到冲击试验确定的脆性转变温度是特定尺寸的试样在特定的加载条件下的测试结果,试样尺寸和加载条件的改变,都将引起试验结果的改变,因此试样的脆性转变温度与实际结构或零件的脆性转变温度是不同的。所以对于大型结构的脆性评定,应发展更接近实际工况条件的试验方法。

表 5.2　几种钢材的脆性转变温度(℃)

材　　料	σ_s/MPa	20J 准则	0.38mm 准则	50FATT 准则
热轧 C－M 钢	210	27	17	46
热轧低合金钢	385	−24	−22	12
淬火-回火钢	618	−71	−67	−54

5.4.3　冶金因素对低温脆性的影响

材料的脆性倾向性本质上是其塑性变形能力对低温和高加载速率的适应性的反映。在可用滑移系统足够多,阻碍滑移的因素不因变形条件而加剧的情况下,材料将保持足够的变形能力而不表现出脆性断裂。面心立方金属就是这种情况。而体心立方金属如铁、铬、钨及其合金,在温度较高时,变形能力尚好,但在低温条件下,间隙杂质原子与位错和晶界相互作用强度增加,阻碍位错运动、封锁滑移的作用加剧,对变形的适应能力减弱,即表现出加载速率敏感性。因此,低温脆性除决定于晶格类型外,还受材料的成分、组织等因素的影响,这是比较复杂的研究领域,不清楚的问题尚多。今择其要者,简述如下。

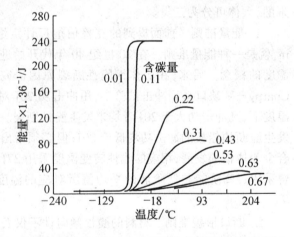

图 5-17　含碳量对钢的韧-脆转化温度的影响

1. 成分的影响　以碳钢为例,含碳量对冲击功－温度曲线的影响如图 5-17 所示,随含碳量增加,冲击功上平台下移,脆性转变温度向高温推移,转变温度区间变宽。含碳量每增加 0.1%,脆性转变温度升高 13.9℃(按20J准则)。在退火或正火状态下,加入锰不但可细化晶粒,而且还减少 Hall－Petch 公式中的 k_y,改善材料的韧性。含锰量每增加 0.1%,脆性转变温度降低 5.6℃(准则同上)。但合金元素对钢性能的影响不是孤立的和单独起作用的。对脆断的船体钢的分析表明,钢中 Mn/C 比值对脆性转变温度有重要影响,只有当 Mn/C≥3 时,船体钢才有比较满意的脆性转变温度。因此对脆断事故进行分析时,对材质的分析和评价,首先要看成分是否超标,不超标时还要考虑合金配比是否合适。例如 10 号钢,含 C 量名义范围为 $0.07w\% \sim 0.15w\%$,含 Mn 量为 $0.35w\% \sim 0.65w\%$,如果含 C 量达上限,含 Mn 量为下限,则 Mn/C＝2.3,按牌号虽属合格,但脆性转变温度却这种成分落在牌号规范内,但因配比不合适,导致使用性能和工艺性能达不到要求的事例是很多的。

2. 晶粒尺寸 由式(4-4)和Hall-Petch 关系可见,当材料晶粒尺寸减小时,解理断裂应力 σ_c 和屈服强度 σ_s 都得到提高,同时也使脆性转变向低温推移,如图 5-18 所示。Hall-Petch 关系式中的位错摩擦力 σ_0 包括两部分,即

$$\sigma_s = \sigma_0 + k_y d^{-\frac{1}{2}}$$

其中 $\qquad \sigma_0 = \sigma_T + \sigma_{ST}$

其中 σ_T 为短程力,作用范围在 1nm 之内,对温度变化敏感。σ_{ST} 为长程力,作用范围在 10~100nm 范围,对温度变化不敏感。σ_T 可表示为

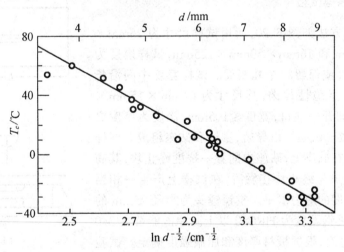

图 5-18 晶粒大小对 σ_y, σ_c 的影响

$$\sigma_T = A e^{-\beta T} \tag{5-8}$$

注意到脆性转变临界状态时,$\sigma_c = \sigma_s$,$T = T_K$,可得

$$T_K \propto -\ln d^{-\frac{1}{2}} \tag{5-9}$$

脆性转变温度 T_K 与晶粒尺寸关系的实验结果如图 5-19,与理论分析结果相符。

图 5-19 脆性转变温度与晶粒尺寸间的关系

细化晶粒不但降低脆性转变温度,而且还改善塑性韧性,因此细化晶粒已成为非常重要的强韧化手段。这是固溶强化,弥散强化及形变强化等手段不可比拟的,因为这些强化手段在提高屈服强度的同时,总是导致塑性和韧性的损失。细化晶粒在工程上应用的事例是很多的。二战中发生脆性破坏的船只都是美国生产的钢板建造的,当时美国采

用新式的高速轧钢设备,生产效率高。相反采用英国钢厂生产的钢板建造的船只,未发生脆性破坏,英国钢厂采用老式轧机,设备陈旧,轧速低。因为轧速提高,则终轧温度升高,导致晶粒长大,可使脆性转变温度升高到室温,从而增加了海难事故的几率。

3. 显微组织

显微组织是影响脆性转变温度的重要因素。对钢而言,钢中各种组织按脆性转变温度 T_K 由高到低的顺序依次为:珠光体→上贝氏体→铁素体→下贝氏体→回火马氏体。这里要说明的是,对于中碳合金钢来说,若经等温淬火,获得全部下贝氏体组织,与相同强度条件下的回火马氏体相比,具有更低的脆性转变温度。在连续冷却条件下,总得到贝氏体和马氏体的混合组织,这时其韧性不如纯粹的回火马氏体组织。在低碳合金钢中,获得下贝氏体和马氏体的混合组织,比纯低碳马氏体有更高的韧性。

5.5 抗脆断设计及其试验

抗脆断设计是结构或零件强度设计的重要内容,抗脆断设计中注意到脆性转变温度方法的局限性是很重要的。不论按哪一种确定脆性转变温度的准则评定材料,其结果都与试样厚度有关,这是因为厚度的改变可能引起平面应力-平面应变的转变。很多实验证明,Charpy-V 缺口冲击试验确定的脆性转变温度随试样厚度增加而提高。因此,如果构件的厚度与试样不同,那么,试样的试验结果与工程构件的转变温度特性就不存在直接关系了。为了克服这一困难,Pellini 等人发展了多种大型实物脆断研究方法。

5.5.1 落锤试验

落锤试验方法如图 5-20,所用试样尺寸为 25mm×90mm×350mm 和 16mm×50mm×125mm,试样厚度为轧制钢板厚度,或保留一个轧制面。试样宽度中间沿长度方向堆焊一条脆性焊肉,其尺寸 64mm×15mm×4mm,焊肉中间开一缺口,宽度≤1.5mm,深度为厚度之半,以引发裂纹。试验机由导轨,重锤和砧座组成。试样的焊肉向下摆在砧座上,砧座中间置一挠度终止块,其高度为当试样变形与终止块接触时,在试样上产生一相当于材料屈服强度的应力水平。重锤锤头为半径25mm 的球头圆柱,淬火钢硬度为 HRC50 以上。冲击能量在 340～1650N·m 之间,根据板材厚度和屈服强度确定。试验时,将试板在选定的温度条件下保温 30～45min,迅速将其置于砧座,并将预先送到一定高度的重锤放下,击之。

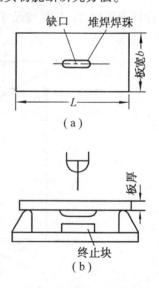

图 5-20 落锤试验示意

根据试验温度的不同,试板分为四种典型特征,按温度由高到低依次为:

① 试板只发生塑性变形,不开裂。

② 试板拉伸面靠缺口附近出现裂纹,但裂纹只在缺口附近的塑性变形区内,未扩展到两侧边。

③ 裂纹发展到试板一侧边或两侧边。

④ 试件完全碎裂。

一般规定裂纹能扩展到试板一侧边或横贯板宽的最高温度为无塑性转变温度,用 NDT 记之,NDT 的含义实际是当 $T<$ NDT 时,钢板碎裂。$T>$ NDT 时,含有大裂纹的试板不会碎裂。因此,可以把落锤试样看做是大尺寸 Charpy 试样。

5.5.2 NDT 判据及断裂分析图

在落锤试验测得的无塑性转变温度 NDT 和大量同类试验的基础上,Pellini 等提出对低强度铁素体钢 NDT 的应用,建议了四个防断裂设计参考判据:

(1) $T_{工作}\geqslant$ NDT,由于 NDT 表示小裂纹可作为裂纹源,引起脆裂的临界温度。工作温度必须限制在 NDT 以上,允许的应力水平限制在 35~56MPa。

(2) $T_{工作}\geqslant$ NDT + 17℃,允许 $\sigma_{工作}\leqslant\sigma_s/2$,意即名义应力低于 $\sigma_s/2$,且温度高于 NDT + 17℃ 时,裂纹不会扩展,该参考判据提供了 $\sigma<\sigma_s/2$ 时的止裂温度界限。

(3) $T_{工作}\geqslant$ NDT + 33℃,允许 $\sigma_{工作}\leqslant\sigma_s$,意即名义应力等于 σ_s 时,裂纹可在弹性区扩展的最高温度为 NDT + 33℃,该临界温度称为弹性开裂转变温度(FTE),当 $T>$ FTE 时,只发生塑性撕裂。因此,FTE 是应力等于 σ_s 时脆性裂纹止裂温度。

(4) $T_{工作}\geqslant$ NDT + 67℃,$\sigma_{工作}$ 达到 σ_b 发生韧性断裂。该温度称为塑性开裂转变温度(FTP),当 $T>$ FTP 时,断裂应力达到材料极限强度。当 $T<$ FTP 时,裂纹可在塑性范围扩展,断裂应力在 σ_s 和 σ_b 之间。

工程结构低应力脆断是在应力、温度和缺陷联合作用下,系统达到临界状态时发生的。Pellini 等在上述 NDT 判据基础上,建立的断裂分析图(FAD),如图 5-21 所示,综合表达了在应力、温度和缺陷联合作用下脆性断裂开始和止裂的条件。此图由一束应力和温度曲线构成,表明脆性断裂时,应力、温度和缺陷之间的关系。在 NDT 时,与各名义应力水平对应的断裂所需的裂纹尺寸范围分为四段:小裂纹,尺寸≤25mm;中等裂纹,尺寸为

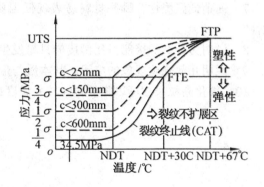

图 5-21　断裂分析图

100~200mm;大裂纹,尺寸为 200~300mm;特大裂纹,尺寸为 300~600mm。其所对应的应力水平分别为 σ_s、$0.75\sigma_s$、$0.5\sigma_s$ 和 $0.25\sigma_s$。随着缺陷尺寸增加,断裂应力相应降低。图中还表明了各裂纹断裂开始曲线与应力的相应位置。当温度高于 NDT 时,各缺陷的断裂开始曲线随温度增加所需应力迅速增加。

图 5-21 中最下一条为止裂温度线(CAT),它表示了应力与 CAT 的关系。此曲线说明,在各个名义应力下,脆性断裂的止裂温度,在 CAT 右下方,脆性断裂不再扩展,而在

其左上方,脆性裂纹可能扩展,也可能不扩展,这主要决定于缺陷的大小。

FAD 图为工程结构防止脆断和选择材料提供了一个有效的方法,此外,还可用来分析脆断事故,积累脆性断裂有关数据。但 FAD 图有其一定的局限性。它没有考虑板厚产生的约束因素,该图是在 25mm 厚钢板试验基础上建立起来的,并且在大量试验结果进行对比分析后得到:FTE$\simeq$NDT + 33℃,FTP$\simeq$NDT + 67℃。后来对 75mm 厚板进行试验后而修正为:FTE = NDT + 72℃,FTP = NDT + 94℃。其次没有考虑加载速率的影响。此外,在考虑应力、温度和缺陷联合作用时,对同样强度水平的不同等级钢板进行了同样的处理,忽视了不同等级钢板之间的韧性差异等。

习　题

1　缺口引起哪些力学响应?

2　比较平面应力和平面应变的概念。

3　如何评定材料的缺口敏感性?

4　在 A_K-T 曲线上,可用多种特征温度来表征材料的塑-脆过渡行为,试举三种讨论之。

5　由静拉伸试验、冲击试验到落锤试验的发展过程,如何理解试验条件在评定材料方面的局限性。

6　试分析断裂分析图的局限性。

7　何谓低温脆性? 哪些材料易表现低温脆性? 工程上,有哪些方法评定材料低温脆性?

8　说明为什么焊接船只比铆接船只易发生脆性破坏?

9　说明几何强化现象的成因。其本质与形变强化有何不同?

10　细化晶粒尺寸可以降低脆性转变温度或者说改善材料低温韧性。为什么?

第六章 断裂韧性基础

传统的设计思想是以常规强度理论为基础的。要求零件的计算应力满足 $\sigma_{\max} \leqslant [\sigma]$，其中 $[\sigma]$ 为许用应力。$[\sigma] = \sigma_s/n$，其中 σ_s 和 n 分别为材料屈服强度和安全系数，$n > 1$。同时考虑到安全性，对材料的塑性、韧性提出一定要求。这种设计思想成功地应用了很长时间。进入 20 世纪后，尤其二战期间及以后，工业高速发展、设备和结构大型化，设计应力水平提高，高强度材料投入使用，尤其焊接工艺在大型结构建造中的应用，陆续发生了多起恶性断裂事故，使传统的设计思想受到严重挑战。这其中较典型的事故是 1950 年，美国北极星导弹的固体燃料发动机壳体在试发射时的爆炸和二战期间上千艘货轮的脆性断裂。经过多方面的研究认为，这些断裂都起源于结构的缺陷或裂纹，这些缺陷可能是焊裂、咬边，夹杂或表面机械伤。然而传统的设计思想认为材料是连续、均匀和各向同性的介质，未曾考虑过材料中的缺陷。显然，这与工程结构的实际情况不相符合。为了保证结构的安全工作，防止脆断事故发生，人们必须研究裂纹体的力学行为，这就是断裂力学产生的背景。结构中缺陷和裂纹对断裂的影响究竟到何种程度？如何定量评定裂纹体的安全性？这就是本章的内容。

6.1 Griffith 断裂理论

6.1.1 完整晶体的理论断裂强度

晶体材料正断是晶体在拉应力作用下，沿与拉应力垂直的原子面被拉开的过程，在这一过程中，外力作的功消耗在断口的形成上，即外力功与断口的表面能相等。按这一思想，可假设图 6-1 的模型，图中表明拉力 σ 与原子面相对位置变化 x 间的关系。为简便起见，可用波长为 λ 的正弦波近似

$$\sigma = \sigma_m \sin \frac{2\pi x}{\lambda} \tag{6-1}$$

式中 σ_m 为使原子分开时所需的最大应力即晶体理论断裂强度，因此产生断裂时，单位面积所作的功近似为

$$\int_0^{\lambda/2} \sigma_m \sin \frac{2\pi x}{\lambda} \mathrm{d}x = \frac{\lambda \sigma_m}{\pi}$$

断裂产生两个新表面，令表面能为 2γ，则有

$$\sigma_m = 2\pi\gamma/\lambda \tag{6-2}$$

再设曲线开始部分近似为直线，服从虎克定律，即

$$\sigma = Ex/b \tag{6-3}$$

式中 b 为平衡状态时原子间距，E 为弹性模量，由式(6-1)和(6-3)得

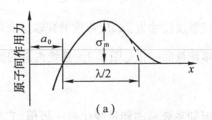

图 6-1 原子间作用力随原子间距的变化曲线

$$\frac{2\pi\sigma_m}{\lambda} = \frac{E}{b} \tag{6-4}$$

由式(6-2)和(6-4)得

$$\sigma_m = \sqrt{\frac{E\gamma}{b}} \tag{6-5}$$

其中 E、γ 和 b 分别以金属中的一般数据 $10^{10}\,Pa$，$10^4\,J/cm^2$ 和 $3\times10^{-8}\,cm$ 代入，计算得金属的理论断裂强度为 $\sigma_m \approx 3\times10^4\,MPa$。但目前强度最高的钢材仅为 4500MPa 左右，对一般金属而言，其强度只及理论值的 1/10 到 1/1000。造成这一差别的原因，可能是所采取的模型不正确，也可能是由于对原子间作用力变化规律的理解有问题。但仔细分析后认为，后者基本正确。因此根本问题是所采用的基本假设不符合事实。该模型认为晶体材料是完整的，外力达到断裂面上所有原子间作用力的总和时，才能断裂，但实际上，材料中总存在各种缺陷和裂纹等不连续因素，缺陷引起的应力集中对断裂的影响是不能忽视的。

为证明上述设想，约飞用岩盐进行了拉伸试验。试样在空气中的拉伸强度只有 $\sigma_c = 5\,MPa$，约飞将试样浸入水中进行拉伸试验，试样在加工过程中表面形成的微裂纹都因在水中的溶解而变钝，从而得断裂强度达 $\sigma_c = 1.6\times10^3\,MPa$，提高了 300 多倍，这一试验证明了材料中的缺陷对断裂的影响。

6.1.2 Griffith 断裂理论

固体材料的实际断裂强度与理论断裂强度至少相差一个数量级。为了解决裂纹体的断裂强度问题，Griffith 研究了陶瓷、玻璃等脆性材料的断裂问题。

Griffith 假定有一宽板，受均匀应力 σ 作用后，将其两端固定。此时，受力板可视为隔离系统。如果板内制造一椭圆形的穿透裂纹，裂纹长度为 $2a$。此时因与外界无能量交换，裂纹扩展的动力只能来自系统内部储存的弹性能的释放。裂纹扩展时裂纹的表面积增加了，增加单位表面积所需的能量为表面能 γ。

在薄板内形成一椭圆形裂纹，系统总的能量变化 $\Delta u = u_E + u_s$，u_E 为弹性应变能，板内单位体积储存的弹性能为 $\frac{1}{2}\sigma E = \frac{1}{2}\sigma^2/\varepsilon$。如以单位厚度计，Inglis 根据弹性力学计算，若形成裂纹尺寸为 $2a$，应释放的弹性应变能 $u_E = -\frac{\sigma^2\pi a^2}{E}$，而表面能为 $u_s = 2\gamma \cdot 2a = 4\gamma a$，这两项能量的变化见图 6-2。系统内总的能量变化

$$\Delta u = 4\gamma \cdot a - \frac{\sigma^2\pi a^2}{E} \tag{6-6a}$$

可知系统总的能量变化有一极值，它对应于

$$\frac{d\Delta u}{d(2a)} = \frac{du_s}{d(2a)} - \frac{du_E}{d(2a)} = 0 \tag{6-6b}$$

当 $\frac{du_E}{d(2a)} \geqslant \frac{du_s}{d(2a)}$，$\frac{d\Delta u}{d(2a)} < 0$，即弹性应变能的释放速率大于或等于表面能的增长速率，

系统的自由能降低,裂纹会自行扩展。对应于此值的裂纹尺寸,便为临界裂纹尺寸 $2a_c$ (见图6-2),小于此临界尺寸,裂纹不扩展,大于此尺寸裂纹便会失稳扩展。

由公式(6-6a)和(6-6b)可得

$2a_c = \dfrac{2\gamma E}{\pi\sigma^2}$,如以 a 代替图中的 $2a_c$,断裂应力和裂纹尺寸的关系则为

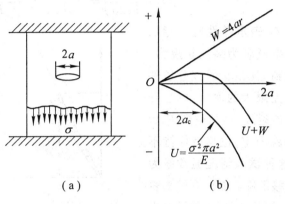

$$\sigma = \left(\frac{2\gamma E}{\pi a}\right)^{1/2} \qquad (6\text{-}6c)$$

这就是著名的格里菲斯(Griffith)公式。这公式表明断裂应力和裂纹尺寸的平方根成反比。因为 $(\frac{2}{\pi})^{1/2} \approx 1$,故 $\sigma \approx (\frac{E\gamma}{a})^{1/2}$ 。将此公式与理论断裂强度公式(6-5)相

图6-2　无限宽板中Griffith裂纹的能量平衡

比较,可见二者形式完全相似,只是以裂纹尺寸 a 代替了点阵常数 b。如取 $a = 10^4 b$,则实际断裂强度只有理论值的1/100。

6.1.3　奥罗万(Orowan)的修正

Griffith成功地解释了材料的实际断裂强度远低于其理论强度的原因,定量地说明了裂纹尺寸对断裂强度的影响,但他研究的对象主要是玻璃这类很脆的材料,因此这一实验结果在当时并未引起重视。直到20世纪40年代之后,金属的脆性断裂事故不断发生,人们又重新开始审视Griffith的断裂理论了。

对于大多数金属材料,虽然裂纹顶端由于应力集中作用,局部应力很高,但是一旦超过材料的屈服强度,就会发生塑性变形。在裂纹顶端有一塑性区,材料的塑性越好强度越低,产生的塑性区尺寸就越大。裂纹扩展必须首先通过塑性区,裂纹扩展功主要耗费在塑性变形上,金属材料和陶瓷的断裂过程的主要区别也在这里。塑性变形功 γ_P 大约是表面能的1 000倍,由此,Orowan修正了Griffith的断裂公式,得出

$$\sigma_f = \left[\frac{2E(\gamma_s + \gamma_p)}{\pi a}\right]^{1/2} = \left[\frac{2E\gamma_s}{\pi a}\left(1 + \frac{\gamma_p}{\gamma_s}\right)\right]^{1/2} \qquad (6\text{-}7)$$

因为 $\gamma_p \gg \gamma_s$,修正公式可变为

$$\sigma_f = \left(\frac{2E\gamma_p}{\pi a}\right)^{1/2} \qquad (6\text{-}8)$$

6.2　裂纹扩展的能量判据

在Griffith或Orowan的断裂理论中,裂纹扩展的阻力为 $2\gamma_s$ 或者为 $2(\gamma_s + \gamma_p)$。设

裂纹扩展单位面积所耗费的能量为 R，则 $R = 2(\gamma_s + \gamma_p)$。而裂纹扩展的动力，对于上述的 Griffith 试验情况来说，只来自系统弹性应变能的释放。我们定义

$$G = -\frac{\partial u}{\partial(2a)} = -\frac{\partial}{\partial(2a)}\left(-\frac{\pi\sigma^2 a^2}{E}\right) = \frac{\sigma^2\pi a}{E}$$

亦即 G 表示弹性应变能的释放率或者为裂纹扩展力。注意到 Griffith 的试验条件是一无限大的薄板，中心开一穿透裂纹，当加载到 P 后两端就固定，位移就保持不变，这种试验情况通常称为恒位移条件。如以图解法表示，则如图 6-3(a)所示。当载荷加到 A 点，位移为 OB，此后板的两端固定，平板中贮存的弹性能以面积 OAB 表示，如裂纹扩展 da，引起

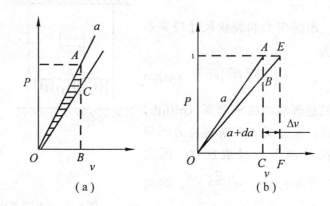

图 6-3　固定边界和恒载荷的 Griffith 准则能量关系
(a)对于固定边界的 Criffith 准则能量关系；
(b)恒载荷的 Griffith 准则能量关系

平板刚度下降，平板内贮存的弹性能下降到面积 OCB，三角形 OAC 相当于由于裂纹扩展释放出的弹性能。

可是更为普遍的情形是载荷恒定外力做功，这时 G 的定义会不会改变呢？如图 6-3(b)，OA 线为裂纹尺寸为 a 时试样的载荷位移线，在恒定载荷为 P_1 时，试样的位移由 c 点增加到 F 点，这时外载荷做功相当于面积 $AEFC$，平板内贮存的弹性能从 OAC 增加到 OEF，由于面积 $AEFC$ 为 OAE 的两倍，当略去三角形 AEB（这是一个二阶无穷小量），可知在外力作功的情况下，其作功的一半用于增加平板的弹性能，一半用于裂纹的扩展，扩展所需的能量为 OAB 面积。比较图 6-3(a)和图 6-3(b)，可知不管是恒位移的情况还是恒载荷的情况，裂纹扩展可利用的能量是相同的。只不过恒位移情况，$G = -\dfrac{\partial u}{\partial(2a)}$，而恒载荷的情况 $G = +\dfrac{\partial u}{\partial(2a)}$，也就是说，对于前者裂纹扩展造成系统弹性能的下降，对于后者由于外力做功，系统的弹性能并不下降，裂纹扩展所需能量来自外力作功，两者的数值仍旧相同。

因此，我们仍可定义 G 为裂纹扩展的能量率或裂纹扩展力。因为 G 是裂纹扩展的动力，当 G 达到怎样的数值时，裂纹就开始失稳扩展呢？

按照 Griffith 断裂条件 $G \geqslant R$　$R = 2\gamma_s$。

按照 Orowan 修正公式 $G \geqslant R$　$R = 2(\gamma_s + \gamma_p)$。

因为表面能 γ_s 和塑性变形功 γ_p 都是材料常数，它们是材料固有的性能，令 $G_{IC} = 2\gamma_s$ 或 $G_{IC} = 2(\gamma_s + \gamma_p)$，则有

$$G_I \geqslant G_{IC} \tag{6-9}$$

这就是断裂的能量判据。原则上讲,对不同形状的裂纹,其 G_{I} 是可以计算的,而材料的性能 G_{Ic} 是可以测定的。因此可以从能量平衡的角度研究材料的断裂是否发生。

6.3 裂纹顶端的应力场

　　线弹性断裂力学的研究对象是带有裂纹的线弹性体。它假定裂纹顶端的应力仍服从虎克定律。严格说来,只有玻璃和陶瓷这样的脆性材料才算理想的弹性体。为使线弹性断裂力学能够用于金属,必须符合这样的条件,即:金属材料裂纹顶端的塑性区尺寸与裂纹长度相比,是一很小的数值,它只适用于 $\sigma_{\mathrm{s}} > 1\,200\mathrm{MPa}$ 的高强度钢,或者是厚截面的中强度钢($\sigma_{\mathrm{s}} > 500 \sim 1\,000\mathrm{MPa}$)以及在低温下的中低强度钢。在这些情况下,裂纹顶端塑性区尺寸很小,可近似看成理想弹性体,应用线弹性力学来进行分析时,所带来的误差在工程计算中是允许的。在线弹性断裂力学中有以 Griffith-Orowan 理论为基础的能量理论和 Irwin 的应力强度因子理论。关于能量理论我们在前两节中已讨论过了,本节则主要讨论应力强度因子理论。

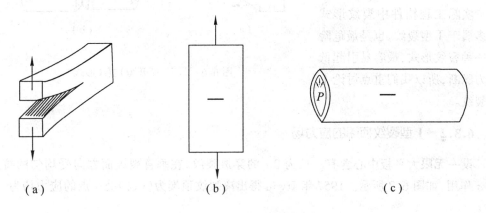

　　（a）　　　　　　　　　（b）　　　　　　　　　（c）

图 6-4　Ⅰ型(张开型)裂纹形式

6.3.1 三种断裂类型

根据裂纹体的受载和变形情况,可将裂纹分为三种类型:

(1)张开型(或称拉伸型)裂纹

　　如图 6-4 所示,外加正应力垂直于裂纹面,在应力 σ 作用下裂纹顶端张开,扩展方向和正应力垂直。这种张开型裂纹通常简称Ⅰ型裂纹。

(2)滑开型(或称剪切型)裂纹

　　剪切应力平行于裂纹面,裂纹滑开扩展,通常简称为Ⅱ型裂纹。如轮齿或花键根部沿切线方向的裂纹,或者受扭转的薄壁圆筒上的环形裂纹都属于这种情形。见图 6-5。

(3)撕开型裂纹

　　如图 6-6,在切应力作用下,一个裂纹面在另一裂纹面上滑动脱开,裂纹前缘平行于

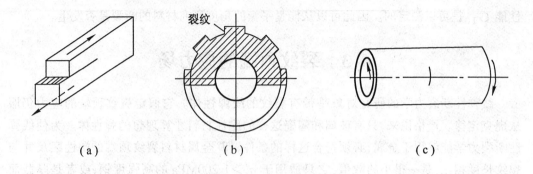

（a）　　　　　　　　　（b）　　　　　　　　（c）

图 6-5　Ⅱ型（滑开型）裂纹形式

滑动方向，如同撕布一样，这称
为撕开型裂纹，也简称Ⅲ型裂
纹。例如圆轴上有一环形切槽，
受到扭转作用引起的断裂。

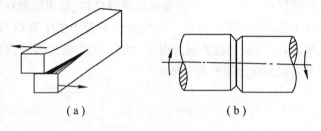

（a）　　　　　　　　（b）

图 6-6　Ⅲ型（撕开型）裂纹形式

　　实际工程构件中裂纹形式
大多属于Ⅰ型裂纹，也是最危险
的一种裂纹形式，最容易引起低
应力脆断，所以我们重点讨论Ⅰ
型裂纹。

6.3.2　Ⅰ型裂纹顶端的应力场

　　设一无限大平板中心含有一长为 $2a$ 的穿透裂纹，在垂直裂纹面方向受均匀的拉应力 σ 作用，如图 6-7 所示。1957 年 Irwin 得出离裂纹顶端为 (r,θ) 处一点的应力场为

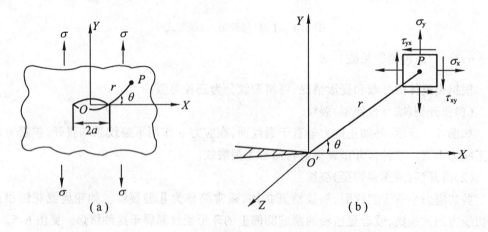

（a）　　　　　　　　　　　　（b）

图 6-7　裂纹顶端附近的应力场

$$\sigma_x = \frac{K_{\mathrm{I}}}{(2\pi r)^{1/2}} \cos\frac{\theta}{2} \left(1 - \sin\frac{\theta}{2} \sin\frac{3\theta}{2}\right)$$

$$\sigma_y = \frac{K_{\mathrm{I}}}{(2\pi r)^{1/2}} \cos\frac{\theta}{2} \left(1 + \sin\frac{\theta}{2} \sin\frac{3\theta}{2}\right) \qquad (6\text{-}10)$$

$$\tau_{xy} = \frac{K_{\mathrm{I}}}{(2\pi r)^{1/2}} \sin\frac{\theta}{2} \cos\frac{\theta}{2} \cos\frac{3\theta}{2}$$

对于薄板平面应力状态,$\sigma_z = 0$,$\tau_{xz} = \tau_{yz} = 0$,即只有 σ_x、σ_y、τ_{xy} 3 个应力分量作用在 XOY 平面内。

对于厚板平面应变状态,$\varepsilon_z = 0$,故有 $\sigma_z = \nu(\sigma_x + \sigma_y)$,$\tau_{xz} = \tau_{yz} = 0$,即裂纹顶端附近的应变仅有 ε_{xx}、ε_{yy} 和 γ_{xy} 3 个应变分量存在于 XOY 平面内。

在式(6-10)的应力场方程中,(r, θ) 为应力场内的点的坐标,该式说明应力场中不同位置的应力分布是不同的。方程中还含有参数 K_{I},称为 I 型裂纹的应力强度因子。对于 II 型或 III 型裂纹,应力场方程中的应力强度因子相应地用 K_{II} 和 K_{III} 表示,应力强度因子 K 是衡量裂纹顶端应力场强烈程度的函数,决定于应力水平,裂纹尺寸和形状。

6.3.3　应力强度因子 K_{I}

对于 I 型应力场中的给定点 (r, θ),其应力强度因子只决定于 K_{I},其应力场方程一般式可写成通式

$$\sigma_{ij} = \frac{K_{\mathrm{I}}}{(2\pi r)^{1/2}} f_{ij}(\theta) \qquad (6\text{-}11)$$

其中 K_{I} 为

$$K_{\mathrm{I}} = Y\sigma\sqrt{\pi a} \qquad (6\text{-}12)$$

式中 Y 为裂纹形状系数,对于含穿透裂纹的无限板,$Y = 1$,K_{I} 的量纲为 $\mathrm{MPa}\sqrt{\mathrm{m}}$ 或 $\mathrm{kgf/mm^{3/2}}$。

应力强度因子 K_{I} 是表达裂纹运动规律的函数,是裂纹体所受各种外力在裂纹顶端产生效果的综合体现,这种效果通过 $f(Y, \sigma, a)$ 表现出来。因此,对于一定形状和尺寸的裂纹,在一定的应力环境中,其应力强度因子是惟一确定的,也因此而有确定的运动规律。

应力强度因子 K_{I} 与应力集中系数 K_t 不同。式(5-2)的应力集中系数只决定于裂纹几何形状,而应力强度因子则不仅仅决定于裂纹几何形状,是在裂纹几何与应力环境联合作用下,裂纹顶端应力场的状态参量。式(6-12)表明,应力 σ 和裂纹尺寸 a 都是加剧应力场的因素。在应力增大或裂纹尺寸增大或应力与裂纹尺寸同时增大时,K_{I} 因子增高,即应力场强度加剧。当 K_{I} 因子达到某一临界值时,裂纹开始扩展。因此 K_{I} 因子在一定意义上可用来描述裂纹扩展的动力,如同在单向拉伸时,应力 σ 是屈服的动力一样。在材料力学中,描述受力物体状态的参量有应力、应变、能量等,用这些状态参量可以建立相应的材料破坏准则。同样,也可以用应力场强度因子这个状态参量来建立裂纹体破

坏准则。

6.3.4　断裂判据

随着应力 σ 或裂纹尺寸 a 的增大，K_I 因子不断增大。当 K_I 因子增大到临界值 K_{IC} 时，裂纹开始失稳扩展，用 K_{IC} 表示材料对裂纹扩展的阻力，称为平面应变断裂韧度。因此，裂纹体断裂判据可表示为

$$K_I = K_{IC} \tag{6-13}$$

这一表达式与屈服判据 $\sigma = \sigma_s$ 相似，左边为裂纹顶端的应力强度因子(屈服判据中为试样上的拉应力水平)，右边为材料本身固有的性能。实际上是用应力场强度因子的临界值表示材料的断裂韧度。如同用试样中应力水平的临界值表示材料的屈服强度。

该断裂判据可以直接应用于工程设计。例如，对含有中心穿透裂纹的无限宽板，其断裂判据为

$$K_I = \sigma \sqrt{\pi a} = K_{IC} \tag{6-14}$$

其中 K_{IC} 为材料的平面应变断裂韧度值，是可以测定的材料常数。材料中的裂纹尺寸可以用探伤手段确定，于是可求出裂纹体失稳断裂时的应力值，即

$$\sigma_c = \frac{K_{IC}}{\sqrt{\pi a}}$$

反之，当工作应力已知时，可求失稳时的裂纹尺寸。

$$a_c = \frac{K_{IC}^2}{\sigma^2 \pi}$$

上述断裂判据是建立在严密的线弹性断裂力学基础上的，是可靠的定量判据，可以确切地回答裂纹在什么状态时失稳。因此，可以对结构或零件的断裂进行定量的评定，可靠的把握结构的安全性。从而克服了以前设计中为保证结构安全工作，根据经验提出对材料塑性指标或冲击韧性指标的要求的盲目性。

6.3.5　几种常见裂纹的应力强度因子

要计算构件的临界裂纹尺寸 a_c 或断裂临界应力，必须测定材料断裂韧性 K_{IC}，并确定应力强度因子 K_I 的表达式。几种常见的裂纹形式及其应力强度因子表达式和相应的裂纹形状系数的表达式见书末附录 2，在应用断裂力学原理分析实际问题时，可查阅。

6.4　裂纹顶端的塑性区

根据线弹性力学，由公式(6-11)，当 $r \to 0$，$\sigma_{ij} \to \infty$，但实际上对一般金属材料，当应力超过材料的屈服强度，将发生塑性变形，在裂纹顶端将出现塑性区。讨论塑性区的大小是有意义的。一方面这是因为断裂是裂纹的扩展过程，裂纹扩展所需的能量主要支付塑性变形功，材料的塑性区尺寸大，消耗的塑性变形功也越大，材料的断裂韧性 K_{IC} 相应地

也就越大。另一方面,由于我们是根据线弹性断裂力学来讨论裂纹顶端的应力应变场的,当塑性区尺寸过大时,线弹性断裂理论是否适用就成了问题。因此我们必须讨论不同应力状态(平面应力状态和平面应变状态)的塑性区以及塑性区尺寸决定于哪些因素。

由 Von Mises 屈服准则,材料在三向应力状态下的屈服条件为

$$(\sigma_1 - \sigma_2)^2 + (\sigma_2 - \sigma_3)^2 + (\sigma_3 - \sigma_1)^2 = 2\sigma_s^2 \tag{6-15}$$

式中 σ_1、σ_2 和 σ_3 为主应力,σ_s 为材料的屈服强度。主应力由以下公式求得

$$\sigma_1 = \frac{\sigma_x + \sigma_y}{2} + \left[\left(\frac{\sigma_x - \sigma_y}{2}\right)^2 + \tau_{xy} \right]^{1/2}$$

$$\sigma_2 = \frac{\sigma_x + \sigma_y}{2} - \left[\left(\frac{\sigma_x - \sigma_y}{2}\right)^2 + \tau_{xy} \right]^{1/2} \tag{6-16}$$

$$\sigma_3 = 0 \,(平面应力)$$

$$\sigma_3 = \nu(\sigma_1 + \sigma_2) \,(平面应变)$$

将式 6-10 的应力场各应力分量公式代入式(6-16),得裂纹顶端附近的主应力为

$$\sigma_1 = \frac{K_{\mathrm{I}}}{(2\pi r)^{1/2}} \cos\frac{\theta}{2} \left(1 + \sin\frac{\theta}{2}\right)$$

$$\sigma_2 = \frac{K_{\mathrm{I}}}{(2\pi r)^{1/2}} \cos\frac{\theta}{2} \left(1 - \sin\frac{\theta}{2}\right)$$

$$\sigma_3 = 0 \quad (平面应力)$$

$$\sigma_3 = \frac{2\nu K_{\mathrm{I}}}{(2\pi r)^{1/2}} \cos\frac{\theta}{2} \,(平面应变)$$

将上述的主应力公式再代入 Von Miese 屈服准则中,便可得到裂纹顶端塑性区的边界方程,即

$$\left.
\begin{aligned}
r &= \frac{1}{2\pi}\left(\frac{K_{\mathrm{I}}}{\sigma_s}\right)^2 \left[\cos^2\frac{\theta}{2}\left(1 + 3\sin^2\frac{\theta}{2}\right)\right] \qquad (平面应力) \\
r &= \frac{1}{2\pi}\left(\frac{K_{\mathrm{I}}}{\sigma_s}\right)^2 \left[\cos^2\frac{\theta}{2}\left[(1-2\nu)^2 + 3\sin^2\frac{\theta}{2}\right]\right] \quad (平面应变)
\end{aligned}
\right\} \tag{6-17}$$

将公式(6-17)用图形表示,所描绘的塑性区形状如图 6-9,可知平面应变的塑性区比平面应力的塑性区小得多。对于厚板,表面是平面应力状态,而心部则为平面应变状态。

如取 $\theta = 0$,即在裂纹的前方

$$\left.
\begin{aligned}
r_0 &= \frac{1}{2\pi}\left(\frac{K_{\mathrm{I}}}{\sigma_s}\right)^2 \qquad (平面应力) \\
r_0 &= \frac{(1-2\nu)^2}{2\pi}\left(\frac{K_{\mathrm{I}}}{\sigma_s}\right)^2 = 0.16\frac{K_{\mathrm{I}}^2}{2\pi\sigma_s^2} \quad (平面应变 \quad 取\, \nu = 0.3)
\end{aligned}
\right\} \tag{6-18}$$

相比之下,平面应变的塑性区只有平面应力的 16%。这是因为在平面应变状态下,沿板厚方向有较强的弹性约束,使材料处于三向拉伸状态,材料不易塑性变形的缘故。实际上反映了这两种不同的应力状态,在裂纹顶端屈服强度的不同。通常将引起塑性变形的最大主应力,称为有效屈服应力,以 σ_{ys} 记之,图 6-8 中所画的塑性区范围是以 σ_{ys} 为标准

的。有效屈服强度与单向拉伸屈服强度之比,称为塑性约束系数。根据最大切应力理论

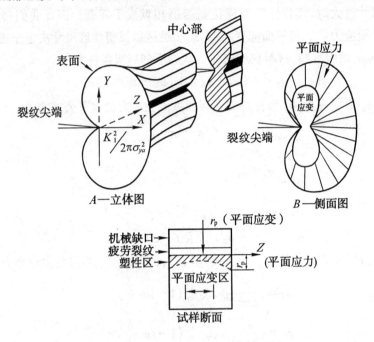

图 6-8　实际试样的塑性区大小

$$\tau_{max} = \frac{\sigma_1 - \sigma_3}{2} = \frac{\sigma_s}{2}$$

在平面应力状态时,$\sigma_3 = 0$,则有 $\sigma_{ys} = \sigma_1 = \sigma_s$。而在平面应变状态下,$\sigma_3 = 2\nu\sigma_1$,故有效屈服应力为

$$\sigma_{ys} = \frac{\sigma_s}{1 - 2\nu}$$

如以 $\nu = \frac{1}{3}$ 代入,可得平面应变状态下

$$\sigma_{ys} = 3\sigma_s$$

以上是根据 Mises 屈服判据推导的结果,如用 Tresca 判据也会得出同样的结论。但实际上平面应变状态下的有效屈服强度并没有这么大,对具有环形缺口的圆柱形试样进行拉伸试验,所得到的 σ_{ys} 为

$$\sigma_{ys} = (2 \times 2^{1/2})^{1/2} \sigma_s = 1.7\sigma_s$$

用其他实验方法测得的塑性约束系数(σ_{ys}/σ_s)也大致为 $1.5 \sim 2.0$。因此,最常用的塑性区的表达式为

$$\left.\begin{array}{l} r_0 = \dfrac{1}{2\pi}\left(\dfrac{K_I}{\sigma_s}\right)^2 \quad (\text{平面应力}) \\[3mm] r_0 = \dfrac{1}{4 \times 2^{1/2}\pi}\left(\dfrac{K_I}{\sigma_s}\right)^2 \quad (\text{平面应变}) \end{array}\right\} \tag{6-19}$$

必须记住塑性区尺寸 r_0 正比例于 K_I 的平方,当 K_I 增加时,r_0 也增加,但反比于材料屈

服强度的平方,材料的屈服强度越高,塑性区的尺寸越小,从而其断裂韧性也越低。

6.5 应力强度因子的塑性区修正

如图 6-10 按照线弹性断裂力学 $\sigma_y = \dfrac{K_{\mathrm{I}}}{(2\pi r)^{1/2}}$,其应力分布为虚线 DC,当弹性应力超过材料的有效屈服强度 σ_{ys},便产生塑性变形,使应力重新分布。其原始塑性区就是上节公式所表示的 r_0。在塑性区内 r_0 范围如不考虑形变强化,其应力可视为恒定的,就等于 σ_{ys}。但是,在高出 σ_{ys} 的那部分弹性应力,(以阴影线 A 区表示)势必要发生应力松弛。应力松弛的结果,使原屈服区外的周围弹性区的应力升高,相当于 BC 线向外推移到 EF 位置。如图 6-10 中实线部分所示。应力松弛的结果使塑性区从 r_0 扩大到 R_0。扩大后的塑性区 R_0 如何计算呢?

从能量角度直观地看,阴影线面积 A = 矩形面积 $BGHE$,或者用积分求得,即

$$\int_0^{r_0} \frac{K_{\mathrm{I}}}{(2\pi r)^{1/2}} \mathrm{d}r = \sigma_{ys} R_0$$

对于平面应力状态,把 $r_0 = \dfrac{1}{2\pi}\left(\dfrac{K_{\mathrm{I}}}{\sigma_s}\right)^2$ 代入上式得

$$R_0 = \frac{1}{\pi}\left(\frac{K_{\mathrm{I}}}{\sigma_s}\right)^2 = 2r_0$$

由此可见,当考虑应力松弛后,扩大后的塑性区尺寸 R_0 正好是原来 r_0 的两倍。

对平面应变状态,未考虑应力松弛时,塑性区尺寸由式(6-19)决定。考虑应力松弛后,也同样可得到扩大后的塑性区寸 R_0 为

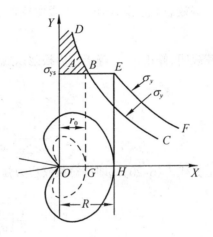

图 6-9 应力松弛后的塑性区

$$R_0 = \frac{1}{2 \times 2^{1/2}\pi}\left(\frac{K_{\mathrm{I}}}{\sigma_s}\right)^2 = 2r_0 \qquad (\text{平面应变})$$

因此,无论是平面应力还是平面应变,应力松弛后均使塑性区尺寸扩大了一倍。

当塑性区一经产生并且修正之后,原来裂纹顶端的应力分布已经改变。如图 6-9,原来的应力分布为 DBC 线,现改变为 BEF 线。这时便产生了一个问题:线弹性力学是否还适用? 在什么条件下才能近似地运用? 此时的应力强度因子该如何计算? 从图中可以看出塑性区修正后,应力强度因子增大了,在距离裂纹顶端为 r 处,σ_y^* 大于 σ_y。

欧文(Irwin)认为,如果裂纹顶端塑性区尺寸远小于裂纹尺寸,大致说来,$r/a < \dfrac{1}{10}$,这时称为小范围屈服。在这种情况下,只要将线弹性断裂力学得出的公式稍加修正,就可以获得工程上可以接受的结果。基于这种想法,欧文(Irwin)提出等效模型概念。

因为裂纹顶端的弹性应力超过材料的屈服强度之后，便产生应力松弛。应力松弛可以有两种方式，一种是通过塑性变形，上面讲的使塑性区扩大便是这种方式。另一种方式则是通过裂纹扩展，当裂纹扩展了一小段距离后，同样可使裂纹顶端的应力集中得以松弛。既然这两种应力松弛的方式是等效的，为了计算 K 值，可以设想裂纹的长度增加了，由原来的长度 a 增加到 $a' = a + r_y$，而裂纹顶端的原点由 O 点移动了 r_y 的距离达到了 O' 点。这一模型就称之为 Irwin 等效模型，而 $a' = a + r_y$ 就称为等效裂纹长度，如图 6-10 所示。O' 点以外的弹性应力分布曲线为 GEH，与线弹性断裂力学分析结果符合。

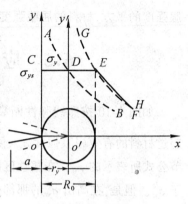

图 6-10　K_I 因子的塑性区修正

而 EF 段，则与实际应力分布曲线重合。这样一来，线弹性断裂力学的分析仍然有效。对于等效裂纹来说，如仍以无限宽板含中心穿透裂纹问题为例，其应力强度因子应成为

$$K'_I = \sigma[\pi(a + r_y)]^{1/2} \tag{6-20}$$

计算表明，修正量 r_y 等于应力松弛以后的塑性区宽度 R_0 的一半，即

$$r_y = \frac{1}{2\pi}\left(\frac{K_I}{\sigma_s}\right)^2 \qquad （平面应力）$$

$$r_y = \frac{1}{4\sqrt{2}\pi}\left(\frac{K_I}{\sigma_s}\right)^2 \qquad （平面应变）$$

将上式代入 (6-20) 式即可对裂纹应力强度因子进行修正。即

$$K'_I = \frac{\sigma(\pi a)^{1/2}}{\left[1 - \frac{1}{2}\left(\frac{\sigma}{\sigma_s}\right)^2\right]^{\frac{1}{2}}} \qquad （平面应力）$$

$$K''_I = \frac{\sigma(\pi a)^{1/2}}{\left[1 - \frac{1}{4\sqrt{2}}\left(\frac{\sigma}{\sigma_s}\right)^2\right]^{1/2}} \qquad （平面应变）$$

显然修正后的 K'_I 比未修正时的 K_I 值稍大，当 $\sigma < 0.5\sigma_s$ 时，$K'_I < 1.07K_I$；当 $\sigma = \sigma_s$ 时，$K'_I = 1.414K_I$。说明在工作应力低于 $0.5\sigma_s$ 时，$\Delta K_I = K'_I - K_I$ 较小，在 7% 以内，是工程精度所允许的，因此，可以不进行修正。如果应力水平较高，当 $r_0/a > 0.1$ 时，线弹性断裂力学已不适用。

6.6　断裂韧度 K_{IC} 的测试

材料断裂韧度 K_{IC} 的测试，现已有标准方法。国家标准为 GB4161-84。在标准中对试样及加工，测试程序，测试结果处理及有效性分析，测试报告等项目均有详细规定，这里仅介绍其主要内容。

6.6.1 试样及其制备

在 GB4161-84 中规定了四种试样,标准三点弯曲试样、紧凑拉伸试样、C 形拉伸试样和圆形紧凑拉伸试样。常用的三点弯曲和紧凑拉伸两种试样的形状及尺寸如图 6-12 所示。其中三点弯曲试样较为简单,故使用较多。

由于 K_{IC} 是金属材料在平面应变和小范围屈服条件下裂纹失稳扩展时 K_I 的临界值,因此,测定 K_{IC} 用的试样尺寸必须保证裂纹顶端处于平面应变或小范围屈服状态。

根据计算,平面应变条件下塑性区宽度 $R_0 \approx 0.11(K_{IC}/\sigma_y)^2$,式中 σ_y 为材料在 K_{IC} 试验温度和加载速率下的屈服强度 $\sigma_{0.2}$ 或屈服点 σ_s。因此,若将试样在 z 向的厚度 B、在 y 向的宽度 W 与裂纹长度 a 之差(即 $W-a$,称为韧带宽度)和裂纹长度 a 设计成如下尺寸

$$\left.\begin{array}{c} B \\ a \\ (W-a) \end{array}\right\} \geqslant 2.5\left(\frac{K_{IC}}{\sigma_y}\right)^2 \tag{6-21}$$

则因这些尺寸比塑性区宽度 R_0 大一个数量级,因而可保证裂纹顶端处于平面应变和小范围屈服状态。

由上式可知,在确定试样尺寸时,应预先测试所试材料的 σ_y 值和估计(或参考相近材料的)K_{IC} 值,定出试样的最小厚度 B。然后,再按图 6-11 中试样各尺寸的比例关系,确定试样宽度 W 和长度 L。若材料的 K_{IC} 值无法估算,还可根据该材料的 σ_y/E 的值来确定 B 的大小,见表 6.1。

表 6.1　根据 σ_y/E 确定试样最小厚度 B

σ_y/E	B/mm	σ_y/E	B/mm
0.0050~0.0057	75	0.0071~0.075	32
0.0057~0.0062	63	0.0075~0.0080	25
0.0062~0.0065	50	0.0080~0.0085	20
0.0065~0.0068	44	0.0085~0.0100	12.5
0.0068~0.0071	38	≥0.0100	6.5

试样材料应该和工件一致,加工方法和热处理也要与工件尽量相同。无论是锻造成型试样或者是从板材、棒或工件上截取的试样,都要注意裂纹面的取向,使之尽可能与实际裂纹方向一致。试样毛坯经粗加工后进行热处理和磨削,随后开缺口和预制裂纹。试样上的缺口一般在钼丝线切割机床上开切。为了使引发的疲劳裂纹平直,缺口应尽量尖锐,并应垂直于试样表面和预期的扩展方向,偏差在 $\pm 2°$ 以内。预制裂纹可在高频疲劳试验机上进行。疲劳裂纹的长度应不小于 $2.5\%W$,且不小于 1.5mm。a/W 应控制在 0.45~0.55 范围内。疲劳裂纹面应同时与试样的宽度和厚度方向平行,偏差不得大于 $10°$。在预制疲劳裂纹时,开始的循环应力可稍大,待疲劳裂纹扩展到约占裂纹总长之半

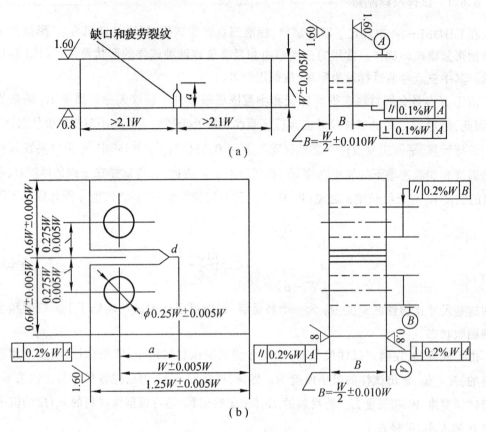

图 6-11　测定 K_{IC} 用的标准试样

(a)标准三点弯曲试样　　(b)紧凑拉伸试样

时应减小,使其产生的最大应力场强度因子和弹性模量之比(K_{fmax}/E)不大于 0.01mm。此外,K_{fmax} 应不大于 K_{IC} 的 70%。循环应力产生的应力场强度因子幅 ΔK_{f},一般不小于 $0.9K_{\mathrm{fmax}}$,即 $\Delta K_{\mathrm{f}} = (K_{\mathrm{fmax}} - K_{\mathrm{fmin}}) \geqslant 0.9K_{\mathrm{fmax}}$,$K_{\mathrm{fmax}}$ 和 K_{fmin} 分别为循环应力中最大应力与最小应力下的应力场强度因子。

6.6.2　测试方法

　　将试样用专用夹持装置安装在一般万能材料试验机上进行断

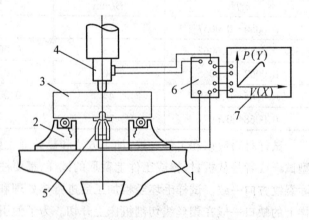

图 6-12　三点弯曲试验装置示意图

1—试验机活动横梁;2—支座;3—试样;4—载荷传感器

5—夹式引伸仪;6—动态应变仪;7—X-Y 函数记录仪

裂试验。对于三点弯曲试样,其试验装置简图如图 6-12 所示。在试验机活动横梁 1 上装上专用支座 2,用辊子支承试样 3,两者保持滚动接触。两支承辊的端头用软弹簧或橡皮筋拉紧,使之紧靠在支座凹槽的边缘上,以保证两辊中心距离为 $S = 4W \pm 2$。在试验机的压头上装有载荷传感器 4,以测量载荷 P 的大小。在试样缺口两侧跨接夹式引申计 5,以测量裂纹嘴张开位移 V。将传感器输出的载荷信号及引申计输出的裂纹嘴张开位移信号输入到动态应变仪 6 中,将其放大后传送到 $X - Y$ 函数记录仪 7 中。在加载过程中,随载荷 P 增加,裂纹嘴张开位移 V 增大。$X - Y$ 函数记录仪可连续描绘出表明两者关系的 P-V 曲线。根据 P-V 曲线可间接确定裂纹失稳扩展时的载荷 P_Q。

由于材料性能及试样尺寸不同,P-V 曲线主要有三种类型,如图 6-13 所示。从 P-V 曲线上确定 P_Q 的方法是,先从原点 O 作一相对直线 OA 部分斜率减少 5% 的割线,以确定裂纹扩展 2% 时相应的载荷 P_5,P_5 是割线与 P-V 曲线交点的纵坐标值。如果在 P_5 以前没有比 P_5 大的高峰载荷,则 $P_Q = P_5$(图 6-13 曲线 I)。如果在 P_5 以前有一个高峰载荷,则取此高峰载荷为 P_Q(图 6-13 曲线 II 和 III)。

试样压断后,用工具显微镜测量试样断口的裂纹长度 a。由于裂纹前缘呈弧形,规定测量 $1/4B$、$1/2B$ 及 $3/4B$ 三处的裂纹长度 a_2、a_3 及 a_4,取其平均值作为裂纹的长度 a(见图 6-14)。

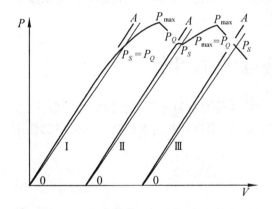

图 6-13 P-V 曲线的三种类型

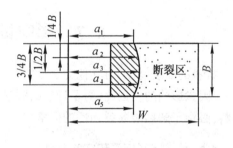

图 6-14 断口裂纹长度 a 的测量

6.6.3 试验结果的处理

三点弯曲试样加载时,裂纹顶端的应力场强度因子 K_I 表达式为

$$K_I = \frac{P \cdot S}{BW^{3/2}} \cdot Y_1\left(\frac{a}{W}\right) \tag{6-22}$$

式中 $Y_1(a/W)$ 为与 a/W 有关的函数。求出 a/W 之值后即可查表或由下式求得 $Y_1(a/W)$ 值。

$$Y_1\left(\frac{a}{W}\right) = \frac{3(a/W)^{1/2}\left[1.99 - (a/W)(1 - a/W) \times (2.15 - 3.93)(a/W) + 2.7(a^2/W^2)\right]}{2(-1 + 2a/W)(1 - a/W)^{3/2}}$$

将条件的裂纹失稳扩展的临界载荷 P_Q 及试样断裂后测出的裂纹长度 a 代入式 (6-22)，即可求出 K_I 的条件值，记为 K_Q。然后再依据下列规定判断 K_Q 是否为平面应变状态下的 K_{IC}，即判断 K_Q 的有效性。

当 K_Q 满足下列两个条件时

$$\left.\begin{array}{l}(1)P_{max}/P_Q \leqslant 1.10 \\ (2)B \geqslant 2.5(K_Q/\sigma_y)^2\end{array}\right\} \tag{6-23}$$

则 $K_Q = K_{IC}$。如果试验结果不满足上述条件之一，或两者均不满足，试验结果无效，建议加大试样尺寸重新测定 K_{IC}，试样尺寸至少应为原试样的 1.5 倍。

将另一试样在弹性阶段预加载，并在记录纸上作好初始直线和斜率降低 5% 的割线。然后重新对该试样加载，当 P-V 曲线和 5% 割线相交时，停机卸载。试样经氧化着色或两次疲劳后压断，在断口 $\frac{1}{4}B$、$\frac{1}{2}B$ 和 $\frac{3}{4}B$ 的位置上测量裂纹稳定扩展量 Δa。如果此时裂纹确已有了约 2% 的扩展，则 K_Q 仍可作为 K_{IC} 的有效值。否则试验结果无效，另取厚度为原试样厚度 1.5 倍的标准试样重做试验。

测试 K_{IC} 的误差来源有三：载荷误差，取决于试验设备的测量精度；试样几何尺寸的测量误差，取决于量具的精度；修正系数的误差，取决于预制裂纹前缘的平直度。在一般情况下，修正系数误差对测试 K_{IC} 的误差影响最大。如能保证裂纹长度测量相对误差小于 5%，则 K_{IC} 值最大相对误差不大于 10%。

6.7 影响断裂韧性的因素

材料的断裂韧度，与其他力学性能指标一样，也是受材料方面(内因)和实验条件(外因)等因素影响的。因此，为了理解断裂过程的本质，提高材料的断裂抗力或合理的使用材料，必须了解影响断裂韧性的因素。

6.7.1 外因(板厚和实验条件)

材料的断裂韧性随板材厚度或构件的截面尺寸的增加而减小，最终趋于一个稳定的最低值，即平面应变断裂韧度 K_{IC}，如图 6-15 所示。板厚对断裂韧性的影响，实际上反映了板厚对裂纹顶端塑性变形约束的影响，随板厚增加，应力状态变硬，试样由平面应力状态向平面应变状态过渡。图 6-15 中示意表明了断口形态的相应变化。在平面应力条件时，形成斜断口，相当于薄板的断裂情况，而在平面应变条件下，变形约束充分大，形成平断口，相当于厚板的情况，介于上述二者之间，形成混合断口。断口形态反映了断裂过程特点和材料的韧性水平，斜断口占断口总面积的比例越高，断裂过程中吸收的塑性变形功越多，材料的韧性水平越高，只有在全部形成平断口时，才能得到平面应变断裂韧度 K_{IC}。

温度对断裂韧度 K_{IC} 的影响与对冲击功的影响相似，如图 6-16 所示，随着温度降

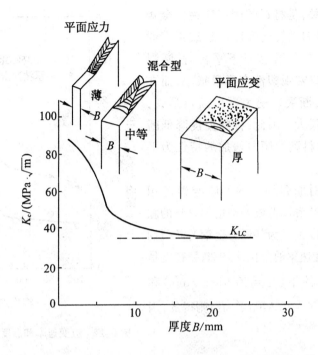

图 6-15　试样厚度对临界应力强度因子和断口形貌的影响

低,断裂韧性也有一个急剧降低的温度范围,低于此温度范围,断裂韧度保持在一个稳定的水平(下平台)。

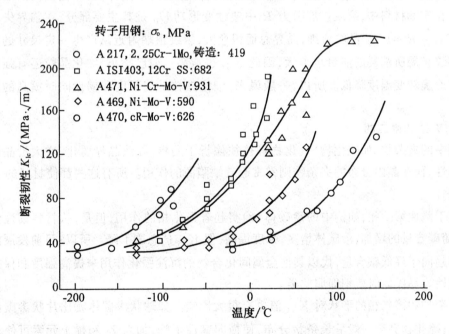

图 6-16　断裂韧性 K_{IC} 与温度的关系

从各种结构钢测得的数据表明,K_{IC} 随温度降低而减小的这种转变温度特性,与试样几何尺寸无关,是材料的固有特性。金相分析表明,断裂韧性转变温度与裂纹顶端的微观断裂形貌有关,在接近下平台时,断裂表现为解理断口宏观塑性变形量很小,而在转变温度上端,断裂表现为延性断口形式,宏观变形量也很大。因此,称随温度降低断裂韧性减小,材料脆性倾向增加的特性为平面应变转变。

应变速率对断裂韧性的影响与温度相似,增加应变速率和降低温度都增加材料的脆化倾向。图 6-17 所示为某低合金钢的断裂韧度随温度和应变速率的变化,图中断裂韧度是在冲击试验条件下 $(K = 10^5 \mathrm{MPa}\sqrt{\mathrm{m}}/\mathrm{s})$ 和 Hopkinon 杆上 $(K = 10^6 \mathrm{MPa}\sqrt{\mathrm{m}}/\mathrm{s})$ 测得的,用 K_{Id} 表示。

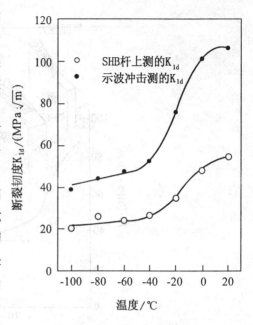

图 6-17　应变速率和温度对断裂韧度的影响

6.7.2　内因(材料因素)

1. 晶粒尺寸

晶界是原子排列紊乱的地区,更兼相邻两侧晶粒取向不同,所以它比晶内的变形阻力大。在实际材料中,裂纹扩展阻力 R 中塑性变形功 U_P 是其主要部分,在临界失稳扩展中 $G_{\mathrm{IC}} = R \approx U_\mathrm{P}$。晶粒愈细,晶界总面积愈大,裂纹顶端附近从产生一定尺寸的塑性区到裂纹扩展所消耗的能量也愈大,因此 K_{IC} 也愈高。前已指出,细化晶粒还有强化作用并使冷脆转变温度降低。所以,一般说来,细化晶粒是使强度和韧性同时提高的有效手段。

2. 夹杂和第二相

钢中的夹杂物,如硫化物、氧化物等往往偏析于晶界,导致晶界弱化,增大沿晶断裂的倾向性,而在晶内分布的夹杂物则常常起着缺陷源的作用。所有这些都使材料的 K_{IC} 值下降。

至于脆性第二相,如钢中的渗碳体,确实起着强化相的作用,但是,从材料韧性角度考虑,随碳含量的增加,渗碳体增多,强度提高,但 K_{IC} 值急剧下降。所以,目前发展的强韧钢都趋向于降低碳含量,代以其他金属间化合物的沉淀强化作用来提高强度和保持较高的韧性。马氏体时效钢即属此类。

夹杂物和第二相的形状对 K_{IC} 值也有很大影响。如球状渗碳体就比片状渗碳体的韧性高;硫化物夹杂一般呈长条状分布,使横向韧性下降,加入 Zr 和稀土元素可使片状硫化物球化而大大提高钢的横向韧性。

回火脆性也是引起钢的断裂韧性大幅度下降的重要因素。研究表明,回火脆性是微量杂质元素(如锑、砷、锡、磷等)富集在奥氏体晶界,降低了晶界结合能,使断裂呈沿晶型特征所致。

3.组织结构

(1)马氏体 淬火马氏体在回火后获得回火马氏体,在不出现回火脆性的情况下,随着回火温度的提高,强度逐渐下降,塑性、韧性和断裂韧性逐渐升高。如把马氏体高温回火到强度和珠光体组织一样,则它的 K_{IC} 值要比等强度级别的珠光体高得多。因此,通过淬火、回火获得回火马氏体组织的综合力学性能最好,即 σ_s 和 K_{IC} 值都高。

马氏体有两种精细结构:一种呈透镜状,交叉排列(约成 60°角),内部由孪晶组成,称为孪晶马氏体,一般是在含碳量较高的钢中在低于 200℃ 时形成的;另一种呈板条状,平行排列,称为板条马氏体,一般是在含碳量较低的钢中在高于 200℃ 时形成的。前者韧性差,而且在孪晶相交处容易形成微裂纹,所以孪晶马氏体组织的 K_{IC} 低于板条马氏体组织的 K_{IC}。这正是目前高强度钢倾向于降低碳含量而改用其他方法(如金属间化合物的沉淀硬化)来强化的原因。

(2)贝氏体 贝氏体一般可分为无碳贝氏体、上贝氏体和下贝氏体。无碳贝氏体也叫做针状铁素体。当先共析铁素体由等轴形状变为针状时,韧性下降。调整成分和工艺,使针状铁素体细化就可使其韧性提高。

上贝氏体中在铁素体片层之间有碳化物析出,其断裂韧性要比回火马氏体或等温马氏体差。下贝氏体的碳化物是在铁素体内部析出的,形貌类似于回火马氏体,所以其 K_{IC} 值比上贝氏体高,甚至高于孪晶马氏体而可与板条马氏体相比。

(3)奥氏体 奥氏体的韧性比马氏体高,所以在马氏体基体上有少量残余奥氏体,就相当于存在韧性相,使材料断裂韧性升高。

钢中含有大量 Ni,Cr,Mn 等合金元素时,可使钢在室温全部为奥氏体,通过室温加工,产生大量位错和沉淀相使强度大大提高。这种奥氏体钢在应力作用下,能使裂纹顶端区域因应力集中使奥氏体切变而形成马氏体,过程中要消耗较多能量而使 K_{IC} 值提高;与此同时,形成的马氏体对裂纹扩展的阻力小于奥氏体对裂纹扩展的阻力,使 K_{IC} 值下降。不过,前者的效果较大,所以应力诱发相变的总效果仍使断裂韧性明显提高。这类钢就是所谓相变诱发塑性钢(TPIP 钢),其 σ_b 可达 1 650MPa,K_{IC} 可达 560MPa$\sqrt{m}$,即使在 $-196℃$ 时,K_{IC} 值也可达 146MPa$\sqrt{m}$。所以它是目前断裂韧性最好的超高强度钢。

6.7.3 高强度金属材料的裂纹敏感性

对于金属材料,按其强度水平可分为三个级别:$\sigma_s/E > \dfrac{1}{150}$ 者为高强度材料;$\sigma_s/E < \dfrac{1}{300}$ 者为低强度材料;$\dfrac{1}{300} < \sigma_s/E < \dfrac{1}{150}$ 者为中强度材料。按这个原则划分,对于钢材来说,$\sigma_s < 600MPa$ 为低强度钢,$\sigma_s = 600 \sim 1400MPa$ 为中强度钢,$\sigma_s > 1400MPa$ 为高强

度钢[1]。而对于铝合金来说，$\sigma_s > 600\mathrm{MPa}$ 者已属高度铝合金。

　　高强度金属材料进行光滑试样拉伸时，表现有较高塑性，并呈宏观塑性断裂，断口为微孔聚集型断口形态。但缺口试样或裂纹试样的拉伸断裂，往往呈脆性的，断裂应力甚至低于屈服强度。这表明，高强度金属材料具有较高的缺口或裂纹敏感性。尽管宏观上呈脆性断裂，但微观上仍按微孔聚集型机制进行。对于高强度材料制件，当其存在缺口或裂纹时，也往往发生低应力脆断。

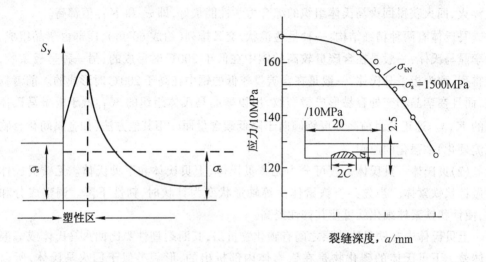

图 6-18　高强度金属材料裂纹截面应力　　　图 6-19　高强度钢的断裂强度
　　　　　S_y 的分布和平均断裂应力 σ_c　　　　　　　　与裂纹尺寸的关系

　　高强度金属材料裂纹敏感性的本质是其组织特征与裂纹顶端应力应变特征共同作用的结果。从材料组织方面看，高强度金属材料的组织特征为在较强的固溶体基体上弥散地分布着析出相质点。当裂纹体受力以后，裂纹顶端形成一塑性区，在紧靠裂纹顶端处，出现严重的塑性应变集中现象（特别是在板厚中部三向应力得以充分发展的地方），应力值也达到屈服强度以上，由于析出相质点平均间距很小，塑性区内出现析出相质点的几率很大。因此一旦裂纹顶端形成一个不大的塑性区以后，在靠近裂纹顶端的析出相质点附近就可能形成微孔开裂，并且长大，很快与裂纹顶端连结，实现裂纹体的启裂。此时虽然这个微观局部地方塑性变形剧烈，应力水平也比较高，但从整体截面来看，却由于有很大的弹性区存在，其平均应力即名义应力可能很低，甚至低于屈服强度，使断裂表现为宏观脆性的，即低应力脆断，如图 6-18 所示。这就是高强度材料裂纹敏感性的本质。从能量上来说，由于高的 σ_s 和低的 K_{IC}，使裂纹顶端塑性区尺寸很小，不需要消耗很多能量即可实现启裂和裂纹扩展。由于高强度材料的裂纹敏感性而引起的工程脆断事故是很多的。1965 年美国发生的 260SL－1 固体火箭发动机压力壳体的爆炸事故即是其一。该壳体采用 18Cr－Ni－Mo－Ti 钢制成，时效强化到 $\sigma_s = 1750\mathrm{MPa}$，设计工作应力为

---

　　① 有时将 σ_s 或 $\sigma_b = 500\sim1400\mathrm{MPa}$ 的构件用钢称为低合金高强度钢，而把 σ_s 或 $\sigma_b > 1400\mathrm{MPa}$ 者称为超高强度钢。

1100MPa，但爆炸时内压只有 380MPa[2]，折合断裂应力为 676MPa，不但低于屈服强度，而且低于工作应力。事故后经检查，断裂起源于焊缝部位的长 15mm 深 3mm 的裂纹。由于高强度材料的裂纹敏感性，使其断裂应力，随裂纹尺寸增大而降低，如图 6-19 所示。

6.7.4 K_{IC} 与静载力学性能指标间的关系

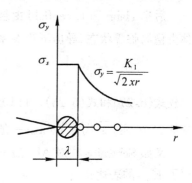

图 6-20　Krafft 断裂模型

在第四章中已经扼要提到基体形变强化特性和第二相质点间距对材料韧性的影响(图 4-8)。Krafft 基于这些考虑，首先提出了图 6-20 所示的模型。假定材料为含有均布第二相质点的两相合金，质点间距为 λ，物体受力后裂纹顶端出现一塑性区，随着外力增加，塑性区增大，当塑性区与裂纹前方的第一个质点相遇时，即塑性区尺寸 $\gamma = \lambda$ 时，质点与基体界面开裂形成孔洞。孔洞与裂纹之间的材料好像一个小的拉伸试样。当这个小拉伸试样断裂时，裂纹便开始向前扩展，于是，这个小拉伸试样的断裂条件就是裂纹扩展的条件。这时的 K_I 因子就是材料的断裂韧性 K_{IC}。

裂纹顶端塑性区内的应力为材料的屈服强度 σ_s。弹性区内的应力分布为 $\sigma_y = K_I / \sqrt{2\pi r}$。根据虎克定律在弹性区与塑性区的交界处，即 $r = \lambda$ 点，应变 ϵ_y 为

$$\epsilon_y = \frac{\sigma_y}{E} = \frac{K_I}{E\sqrt{2\pi\lambda}} \tag{6-24}$$

假定裂纹顶端与孔洞之间的小试样的断裂条件与单向拉伸时的断裂条件相同。当塑性区内的应变达到单向拉伸颈缩时的应变时，即最大均匀真应变 ϵ_b 时，小试样便出现塑性失稳，此后，不须增加载荷小试样便可断裂。于是，裂纹扩展的临界条件就是塑性区的应变 ϵ_y 达到该材料的最大均匀真应变 ϵ_b。而 $\epsilon_b = n$(n 为应度强化指数)。因此，裂纹扩展的临界条件为

$$n = \frac{K_{IC}}{E\sqrt{2\pi\lambda}} \tag{6-25}$$

所以，微孔集聚型断裂的断裂韧性为

$$K_{IC} = En\sqrt{2\pi\lambda} \tag{6-26}$$

上式中，E、n 和 λ 分别为材料的基本性能指标和组织状态参量。由此式可知，对于微孔聚集型断裂，断裂韧性决定于材料的弹性模量、应度强化指数和第二相质点间距。第二相质点间距与材料的强度直接相关。应度强化指数是表示材料塑性变形能力的参量。所以，断裂韧性是依赖于强度和塑性的一种性能。单纯地提高强度或塑性都不可能得到高的断裂韧性，必须使强度和塑性达到良好配合，方可得到高的断裂韧性。这一概念与静力韧度是相同的。

应当指出的是，在 Krafft 模型中，还使用了一个潜在的假设，将虎克定律外延到塑性变形阶段。在上述的推导中认为，当应变 ϵ_y 达到最大均匀真应变 ϵ_b 时，仍然遵守虎克定

律。这显然是一种近似做法。类似的简化假设或近似处理方法在材料科学的其他问题中也能遇到。根据简化或近似而得到的关系虽然不能表示各参量之间的定量关系,但为定性地建立某些参量之间的相关性提供了参考。

后来 Hahn 和 Rosenfield 由裂纹前沿在受载时塑性应变区达到断裂应变 ε_f 作为裂纹体失稳的临界状态,导出下列关系

$$K_{Ic} \simeq 5n(\frac{2}{3}\varepsilon_f E\sigma_s)^{1/2} \tag{6-27}$$

比较式(6-27)和式(6-26),可以看出二者非常相似,HR 模型用 $\sqrt{E\sigma_s}$ 代替了 Krafft 模型中的 E,并用 $\sqrt{\varepsilon_f}$ 代替了 $\sqrt{\lambda}$。一般说来,λ 越大,ε_f 越高。

又如 Schwalbe 在对 Al - Zn - Mg - Cn 合金断裂韧性的分析中,采用临界应变判据获得了 K_{IC} 的表达式

$$K_{IC} = \frac{\sigma_s}{1-2\nu}[\pi\lambda(1+n)(\frac{E\varepsilon_f}{\sigma_s})^{1+n}]^{1/2} \tag{6-28}$$

用这一模型计算的 K_{IC} 值与铝合金实验结果的符合程度比其他模型高。

此外,还有一些其他模型,企图阐明 K_{IC} 与其他力学性能指标和材料组织因素的关系。但研究表明,要定量计算 K_{IC} 是有相当困难的。因为任何一种组织因素对断裂过程的影响都是在其他组织因素的制约下起作用的,因此,任何一个单一的组织因素的改变,都将引起其他影响因素的变化,从而构成对断裂过程的复杂影响。

6.7.5 K_{IC} 与 Charpy 冲击功 CVN 之间的关系

对 Charpy 冲击试样的应力应变分析表明,冲击试样断裂时的应力状态为平面应变状态,试样的最大横向收缩应力接近于最大塑性约束产生的结果。冲击功 CVN 是在冲击条件下测得的打断试样所吸收的功,而断裂韧度则是在缓慢加载条件下测得的尖裂纹起裂时的应力场强度因子的临界值,二者都反映材料的韧性,冲击功高的材料,其断裂韧度也高,且冲击功中也包含一部分裂纹扩展功。基于上述考虑,认为在 K_{IC} 与 CVN 之间可能存在一定的关系。

Barsom、Rolfe 和 Novak 研究了 11 种钢,其屈服强度在 758 ~ 1696MPa 范围,断裂韧度在 95.6~270MPa$\sqrt{m}$ 范围,CVN 在 21.7~120.6J 范围,得

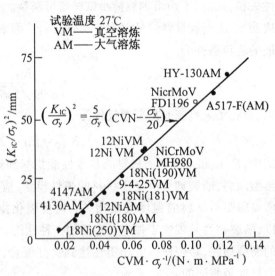

图 6-21 K_{IC} 与 CVN 的关系

出在上平台范围 CVN 与 K_{IC} 的关系,如图 6-21 所示,(K_{IC}/σ_s) 与 (CVN/σ_s) 成直线关系。K_{IC} 可表示为

$$K_{IC} = 0.79[\sigma_s(CVN - 0.01\sigma_s)]^{\frac{1}{2}}$$

式中,K_{IC} 的单位为 $MPa\sqrt{m}$;σ_s 的单位为 MPa;CVN 的单位为 J。

6.8 弹塑性条件下的断裂韧性概述

此前所讨论的线弹性断裂力学和相应的断裂判据,主要适用于高强度钢和类似材料的脆性断裂。其特征是在裂纹失稳扩展前裂纹顶端区域无明显塑性变形,所以可以用 K 判据或考虑小范围屈服修正的 K 判据来讨论脆断问题。但在大多数工程构件中,广泛采用着中、低强度钢等类似材料。在一般情况(除低温、厚截面或高应变速率的情况外)下,它们都表现为裂纹扩展前在缺陷或裂纹顶端区域存在较大的塑性变形甚至全面屈服,从而改变了这个区域应力场的性质(如屈服区尺寸与裂纹长度已属同一数量级或更大),最终导致线弹性分析不适用而需要借助于弹塑性断裂力学分析以及相关的断裂判据。

另外,对中、低强度材料,如果实测平面应变断裂性 K_{IC},通常会因按线弹性有效性和精度方面的要求,需采用巨型试样和超大型测试设备而无法成为现实。所以,利用表征大范围屈服的断裂力学参数,用小型试样实测断裂韧性的要求也被提上了日程。

目前,应用最多的弹塑性断裂力学参量为裂纹张开位移(COD)和 J 积分(J)以及相应的断裂韧性 δ_c 和 J_c。前者可以看成是裂纹顶端塑性应变的一种量度,所以合理的推论是当裂纹顶端的 COD(简记作 δ)达到材料的某一临界值 δ_c 时,裂纹开始扩展。因此,按 COD 建立的弹塑性断裂判据应为 $\delta = \delta_c$。后者则为裂纹顶端区域的一种定义更明确且理论更严密的应力、应变场参量。在临界状态时,J 积分也应达到材料的某一临界值 J_c,即按 J 积分建立的弹塑性断裂判据应为 $J = J_c$。

有关 δ 和 J 的表达式的导出和分析,以及相应临界裂纹判据的使用条件和断裂韧性的测试,请参考有关专著,这里就不再讲述了。

习　题

1. 随着结构的大型化、设计应力水平的提高、高强度材料的应用、焊接工艺的普遍采用以及服役条件的严酷化,试说明在传统强度设计的基础上,还应进行断裂力学设计的原因。

2. 线弹性断裂力学分析得到的裂纹体应力场表达式(6-10)有何特点,由它得到的应力强度因子 K 有何重要的物理意义。

3. 如何正确认识断裂判据 $K_I = K_{IC}$ 的含义。

4. 对实际金属材料而言,裂纹顶端形成塑性区是不可避免的,由此对线弹性断裂力学分析带来哪些影响。反映在 K_{IC} 试验测定上有何具体要求。

5. 试写出裂纹扩展的能量释放率 G 的柔度表达式,并说明它的意义和应用。

6. 在实测材料 K_{IC} 时,通常要用斜率下降 5% 的割线求条件临界载荷 P_Q 的候选值,以后还要做什么检验,为什么?

7. 设某压力容器周向工作应力 $\sigma = 1\ 400$MPa,采用焊接工艺后可能有纵向表面裂纹(半椭圆)$a = 1$ mm,$a/c = 0.6$。现可以选用的两种材料分别有如下性能:A 钢 $\sigma_{0.2} = 1\ 700$MPa,$K_{IC} = 78$MPa$\sqrt{m}$;B 钢 $\sigma_{0.2} = 2\ 100$MPa,$K_{IC} = 47$ MPa $\sqrt{m}$。试从防止低应力断裂考虑,应选用哪种材料。

(提示:参考有关半椭圆表面裂纹,而且还要考虑到塑性修正的应力场强度因子 K_I 表达式。)

8. 低合金钢厚板的断裂韧性 G_{IC} 在 -20℃ 时是 5.1×10^{-2}MN/m,而 G_{IC} 值随温度下降而降低的比例系数为 1.36×10^{-3}(MN/m)/℃。如果厚板上有长度为 $2a = 10$ mm 的穿透裂纹,求 -50℃ 时厚板的断裂应力 σ_f。已知材料的 $E = 2 \times 10^5$MPa,$\nu = 0.3$。

第七章 疲 劳

工程结构在服役过程中,由于承受变动载荷而导致裂纹萌生和扩展以至断裂失效的全过程谓之疲劳。统计分析显示,在机械失效总数中,疲劳失效约占 80% 以上。由此可见,研究材料在变动载荷作用下的力学响应、裂纹萌生和扩展特性,对于评定工程材料的疲劳抗力,进而为工程结构部件的抗疲劳设计、评估构件的疲劳寿命以及寻求改善工程材料的疲劳抗力的途径等都是非常重要的。

7.1 变动载荷(应力)和疲劳破坏的特征

7.1.1 变动载荷(应力)及其描述参量

变动载荷(应力)是指载荷大小或大小和方向随时间按一定规律呈周期性变化或呈无规则随机变化的载荷,前者称为周期变动载荷(应力)或循环载荷(应力),后者称为随机变动载荷。当然,实际机器部件承受的载荷一般多属后者,但就工程材料的疲劳特性分析和评定而言,为简化讨论,主要还是针对循环载荷(应力)而言的。所以,本章主要涉及材料在循环载荷作用下的行为特征、损伤规律及评定。

循环载荷的应力-时间关系如图 7-1 所示,其特征和描述参量有:

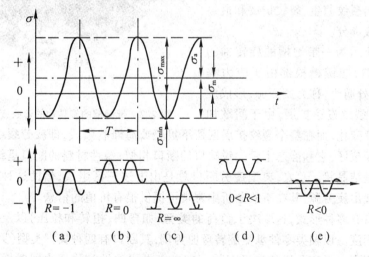

图 7-1 循环应力的特征

(1)波形:通常以正弦曲线为主,其他有三角波、梯形波等;

(2)最大应力 $\sigma_{\max}$ 和最小应力 $\sigma_{\min}$;

(3)平均应力 σ_{m} 和应力半幅 $\sigma_{\mathrm{a}} = \dfrac{\Delta\sigma}{2}$

$$\sigma_{\mathrm{m}} = \frac{\sigma_{\max} + \sigma_{\min}}{2}$$

$$\sigma_a = \frac{\sigma_{max} - \sigma_{min}}{2}$$

(4)应力比 R(表征循环的不对称程度)

$$R = \sigma_{min}/\sigma_{max}$$

$R = -1$ 为对称循环(见图 7-1(a)),其他均为不对称循环。有时还把循环中既出现正(拉)又出现负(压)应力的循环谓之交变应力循环(见图 7-1(a)与(e))。

7.1.2 疲劳破坏特征和断口

疲劳破坏的基本特征是:(1)它是一种"潜藏"的失效方式,在静载下无论显示脆性与否,在疲劳断裂时都不会产生明显的塑性变形,断裂常常是突发性的,没有预兆。所以,对承受疲劳负荷的构件,通常有必要事先进行安全评估。(2)由于构件上不可避免地存在某种缺陷(特别是表面缺陷,如缺口、沟槽等),因而可能在名义应力不高的情况下,由局部应力集中而形成裂纹,随着加载循环的增加,裂纹不断扩展,直至剩余截面不能再承担负荷而突然断裂。所以实际构件的疲劳破坏过程总可以明显地分出裂纹萌生、裂纹扩展和最终断裂三个组成部分。

图 7-2 所示为一带键槽的旋转轴的弯曲疲劳断口,在键槽根部由于应力集中,裂纹在此处萌生,称为疲劳源;形成疲劳裂纹以后,裂纹慢速扩展,由于间歇加

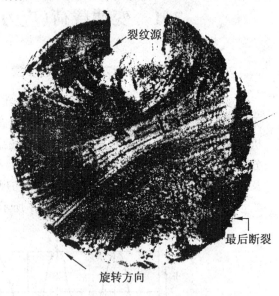

图 7-2 带键槽的旋转轴的弯曲疲劳断口

载或载荷幅度变化,而在整个裂纹扩展区留下贝壳或海滩状弧线,即疲劳裂纹的前沿线;最后是疲劳断裂区,它和静态下带尖锐缺口的断口相似,塑性材料的断口呈纤维状,脆性材料的断口呈结晶状。总之,典型疲劳断口总是由上述三区组成,借助这种宏观断口特征很容易寻找出疲劳源,其在事故分析中常常可提供很有价值的信息。

疲劳断口有多种形式,这取决于负荷的类型(如弯曲、扭转和拉压)以及应力水平和应力集中的程度。以轴类零件承受旋转弯曲为例,其断口有四种典型类型(见图 7-3),它与所施加的应力水平和源区的数目有关。应力集中严重性和作用力同时增加或者其中之一增加时都会使裂纹成核数目增大。当然,合理设计的工件所承受的应力水平和应力集中程度都是偏低的,所以,正常疲劳断口一般应只有一个裂纹源,且由此导致最后断裂。疲劳裂纹扩展区的尺寸则取决于应力水平和材料的断裂韧性。由图 7-2 和图 7-3A 对比,二者相仿,可见带键槽轴所承受的循环应力水平是偏低的。

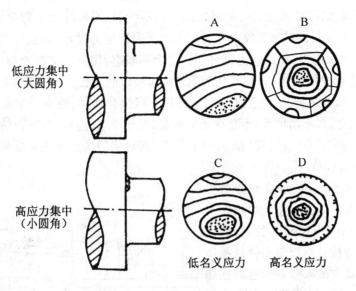

图 7-3　典型疲劳断口形貌

7.2　高周疲劳

　　高周疲劳是指小型试样在变动载荷(应力)试验时,疲劳断裂寿命≥10^5周次的疲劳过程。由于这种疲劳中所施加的交变应力水平都处于弹性变形范围内,所以从理论上讲,试验中既可以控制应力,也可以控制应变,但在试验方法上控制应力要比控制应变容易得多。因此,高周疲劳试验都是在控制应力条件下进行的,并以材料最大应力 σ_{max} 或应力振幅 σ_a 对循环寿命 N 的关系(即 $S\text{-}N$ 曲线)和疲劳极限 σ_R 来表征材料的疲劳特性和指标。它们在动力设备或类似机械构件的选材、工艺和安全设计中都是很重要的力学性能数据。

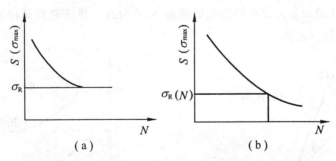

(a)有明显水平部分的 $S\text{-}N$ 曲线　　(b)无明显水平部分的 $S\text{-}N$ 曲线

图 7-4　金属的 $S\text{-}N$ 曲线示意图

7.2.1　$S\text{-}N$ 曲线和疲劳极限

　　在金属材料中,典型的 $S\text{-}N$ 曲线有二类,其中一类曲线从某循环周次开始出现明显的水平部分(见图 7-4(a)),中、低强度钢通常具有这种特性。它表明当所加交变应力降低到水平值时,试样可承受无限次应力循环而不断裂,因而将水平部分对应的应力称为疲劳极限 σ_R。不过测试时实际上不可能做到无限次应力循环,而且试验还表明,这类材料在交变应力作用下,如果应力循环 10^7 周次不断裂,则承受无限次应力循环也不会断裂,所以对这类材料常用 10^7 周次作为测定疲劳极限的基数。对高强度钢、不锈钢和大多数非铁金属,如钛合金、铝合金以及钢铁材料在腐蚀介质中,没有水平部分,其特点是随应力降低循环周次不断增大,不存在无限寿命(见图 7-4(b))。在这种情况下,常根据实际需要给出一定循环周次(10^8 或 $5×10^7$ 周次)所对应的应力作为金属材料的"条件疲劳极限",记作 $\sigma_R(N)$。

由于材料的 S-N 曲线和疲劳极限与循环载荷的应力状态(如拉伸、弯曲、扭转等)和应力比都有关系,所以通常原则上应按材料服役条件选择适当的标准测试方法来得到相应的性能数据。在已有的高周疲劳特性数据中,以旋转弯曲的数据最为丰富。这是因为这类试验装置结构(见图 7-5)及操作都很简单和方便,且平均应力 $\sigma_m=0$,循环完全对称,即应力比 $R=-1$。这和大多数轴类零件的服役条件是很接近的。

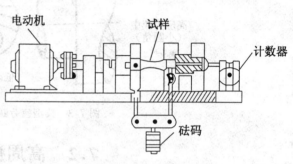

图 7-5 旋转弯曲疲劳试验装置

在 S-N 曲线中除了可得到疲劳极限外,曲线倾斜部分还反映金属材料的另一种疲劳性能——过载持久值。它表示当应力超过疲劳极限时,材料对过载抗力的大小。从图 7-6 可见,曲线斜率大的材料 1,在相同过载应力 σ' 下,其寿命较材料 2 长($N_1>N_2$),因而具有较大的抗过载能力。

有时为了评定缺口对疲劳性能的影响,还要测定缺口试样的 S-N 曲线。图 7-7 所示为同一种钢材用缺口和光滑试样测出的两条 S-N 曲线。显然缺口试样的疲劳强度($\sigma_{-1}(K)$)要比光滑试样的低。

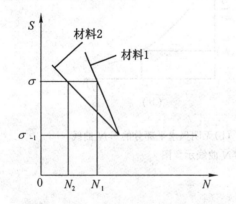

图 7-6 两种具有不同抗过载能力材料的 S-N 曲线

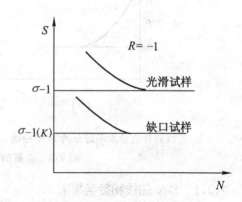

图 7-7 缺口对钢材疲劳性能的影响

应当注意,高周疲劳试验宏观上是在弹性应力范围内的循环加载试验,对应力集中很敏感。所以,为了试验数据的真实性和可比性,试样应严格按标准规定加工,特别是在过渡圆角和表面光洁度方面更应倍加注意。

典型的 S-N 曲线是由有限寿命(中等寿命)和长寿命(疲劳极限或条件疲劳极限)两部分组成。在 S-N 曲线的测试中,由于疲劳试验数据分散性大(见后述),若每个应力水平下只测定一个数据,则测得 S-N 曲线的精度较差。为了得到较为可靠的试验结果,一般疲劳极限(或条件疲劳极限)采用升降法测定,而有限寿命部分则采用成组试验法测定。以下按条件疲劳极限测定、有限寿命 S-N 曲线测定和 S-N 曲线的绘制分别加以说明。

1. 条件疲劳极限的测定

通常均采用升降法测定条件疲劳极限。这种方法是从略高于预计疲劳极限的应力水平开始试验,然后逐渐降低应力水平。整个试验在 3~5 个应力水平下进行。升降法可用图 7-8 描述。其原则是:凡前一个试样若不到规定循环周次 N_0($=10^7$)就断裂(用符号"×"表示),则后一个试样就在低一级应力水平下进行试验;相反,若前一个试样在规定循环周次 N_0 下仍然未断(用符号"○"表示),则随后的一个试样就在高一级应力水平下进行。照此方法,直到得到 13 个以上有效数据为止。在处理试验结果时,将出现第一对相反结果以前的数据均舍去,如图 7-8 中第 3 点和第 4 点是第一对出现相反结果的点,因此点 1 和点 2 的数据应舍去,余下数据点均为有效试验数据。这时条件疲劳极限 $\sigma_R(N)$ 的计算式为

$$\sigma_R(N) = \sigma_R(10^7) = (1/m) \sum_{i=1}^{n} V_i \sigma_i \qquad (7\text{-}1)$$

式中,m——有效试验的总次数(断与未断均计算在内);

n——试验的应力水平级数;

σ_i——第 i 级应力水平;

V_i——第 i 级应力水平下的试验次数。

图 7-9 所示为 40CrNiMo 钢调质处理试样用升降法测得的试验结果。将其数据代入式(7-1)计算条件疲劳极限为

$$\sigma_R(N) = \frac{1}{13}(2 \times 546.7 + 5 \times 519.4 + 5 \times 492.1 + 464.8)\text{MPa} = 508.9\text{MPa}$$

用升降法测定条件疲劳极限时要注意两个问题。

(1)应力水平的确定(包括第一级应力水平的确定及应力增量 $\Delta\sigma$ 的选择)。第一级应力水平应略高于预计的条件疲劳极限(对于钢材,由于其 $\sigma_R(N)$ 一般在 $0.45\sigma_b$ ~ $0.5\sigma_b$ 之间,因此建议第一级应力 σ_1 取 $0.5\sigma_b$)。应力增量 $\Delta\sigma$ 一般为预计条件疲劳极限的 3% ~5%(对于钢材可取 $0.015\sigma_b$ ~ $0.025\sigma_b$)。

(2)评定升降图是否有效可根据以下两条来评定:

①有效数据数量必须大于 13 个;

②"×"和"○"的比例大体上各占一半。

2. 有限寿命 S-N 曲线的测定

过载持久值通常用 4~5 级应力水平的常规成组疲劳试验方法来测定。所谓成组试

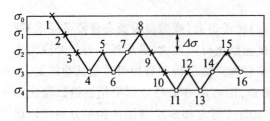
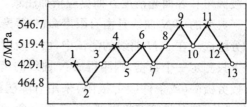

图 7-8　升降法示意图

材料强度:$\sigma_b = 1\,000$MPa;试样:光滑圆柱试样;

加载方式:旋转弯曲($R = -1$);

规定循环周次:$N_0 = 10^7$

图 7-9　40CrNiMo 钢的升降图

验法是指在每级应力水平下测 3～5 个试样的数据,然后进行数据处理,计算出中值(即存活率为 50%)疲劳寿命,最后再将测定的结果在 σ-N 坐标上拟合成 S-N 曲线。在测定时有两点要注意:

(1)确定各级应力水平。在 4～5 级应力水平中的第一级应力水平 σ_1:对光滑圆试样,取 $0.6\sigma_b$～$0.7\sigma_b$;对缺口试样,取 $0.3\sigma_b$～$0.4\sigma_b$。而第二级应力水平 σ_2 比 σ_1 减少 20～40MPa,以后各级应力水平依次减少。

(2)每一级应力水平下的中值疲劳寿命 N_{50} 或 $\lg N_{50}$ 的计算,将每一级应力水平下测得的疲劳寿命 $N_1,N_2,N_3\cdots N_n$,代入下式

$$\lg N_{50} = (1/n)\sum_{i=1}^{n}\lg N_i \qquad (7\text{-}2)$$

计算中值(存活率为 50%)疲劳寿命。如果取 $\lg N_{50}$ 反对数,就可得中值疲劳寿命 N_{50},即

$$N_{50} = \lg^{-1}\lg N_{50}$$

如果在某一级应力水平下的各个疲劳寿命中,出现越出情况(即大于规定的 10^7 循环周次),则这一组试样的 N_{50} 不按上述公式计算,而取这一组疲劳寿命排列的中值。例如在某一级应力水平下测得 5 个试样的疲劳寿命,其大小次序如表 7.1 所列。从表中可见,其中第五个数值出现越出。因为这一组测试总数为 5 是奇数,则其中值就是中间的第三个疲劳寿命值,即 $N_{50} = 4\,350\times10^3$ 周次。若测试总数为偶数,则中值取中间两个数值的平均值。

表 7.1

次　　序	1	2	3	4	5
$N/10^3$	983	1 146	4 350	7 871	12 522

3. S-N 曲线的绘制

把上述成组试验所得到的各级应力水平下的 N_{50} 或 $\lg N_{50}$ 数据点,标在 σ-N 或 σ-$\lg N$ 坐标图中,拟合成 S-N 曲线。这条曲线就是具有 50% 存活率的中值 S-N 曲线。S-N 曲线的拟合,有两种基本方法。

(1)逐点描绘法　用曲线板把各数据点光滑地连接起来,使曲线两侧的数据点与曲

线的偏离大致相等,如图7-10所示。在用逐点描绘法绘制 S-N 曲线时,按升降法测得的条件疲劳极限(如图中点⑥),也可以和成组试验数据点(点①~点⑤)合并在一起,绘制成从有限寿命到长寿命的完整的 S-N 曲线。图7-10就是某铝合金在 $R = 0.1$ 条件下测得的典型 S-N 曲线。

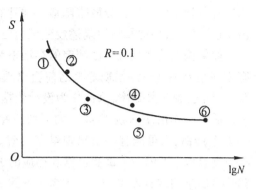

图 7-10　某铝合金的 S-N 曲线

(2)直线拟合法　由于疲劳设计上的需要,对某些金属材料常用直线拟合上述成组试验数据点。下面结合表 7.2 中所列的 30CrMnSi 钢的一组试验数据,介绍直线拟合方法。

表 7.2　30CrMnSi 钢成组试验数据

序数 i	σ_i/MPa	$N_i = N_{50}/10^3$	$\lg N_i$
1	700	159	5.201 4
2	660	274	5.437 8
3	630	428	5.631 4
4	610	639	5.805 5
5	590	709	5.850 6

据此可以拟合出其直线方程

$$\lg N = 9.52 - 0.006\ 17\sigma \qquad (7\text{-}3)$$

按式(7-3)求出直线上任意两点的坐标,便可画出这条直线。设当 $\sigma_1 = 700$ 时,$\lg N_1 = 9.52 - 0.006\ 17 \times 700 = 5.20$;当 $\sigma_2 = 600$ 时,$\lg N_2 = 9.52 - 0.006\ 17 \times 600 = 5.82$。在 $\sigma\text{-}\lg N$ 坐标中标出(700,5.20)及(600,5.82)两点,然后用直线连接这两点,这就是最佳拟合的直线。当用直线拟合 S-N 曲线时,一般仅拟合有限寿命区。对钢而言,整个 S-N 曲线由有限寿命 S-N 直线和长寿命的水平线两部分组成(该钢材的疲劳极限 $\sigma_{-1} = 582.5\text{MPa}$),在两直线相交处用圆角过渡,如图7-11所示。

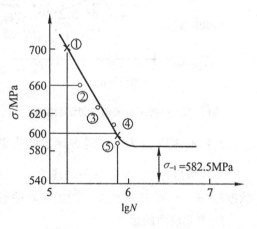

图 7-11　30CrMnSi 钢的 S-N 曲线

4. 疲劳试验结果的分散性和 P-S-N 曲线

疲劳试验属于分散性较大的试验。疲劳试验时的载荷波动、试样装夹精度、试样表面状态以及材料本身的不均匀性或缺陷都会对试验结果构成影响,造成试验数据的分散性。研究表明,在测定疲劳极限时,名义应力在试验机允许的范围内波动30%所引起的疲劳寿命误差约为60%,严重者可达120%。材料中的非金属夹杂物含量及其形态也对疲劳试验结果有重要影响。图7-12为一种铝合金的试验结果,可见试验数据分布在相当广的分散带内。疲劳分散带随应力水平的降低而加宽,随材料强度水平提高而加宽。由于这一特征,如何科学地描述疲劳试验结果,便成为一个比较复杂的问题。

如果按上述常规成组法测定的存活率为 50% 的 S-N 曲线作为设计依据的话,意味着有 50% 的产品在达到预期寿命之前会出现早期破坏。在工程实践中,对一些重要场合,需要严格控制失效概率,因此作为设计依据的 S-N 曲线上应同时标明失效概率 P($P=1$ $-$ 存活率),作出 P-S-N 曲线。如失效概率 $P=0.1\%$ 的 S-N 曲线给出的寿命 N,表示 1000 个产品,只可能有一个出现早期失效。图 7-13 给出的 P-S-N 曲线上,标明了三个不同应力水平下的疲劳试验数据和相应的失效概率分布。图中曲线 AB 为失效概率 $P=$ 50% 的 S-N 曲线;CD 为 $P=0.01\%$ 的 S-N 曲线;EF 为 $P=0.1\%$ 的 S-N 曲线。关于对疲劳试验结果进行统计处理,求失效概率 P 的过程可参阅有关书籍。

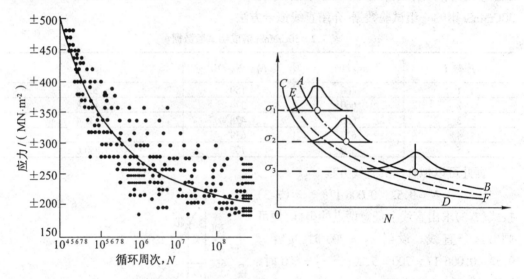

图 7-12 一种铝合金的疲劳试验数据   图 7-13 P-S-N 曲线

7.2.2 循环应力特性对 S-N 曲线的影响

循环应力特性主要包括平均应力 σ_m,应力半幅 σ_a 和应力比 R 以及加载方式(应力状态)。σ_m、σ_a 和 R 对 S-N 曲线的影响并不是独立的。

1. 平均应力的影响

平均应力是影响 S-N 曲线的重要因素,这可分为 σ_{max} 相同和 σ_a 相同两种情况讨论。图 7-14 为 σ_{max} 相同的情况,图(a)为应力循环特征,在其不同的恒幅循环疲劳试验中,平均应力 σ_m 及相应的应力比 R 之间的关系为

$$\left.\begin{array}{l} \sigma_{m3} > \sigma_{m2} > \sigma_{m1}(=0) \\ R_3 > R_2(=0) > R_1(=-1) \end{array}\right\} \tag{7-4}$$

在这种循环应力条件下,随平均应力升高循环不对称程度加大,每一循环中的交变应力幅占循环应力的分数越来越小,造成的损伤也越来越小,使 S-N 曲线向上移动,疲劳抗力增加,如图(b)所示,在极限情况下,$\sigma_m = \sigma_{max}$,相当于偏拉伸。σ_a 相同的情况示于图

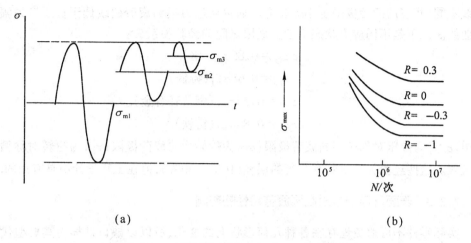

(a)   (b)

图 7-14 σ_{max} 相同时,平均应力对 S-N 曲线的影响

(a)应力循环特征   (b) S-N 曲线

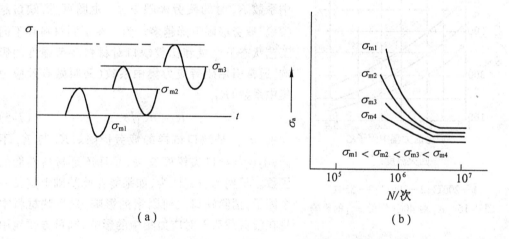

(a)   (b)

图 7-15 σ_a 相同时,平均应力对 S-N 曲线的影响

7-15,图(a)为恒幅应力循环特征,在不同平均应力的恒幅疲劳试验中,平均应力 σ_m 及相应的应力比 R 之间的关系为

$$\left.\begin{array}{l} \sigma_{m3} > \sigma_{m2} > \sigma_{m1}(=0) \\ R_3 > R_2(=0) > R_1(=-1) \end{array}\right\} \tag{7-5}$$

在这种应力循环条件下,随着平均应力升高,不对称程度越来越严重,作用在等体积材料中的应力水平越来越高,疲劳损伤加剧,S-N 曲线向下移动,如图(b)所示。分析式(7-4)和(7-5)可知,在这两种情况下,平均应力 σ_m 和应力比 R 的变化趋势是相同的,但因具体循环条件的差异,造成对 S-N 曲线的影响相反。因此,在分析应力条件对疲劳过程的影响时,必须具体情况具体分析。

2. 应力状态的影响

以上只讨论了拉压应力状态的情况。实践表明,不同应力状态下的疲劳应力-寿命曲线不同,相应的疲劳极限也不会相等。通常切应力幅的疲劳曲线低于拉压应力幅的疲劳曲线。以下是不同应力状态下疲劳极限之间的经验关系

$$\sigma_{-1p} = 0.85\sigma_{-1}(钢)$$

$$\sigma_{-1p} = 0.68\sigma_{-1}(铸铁)$$

$$\tau_{-1} = 0.55\sigma_{-1}(钢及轻合金)$$

$$\tau_{-1} = 0.80\sigma_{-1}(铸铁)$$

式中,σ_{-1p} 为拉压对称循环的疲劳极限;σ_{-1} 为旋转弯曲疲劳极限;τ_{-1} 为扭转对称循环疲劳极限。这些经验关系尽管有相当的误差(10%~30%),但在工程设计中是有用的。

7.2.3　表面几何因素对高周疲劳特性的影响

实际零件不可避免地存在各种几何形状上的变化,所以以缺口试样为其典型代表研究疲劳特性的缺口敏感性是必要的。

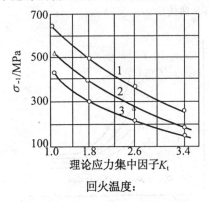

回火温度:

1—200℃;2—390℃;3—550℃
图 7-16　K_t 对 40Cr 钢的 σ_{-1} 的影响

图 7-16 给出了 40Cr 钢在不同的理论应力集中系数 K_t 时的疲劳极限 σ_{-1}。由图可见,缺口越尖锐,疲劳极限下降越多。为了在不同材料和不同工艺状态下度量和比较缺口对材料疲劳强度的影响,通常引用疲劳应力集中系数(又叫做有效应力集中系数)K_f

$$K_f = \sigma_{-1}/\sigma_{-1N} \tag{7-5}$$

式中,σ_{-1N} 是缺口试样的疲劳极限。K_f 与 K_t 不同,不仅与缺口尖锐度有关,而且还是材料性能的函数。早期的研究认为,如果能在此基础上定义一个因子,消除缺口几何因素的影响,只反映材料本身在疲劳载荷下对应力集中的影响,则可方便地用于评定材料对缺口的敏感性。这种缺口敏感因子 q 的定义是

$$q = \frac{K_f - 1}{K_t - 1} \tag{7-6}$$

q 值一般在 0~1 之间变化,这表明疲劳应力集中系数 K_f 一般小于 K_t。在极限情况下,$\sigma_{-1N} = \sigma_{-1}$,$q = 0$,表示材料对缺口不敏感;$\sigma_{-1N} = \sigma_{-1}/K_t$,$q = 1$,表示材料对缺口很敏感。

不过,以后的研究表明,q 值并不是和缺口形状完全无关的材料常数。图 7-17 所示是材料拉伸强度和缺口半径对缺口敏感因子的影响。由图可见,只有当缺口根部的曲率半径足够大时,q 值才可以看成是和缺口根部曲率半径无关的材料常数。一般说来,材料强度级别越高,缺口顶端变形和钝化的能力越有限,所以缺口敏感因子随抗拉强度增高而变大。

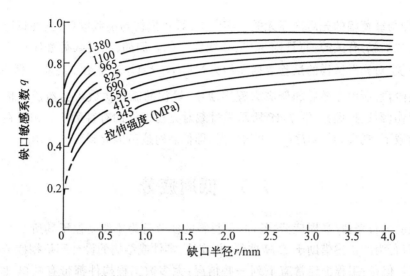

图 7-17 抗拉强度 σ_b 和缺口半径 r 对缺口敏感因子 q 的影响

7.2.4 应力变动和累积损伤

结构的真实使用条件多是承受在一定范围内变动的负荷(应力)。所以,根据恒幅试验的数据来预测承受变化负荷构件的疲劳寿命是很有实际意义的。过去几十年中提出过许多累积损伤理论,其基本思想都认为随着循环周次的增加,材质劣化,材料内部发生损伤,当损伤积累到某一数值时,材料固有的寿命或塑性耗尽,便导致材料的破坏。

假如认为疲劳损伤按线性规律累积,即(1)在某一应力水平下每一循环周次对材料内部造成的损伤是相同的;(2)材料在 S_1 作用下循环 n_1 周次所消耗的材料固有寿命 N_{f_1} 的百分比为 n_1/N_{f_1},当应力由 S_1 改变到 S_2 时,则剩余的循环周次 n_2 一定满足 $n_2/N_{f_2}=1-n_1/N_{f_1}$,式中 N_{f_2} 为材料在 S_2 作用下的固有寿命。推广到一般情况,则线性累积损伤的表达式为

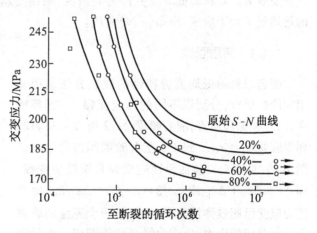

图 7-18 SAE1020 钢在 ±250MPa 应力下先经预计寿命的 20%、40%、60% 和 80% 的应力循环后被降低的疲劳寿命曲线

$$\sum \frac{n_i}{N_{f_i}} = 1 \qquad (7-7)$$

式中,N_{f_i} 为 S_i 单独作用时所对应的破坏总周次(总寿命);n_i 为各应力 S_i 实际作用的周次。此式简称为 Miner 规则。

显然,线性的 Miner 规则认为,在任一给定应力水平上,损伤的积累速率与原先的载

荷历史,即与载荷幅的先后次序无关。实际上,累积损伤与加载顺序是(在试验中常简化为程序块式加载)有关的,而且随 n_i 呈非线性变化。例如,在高载荷程序块之后出现低载荷程序块,对光滑试样的试验数据显示为 $\sum n_i / N_{f_i} < 1$。这是由于高应力程序块缩短了裂纹形核阶段,所以在随后的低应力程序块中,最初的循环次数将会造成比恒载下预计更大的损伤(裂纹扩展)。图 7-18 所示是过载对光滑试样的有害影响。相反在先低后高的程序加载下,观察到 $\sum n_i / N_{f_i} > 1$ 的情况,即低载对疲劳能起到延寿作用。

7.3 低周疲劳

在低应力长寿命(高周疲劳)条件下,材料的疲劳行为主要受控于其所受的名义应力水平,疲劳行为的描述借助于 S-N 曲线,相应地,零件或结构的设计则依据疲劳极限或过载持久值。但是,工程上经常有下列一些情况:大多数工程构件都带有缺口,圆孔,拐角等,当其受到周期载荷时,虽然整体上尚处在弹性变形范围,但在应力集中部位的材料已进入塑性变形状态,这时,控制材料疲劳行为的已不是名义应力,而是局部塑性变形区的循环塑性应变;此外,还有些结构如飞机起落架,燃气涡轮发动机,高压容器,核反应堆外壳等,所受应力水平较高,疲劳寿命较短,如储罐,若按每天充放料一次,在 50 年内才经受 18 000 多次载荷循环。在这些情况下,也是应力集中部位材料的循环塑性变形行为对结构的疲劳寿命起决定作用。对于上述这些循环塑性应变控制下的疲劳,称为应变疲劳或低周疲劳。对材料低周疲劳行为的研究,采用控制应变条件的疲劳试验,对试验结果的描述则借助于应变-寿命(ε-N)曲线。

7.3.1 滞后回线

测定材料的低周疲劳特性的试验方法是用一组相同的试样,分别以不同的总应变幅 $\Delta\varepsilon$ 循环加载,以对称循环而言,应变幅度 $\Delta\varepsilon/2$ 可以从材料的屈服应变 $\varepsilon_s = \sigma_s/E$ 到 1% 左右的范围内变化。如图 7-19,总应变幅包括弹性应变幅和塑性应变幅,即 $\Delta\varepsilon = \Delta\varepsilon_e + \Delta\varepsilon_p$ 或 $\Delta\varepsilon/2 = \Delta\varepsilon_e/2 + \Delta\varepsilon_p/2$。由于应力应变已超过弹性范围,所以与一个完整的载荷循环所对应的应力-应变曲线必然能围成一个封闭的回线,此回线称为滞后回线或滞后环。一般情况下,在加载初期,类似于包申格效应,材料因载荷循环而出现循环硬化或循环软化,所以初期的滞后环并不封闭。

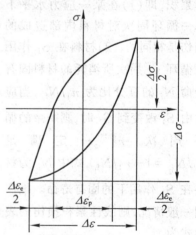

图 7-19 材料在弹塑性变形下的循环加载滞后回线

在继续循环中,这种不稳定过程会逐步趋于稳定,并使滞后环封闭。相应可测定稳定的应力半幅 $\Delta\sigma/2$。试验一直进行到试样疲劳断裂,给出相关的低周疲劳寿命 N_f。这样一来,一组试样分别用不同的 $\Delta\varepsilon$ 进行试验,可得到一组稳定的滞后环以及相应的 $\Delta\varepsilon$、

$\Delta\sigma$ 和 N_f 数据。它们就是低周疲劳试验的原始数据。

材料在循环加载并进入弹塑性状态下的稳定滞后回线如图 7-19 所示。滞后环内的面积代表材料所吸收的塑性变形功,其中一部分以塑性变形能的形式储存在材料中,或用以改变材料中结构的排列(如高聚物分子链的重新排列,并引起熵的变化),剩下的部分则以热的形式向周围环境散逸。由图可见,滞后回线的弹性应变范围 $\Delta\varepsilon_e$ 可由下式给出

$$\Delta\varepsilon_e = \Delta\sigma/E \tag{7-8}$$

式中,$\Delta\sigma$ 为应力范围;E 为弹性模量。塑性应变范围 $\Delta\varepsilon_p$ 则可由总应变范围 $\Delta\varepsilon$ 中减去 $\Delta\varepsilon_e$ 得到

$$\Delta\varepsilon_p = \Delta\varepsilon - \Delta\sigma/E \tag{7-9}$$

当 $\Delta\varepsilon_p \to 0$ 时,滞后回线收缩为一条直线,相当于高周疲劳循环加载中的 σ-ε 关系。

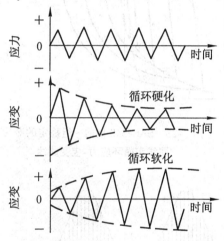

图 7-20　应力控制下的材料循环特性

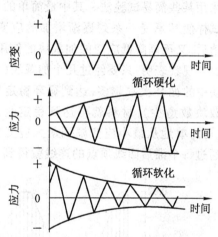

图 7-21　应变控制下的材料循环特征

7.3.2　循环硬化和循环软化

如前所述,循环加载初期,材料对循环加载的响应有一个由不稳定向稳定过渡的过程。此过程可分别用在应力控制下的应变-时间(ε-t)函数(见图 7-20)或在应变控制下的应力-时间(σ-t)函数(见图 7-21)给出。以图 7-21 为例,循环硬化和软化反映在滞后回线的变化分别如图 7-22(a)和图 7-22

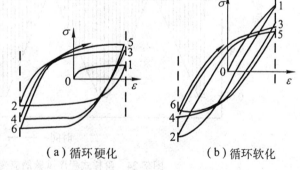

（a）循环硬化　　　　（b）循环软化

图 7-22　恒定应变时滞后回线形状

(b)所示。经验表明,通常在循环几十到几百周次大都趋于稳定,这时才能测定应力幅 $\Delta\sigma$,并由式(7-8)和式(7-9)计算相应的弹性及塑性应变幅。

有必要指出,在恒应力幅循环加载下,材料发生循环软化是危险的,因为这时应变幅

将连续增大,可引起受载构件的过早断裂。相反,在恒应变幅循环条件下,如果材料是循环硬化型的,则材料所受应力幅越来越高,也可引起受载构件的早期断裂。这都是实践中应特别注意的。

7.3.3 循环应力-应变曲线

一般说来,材料在循环加载下的应力-应变曲线和一次加载下的应力-应变曲线不同。所以,循环应力-应变曲线是描述材料循环特性的重要工具之一。如图 7-23 所示,循环 σ-ε 曲线就是各稳定滞后回线的顶点的连线。

在只需要提供循环 σ-ε 曲线的情况下,还可以采用某些简易试验法。其中最简单的是用单一试样使其承受一系列逐渐增加的应变,至最大值后,又逐渐降低应变的加载块的作用,见图 7-24。观察表明,只要经过几个加载块(每个加载块中的循环次数越多,达到循环稳定所需的加载块数愈少),材料就可达到稳定状态。这时,可简单地从最小应变幅到最大应变幅画一条通过每个滞后回线顶点的连线就得到了循环

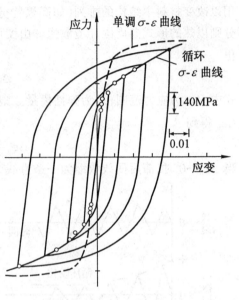

图 7-23 SAE4340 钢的一组稳定的滞后回线和循环应力-应变曲线

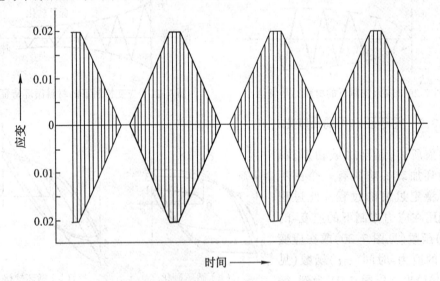

图 7-24 阶梯式程序试验的应变-时间曲线

σ-ε 曲线。

循环 σ-ε 曲线可用类似静拉伸流变曲线的 Hollomon 关系来描写

$$\frac{\Delta\sigma}{2} = K'(\frac{\Delta\varepsilon_p}{2})^{n'} \tag{7-10}$$

式中,K' 为循环应变的强度系数,n' 为循环加载下的形变硬化指数,对大多数金属材料,

$n'=0.1\sim0.2$。与 Hollomon 关系相似,用总应变幅给出的循环应力-应变曲线应写成

$$\frac{\Delta\varepsilon}{2}=\frac{\Delta\varepsilon_e}{2}+\frac{\Delta\varepsilon_p}{2}=\frac{\Delta\sigma}{2E}+\left(\frac{\Delta\sigma}{2K'}\right)^{\frac{1}{n'}} \tag{7-10a}$$

图 7-25 所示是一些工程合金的一次和循环 σ-ε 曲线的对比。Manson 等人根据大量试验结果,归纳出预测材料发生循环硬化或软化的判据是一次抗拉强度 σ_b 对 $\sigma_{r0.2}$ 的比值。当 $\sigma_b/\sigma_{r0.2}>1.4$ 时,材料发生硬化;当 $\sigma_b/\sigma_{r0.2}<1.2$ 时,材料发生软化;比值介于1.2和1.4者,则难以判断。但总的趋势是,初始硬而强的材料会循环软化,反之则硬化。这在结构选材上是要慎加注意的。不过,对晶态及非晶态高聚物进行的循环应变试验表明,所有材料都是循环软化的,尚未发现循环硬化的迹象。

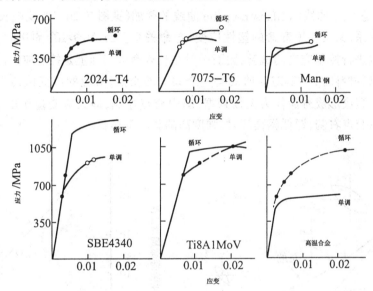

图 7-25　几种工程材料的一次和循环 σ-ε 曲线

7.3.4　应变-寿命曲线

应变-寿命曲线和循环应力-应变曲线一样,都是衡量材料低周疲劳的特性曲线。

在材料的低周疲劳试验中,试样的失效寿命 N_f 可以有不同的规定:试样断裂,或由稳定载荷幅值下降到一定百分比(如 5% 或 10%),或出现某种可测裂纹长度等。所以,在对比不同材料的疲劳寿命特性时,应注意所采取的规定的一致性。

低周疲劳的应变-寿命($\Delta\varepsilon$-N_f)曲线通常用总应变半幅($\Delta\varepsilon/2$)和循环变向次数($2N_f$)在双对数坐标上表示(见图 7-26)。经验表明,把总应变半幅($\Delta\varepsilon/2$)分解为弹性应变半幅($\Delta\varepsilon_e/2$)和塑性应变半幅($\Delta\varepsilon_p/2$)时,二者与循环反向次数($2N_f$)的关系都可近似用直线表示。

$\Delta\varepsilon_e/2\sim2N_f$ 的关系可近似用下式给出

$$\Delta\varepsilon_e/2=(\sigma_f'/E)(2N_f)^b \tag{7-11}$$

式中,σ_f'/E 为 $2N_f=1$ 时直线的截距,称为疲劳强度系数,由于 $2N_f=1$ 相当于一次加

载,所以可粗略地取 $\sigma_f' = \sigma_f$(静拉伸的断裂应力);b 为直线的斜率,称为疲劳强度指数。$b \simeq -0.07 \sim -0.15$。

$\Delta\varepsilon_p/2 \sim 2N_f$ 关系一般用 Manson-Coffin 的经验方程写出

$$\Delta\varepsilon_p/2 = \varepsilon_f'(2N_f)^c \tag{7-12}$$

式中,ε_f' 为 $2N_f=1$ 时直线的截距,称为疲劳塑性系数,同理,也可取 $\varepsilon_f' = \varepsilon_f$(静拉伸的断裂应变);$c$ 为直线的斜率,称为疲劳塑性指数。$c \simeq -0.5 \sim -0.7$。

这样一来,$\Delta\varepsilon/2 \sim 2N_f$ 关系成为

$$\frac{\Delta\varepsilon}{2} = \frac{\Delta\varepsilon_e}{2} + \frac{\Delta\varepsilon_p}{2} = \frac{\sigma_f'}{E}(2N_f)^b + \varepsilon_f'(2N_f)^c \tag{7-13}$$

此式可看成是 S-N 曲线和 Manson-Coffin 曲线的叠加(见图 7-26),既反映长寿命的弹性应变-寿命关系,又反映短寿命的塑性应变-寿命关系。当 $N_f \approx 10^6$ 周次时,$\Delta\varepsilon_p \rightarrow 0$,$\Delta\varepsilon$ 也很小,难以进行控制应变的试验,因而一般在长寿命区实际上是控制应力的试验结果。

不同金属材料的 $\Delta\varepsilon/2$-$2N_f$ 曲线有一个共同的交点,对应的应变值约为 0.01(见图 7-26)。若以裂纹形成寿命作为失效判据,图中交点左侧,即大应变量作用下,延性好的材料寿命长;交点右侧,即低幅循环时,强度高的材料寿命长。

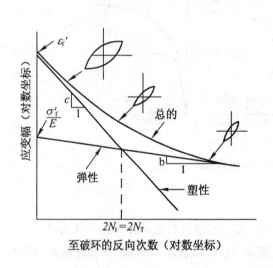

图 7-26　应变-寿命曲线

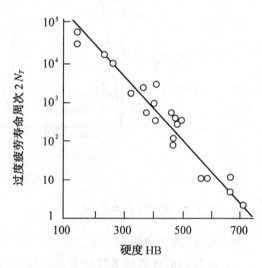

图 7-27　过度疲劳寿命与硬度的关系

在图 7-26 中,曲线 $\Delta\varepsilon_e/2 - 2N_f$ 与 $\Delta\varepsilon_p/2 - 2N_f$ 相交,交点所对应的寿命称为过度疲劳寿命 $2N_T$。此时,$\Delta\varepsilon_e = \Delta\varepsilon_p$,可以认为在 $2N_T$ 时,弹性应变幅造成的损伤(或对疲劳的贡献)与塑性应变幅造成的损伤(或对疲劳的贡献)相等。当寿命 $N_f < N_T$ 时,$\Delta\varepsilon_p/2 > \Delta\varepsilon_e/2$,塑性应变幅在疲劳过程中起主导作用,若 $\Delta\varepsilon_p/2 \gg \Delta\varepsilon_e/2$,则 $\Delta\varepsilon_e/2$ 可以略去不计,于是式(7-13)就简化成式(7-12)。这说明,对于 $N_f < N_T$ 的疲劳,疲劳抗力主要取决于材料的塑性。在 $N_f > N_T$ 的情况下,$\Delta\varepsilon_p/2 < \Delta\varepsilon_e/2$,弹性应变幅在疲劳过程中起主导作用,在这一寿命范围内,材料的疲劳抗力主要取决于材料强度。有人以 N_T 作为划分高周

疲劳与低周疲劳的界限，$N_{\mathrm{f}} > N_{\mathrm{T}}$ 者为高周疲劳，$N_{\mathrm{f}} < N_{\mathrm{T}}$ 者为低周疲劳。

过渡疲劳寿命 N_{T} 是评定材料疲劳行为的一项重要性能指标。研究表明，N_{T} 是与材料强度密切相关的性能，图 7-27 表明 N_{T} 与硬度 HB 之间的关系。在硬度很高时，N_{T} 很低，N_{T} 可达几十至几百周次，这意味着对于高强度状态的材料，即使寿命并不很长，也已具有高周疲劳的性质。相反，对于低硬度高塑性材料，N_{T} 可达 $10^4 \sim 10^5$ 周次，对于多数调质状态的钢材就是这种情况，则只有寿命足够长，当 N_{f} 高于相应的 N_{T} 时，才属于高周疲劳。从性质上区分高周或低周疲劳的意义在于寻找合理的提高疲劳抗力的途径，如对于抗低周疲劳设计，则应改善材料的塑性，以低周疲劳试验结果为依据处理之，反之亦然。

以上是对称循环疲劳特性的描述。在非对称疲劳条件下，考虑平均应变 ε_{m} 的影响，可将 Manson-Coffin 方程写成

$$\Delta\varepsilon_{\mathrm{p}}/2 = (\varepsilon'_{\mathrm{f}} - \varepsilon_{\mathrm{m}})(2N)^c$$

若考虑平均应力 σ_{m} 对疲劳寿命的影响，则有

$$\Delta\varepsilon_{\mathrm{e}}/2 = \left(1 - \frac{\sigma_{\mathrm{m}}}{\sigma_{\mathrm{b}}}\right)\frac{\sigma'_f}{E}(2N)^b$$

考虑平均应力和平均应变的总应变-寿命曲线则为

$$\Delta\varepsilon/2 = (\varepsilon'_{\mathrm{f}} - \varepsilon_{\mathrm{m}})(2N)^c + \left(1 - \frac{\sigma_{\mathrm{m}}}{\sigma_{\mathrm{b}}}\right)\frac{\sigma'_f}{E}(2N)^b \tag{7-14}$$

部分工程合金的疲劳特性数据如表 7.3 所列。

表 7.3　一些合金材料的疲劳特性数据

材料	HB	σ_f/MPa	ε'_f	b	c	E/GPa	$\Delta\varepsilon_{\mathrm{T}}/10^{-3}$	N_{T}/周次
AISI 43 40	243	1 200.0	0.45	−0.095	−0.54	193.1	4.98	755 7
AISI 4340	409	2 000.0	0.48	−0.091	−0.60	200.0	10.0	100 5
SAE 4340	350	1655.2	0.73	−0.076	−0.62	193.1	9.21	176 7
18Ni(Maraging)	460	2 137.9	0.80	−0.071	−0.79	186.2	15.0	183
H-11	660	3 172.4	0.08	−0.077	−0.74	206.9	25.3	6
AISI 304	327	2 275.9	0.89	−0.12	−0.69	172.4	10.9	808
2024−T35		1 103.4	0.22	−0.124	−0.59	73.1	14.8	157
7075−T6		1 317.2	0.19	−0.126	−0.52	71.0	17.6	184
Ti−6Al−4V		3 809.7	1.053	−0.105 2	−0.69	117.2	38.4	191

7.3.5　缺口零件疲劳寿命预测

在低周疲劳失效过程中，循环塑性应变占主导地位。由 Manson-Coffin 关系，对光滑试样有

$$\frac{\Delta\varepsilon_{\mathrm{p}}}{2}(2N)^{-c} = \varepsilon'_{\mathrm{f}} \approx \varepsilon_{\mathrm{f}}$$

这就是说,不管塑性应变幅怎样影响疲劳失效的寿命,最终失效所累积的塑性变形量总是一个定值,即当材料的塑性变形累积达到 ε_f' 或近似相当于静拉伸时的真实断裂应变 ε_f 时,便产生疲劳失效。

显然,把这种累积损伤的概念用于缺口零件的疲劳寿命预测时,一种合理的假定应该是,当光滑试样和缺口零件的缺口根部(关键部位)经受相同的循环应变历程时,则形成同一损伤(譬如说是一条可测长度的裂纹——工程裂纹形成)所必需的加载循环周次应该相同,这种包含累积损伤在内的有限寿命预测方法,通常叫做"局部应变法"。

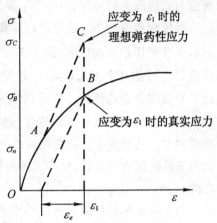

图 7-28　应变为 ε_1 时的
弹性应力和真实应力

我们知道,应力集中系数 K_t 只适用在弹性变形的条件下。当试样承受名义应力 S,则缺口根部的弹性应力 $\sigma = K_t \cdot S$。但一旦缺口根部的应力使材料发生屈服,应力就大为降低,如图 7-28 中的情况将由 C 点降至 B 点,这时的应力集中系数就不再是 K_t 了,真实的应力集中系数是 $K_\sigma = \dfrac{\sigma_{真实}}{\sigma_{名义}}$,即缺口根部的实际应力和名义应力之比。显然 K_σ 不是常数,它与外加载荷与发生的变形量有关。

同样,缺口处的应变也可表示为 $K_\varepsilon = \dfrac{\varepsilon_{局部}}{\varepsilon_{名义}}$,它既包括弹性变形,也包含塑性变形。变形量的多少取决于缺口根部的局部应力。尽管现在我们还不能分别求出缺口根部的应力和应变值,但是仍可从光滑试样中存在的关系来推测应力和应变的关系。例如在静拉伸条件下

$$\varepsilon = \varepsilon_e + \varepsilon_p = \frac{\sigma}{E} + \left(\frac{\sigma}{K}\right)^{1/n} \tag{7-15}$$

不同的是,我们还要寻找受缺口限制的附加条件。

通过有限元法和塑性理论,Neuber 得出以下规则

$$K_\sigma \cdot K_\varepsilon = K_t^2 \tag{7-16}$$

这说明在弹性变形时,真实的应力集中系数,应变集中系数和理论应力集中系数是一回事,即 $K_\sigma = K_\varepsilon = K_t$。如有塑性变形,$K_\sigma$ 和 K_ε 就要互相制约,但乘积不变。随着变形进一步增加,K_ε 加大,而 K_σ 减小。将上式改写为

$$\sigma_实 \cdot \varepsilon_实 = K_t^2 \varepsilon_名 \sigma_名 \tag{7-17}$$

这就是缺口根部的应力和应变应遵循的附加条件。将式(7-15)和式(7-17)联立,即可解得缺口根部的应力和应变。

在疲劳条件下,式(7-17)采取下列形式

$$\Delta_实 \cdot \varepsilon_实 = K_t^2 \cdot \Delta\varepsilon_名 \, \Delta\sigma_名 \tag{7-18}$$

据此,可以求出缺口局部的循环应力 $\Delta\sigma$ 和循环应变 $\Delta\varepsilon$。

例 1　RQC-100 钢板有一 $K_t = 3.2$ 的缺口,承受交变应力 $\pm 360\text{MPa}$ 于净截面上,循

环屈服强度 S_y' 是 600MPa,试问在缺口根部的交变应变是多少?

解 名义应力 $\Delta\sigma_名 = 720\text{MPa}$,名义应变 $= \dfrac{\Delta\sigma_名}{E} = \dfrac{720}{200\,000} = 0.36\%$。假如材料处在弹性范围,缺口处的应力、应变分别为

$$\Delta\sigma_实 = K_t\Delta\sigma_名 = 3.2 \times 720 = 2\,300\ \text{MPa}$$

$\Delta\varepsilon_实 = K_t\Delta\varepsilon_名 = 3.2 \times 0.36 = 1.15\%$,以点 x 表示,但因名义应力超过循环屈服强度,缺口处的应力应变应按照 Neuber 规则计算,$\Delta\sigma_实 \cdot \Delta\varepsilon_实 = K_t^2\Delta\sigma_名\Delta\varepsilon_名 = (3.2)^2 \times 720 \times 0.36 = 26.45$,即作一 $x \cdot y =$ 常数的双曲线,由图 7-29 可知,在 Neuber 双曲线和 $\Delta\sigma \sim \Delta\varepsilon$ 曲线的交点 z,得缺口处的应力、应变为

$$\Delta\sigma = 1\,400\ \text{MPa}, \quad \Delta\varepsilon = 1.9\%$$

在求出缺口处的交变应力和应变后,我们就可根据实测的 $\sigma\text{-}N$ 曲线,或 $\varepsilon\text{-}N$ 曲线,求出缺口零件的疲劳寿命,见图 7-30。

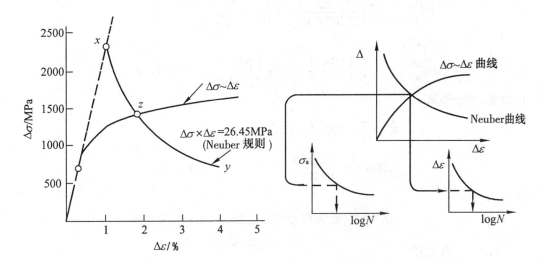

图 7-29 求缺口处的交变应力和应变   图 7-30 求缺口零件疲劳寿命的步骤

例 2 今有一带缺口的钢板,板宽为 25.4mm,厚为 6.35mm,板的两侧有半径为 2.54mm 的半圆形缺口,因此钢板净截面上宽度为 20.32mm。钢板受载条件为 $P = \pm 69\text{MPa}$,$R = -1$,试求此板制零件的寿命。已知钢的性能参数如下:

$E = 207 \times 10^3\text{MPa}$ $K' = 1\,062.6\text{MPa}$ $n' = 0.123$

$\sigma_f' = 1\,166.1\text{MPa}$ $\varepsilon_f' = 1.14$ $b = -0.081$ $c = -0.67$

解 本题关键是要求出缺口根部的应力和应变。在求出缺口应变后,再按照应变-寿命关系式求出零件寿命。而要求缺口根部的应力和应变,必须用 Neuber 规则。

Neuber 规则   静载 $K_t^2 Se = \sigma\varepsilon$

疲劳 $K_t^2 \dfrac{\Delta S\Delta e}{4} = \dfrac{\Delta\sigma\Delta\varepsilon}{4}$

名义应力-应变关系为

$$\frac{\Delta e}{2} = \frac{\Delta S}{2E} + \left(\frac{\Delta S}{2K'}\right)^{1/n'}$$

缺口根部局部应力-应变关系为

$$\frac{\Delta\varepsilon}{2} = \frac{\Delta\sigma}{2E} + \left(\frac{\Delta\sigma}{2K'}\right)^{1/n'}$$

联立以上三方程可得

$$K_t^2 \frac{\Delta S}{2}\left[\frac{\Delta S}{2E} + \left(\frac{\Delta S}{2K'}\right)^{1/n'}\right] = \frac{\Delta\sigma}{2}\left[\frac{\Delta\sigma}{2E} + \left(\frac{\Delta\sigma}{2K'}\right)^{1/n'}\right]$$

(注意此方程只在 $R = -1$ 时适用),查应力集中系数手册,$K_t = 2.42$,故有

$$\frac{\Delta S}{2} = \frac{P}{A_{净}} = \frac{69}{(25.4 - 2\times2.54)(6.35)} = 345 \text{ MPa}$$

$$(2.42)^2(345)\left[\left(\frac{345}{207\times10^3}\right) + \left(\frac{345}{1\ 062.6}\right)^{1/0.123}\right] =$$

$$\frac{\Delta\sigma}{2}\left\{\frac{\Delta\sigma}{2(207\times10^3)} + \left[\frac{\Delta\sigma}{2(1\ 062.6)}\right]^{1/0.123}\right\}$$

$\Delta\sigma = 1\ 076.4 \text{MPa}$

$$\frac{\Delta\varepsilon}{2} = \frac{\Delta\sigma}{2E} + \left(\frac{\Delta\sigma}{2K'}\right)^{1/n'} = \frac{1\ 076.4}{2(207\times10^3)} + \left(\frac{1\ 076.4}{2(1\ 062.6)}\right)^{1/0.123} = 0.006\ 5$$

由应变-寿命关系

$$\frac{\Delta\varepsilon}{2} = \frac{\sigma'_f}{E}(2N_f)^b + \varepsilon'_f(2N_f)^c$$

$$0.006\ 5 = \frac{1\ 166.1}{207\times10^3}(2N_f)^{-0.081} + 1.14(2N_f)^{-0.670}$$

求得

$$2N_f = 5\ 000 \text{ 周次(此为应力反向次数,失效周次为 2 500)}$$

7.3.6 热疲劳

在低周疲劳破坏中,还有由热应力或热应力和机械应力共同作用下引起疲劳的情况,如锅炉、蒸汽或燃气发动机中的一些构件以及热作模具等即是在这种加载条件下工作的。当材料受温度循环变化时,因其自由膨胀和收缩受到了约束而产生循环应力或循环应变,最终导致龟裂而破坏的现象称为热疲劳。

如图 7-31 中,长度为 l 的杆,两端固定,温度由零上升到 T。若假设杆为两端自由的,线膨胀系数为 α,则杆的伸长是 Δl 为

$$\Delta l = \alpha T l$$

由于杆的两端固定,使杆不能自由伸长,故以上伸长量成为杆的压缩变形量,其压应变为

$$\varepsilon = -\frac{\Delta l}{l} = -\alpha T$$

设材料的弹性模量为 E,则由于温度升高而产生的压应力为

$$\sigma = E\varepsilon = -\alpha T E$$

这时,即使不加外力,物体也产生应力。这种应力称为热应力。

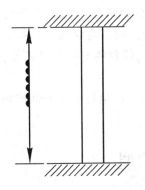
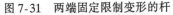

图 7-31　两端固定限制变形的杆

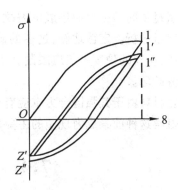

图 7-32　热疲劳的迟滞回线

在零件和构件中产生热应力的原因很多,有:(1)零件的热膨胀或冷收缩受到外界的约束;(2)两组装件之间有温差;(3)某一零件中有温度梯度;(4)线胀系数不同的材料相组合。

再来观察图 7-31。如杆加热到温度 T_2 后被固定起来,则当杆冷却时在杆中便产生拉应力。如果这个应力很大,杆就可能产生塑性变形。当温度为 $T_1(T_1 < T_2)$ 时,应力和应变状态相当于图 7-32 中的点 1。如将杆再加热到温度 T_2,应力-应变的迟滞回线就达到图上的 2′ 点。若反复施加这样的温度循环,就可画出迟滞回线 1—2′—1′—2″—1″,最后发生热疲劳。

当一个零件或构件反复经受温度不均匀分布的变化时,可以观察到因热疲劳而出现的裂纹。热疲劳裂纹是从表面开始的。裂纹形成之前,试样缺口根部附近首先发生不均匀的塑性应变,产生一些微细的凹凸,再在塑性应变最剧烈的局部相继形成一些楔形微裂纹,裂纹中充满了氧化、腐蚀产物。此后,其中有一条微裂纹逐渐发展成主裂纹,其他微裂纹因热应力松弛不再扩展或扩展很慢。典型热疲劳裂纹形态如图 7-33 所示。

在图 7-32 所示的热疲劳循环中,其应变范围 $\Delta\varepsilon = \alpha\Delta T$。对于纯热循环引起的低周疲劳,Coffin 曾在不锈钢中得到类似于机械疲劳中的应变寿命关系

$$\Delta\varepsilon_p \cdot N_f^{1/2} = C$$

式中 $C = \varepsilon_f/2$,ε_f 为静拉伸断裂应变。可以看出,极限塑性好的材料,其热疲劳寿命较高。

热疲劳对热作模具的使用寿命有重要影响,由于模具表面几乎瞬时接触到炽热的零件,而后又迅速冷却,所以又叫做热冲击。其宏观破坏形式常常是由于表面产生

图 7-33　15CrMo 锅炉钢管的热疲劳裂纹

拉应力超过了断裂强度而形成龟裂纹。由于热冲击的约束情况很复杂,目前还难以进行有效的定量分析。定性地看,过多的碳化物,特别是粗大而不均匀的碳化物会降低抗热疲劳性能;材料的硬度一般应限制在 HRC45～50 以下,使材料有一定的韧性,也有利于抗热疲劳破坏。

陶瓷材料由于其强键合力本应有很好的高温应用前景,但目前它的低抗热冲击能力仍然是阻碍这种前景成为现实的主要因素之一。

7.4 疲劳裂纹扩展

由第六章中的分析可知,当构件中存在裂纹并且外加应力达到临界值时,就会发生裂纹的失稳扩展,结构破坏。不过,在绝大多数情况下,这种宏观的临界裂纹是零件在循环载荷作用下由萌生的小裂纹(如由缺口处)逐渐长大而成的,此即所谓亚临界(稳态)裂纹扩展过程。从预防发生破坏的意义上说,这类过程的研究颇为重要。因为,如果零件中有一个大到足以在服役载荷下立即破坏的裂纹或类似缺陷,则这类缺陷完全可能被无损检测手段发现,从而在破坏前就被修理或报废。所以,讨论工程材料疲劳裂纹扩展过程的规律和影响因素是保证结构安全运行的重要课题。

7.4.1 应力、裂纹长度与疲劳裂纹扩展的关系

在给定负荷下,一个含裂纹的试样或零件的裂纹扩展会越来越快。所以,对于一个工程结构(通常在较低应力水平下服役),其循环寿命的绝大部分消耗在裂纹很小甚至不能检查出来的初期扩展阶段。图 7-34 是裂纹扩展的示意图。由图可见,应力水平越高,裂纹扩展越快。裂纹尺寸越大,裂纹扩展越快。

如果把裂纹扩展的每一微小过程看成是裂纹体小区域的断裂过程,则设想应力强度因子幅度 $\Delta K = K_{max} - K_{min}$ 是疲劳裂纹扩展的控制因子是合理的。这就是最早由 Paris 等人提出的经验方程

$$da/dN = C\Delta K^m \qquad (7-19)$$

式中,da/dN 为裂纹扩展速率;C、m 为与材料和环境有关的常数。

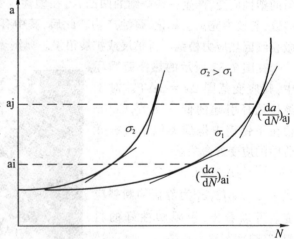

图 7-34 裂纹扩展规律的示意图

应该指出,Paris 公式只适用中等应力强度 ΔK 水平的疲劳裂纹扩展,其全过程通常如图 7-35 所示。在双对数坐标中,da/dN-ΔK 关系曲线可分为三个区域。在 I 区,当 ΔK 小于某临界值 ΔK_{th} 时,疲劳裂纹不扩展,所以 ΔK_{th} 叫做疲劳裂纹扩展的门槛值。不

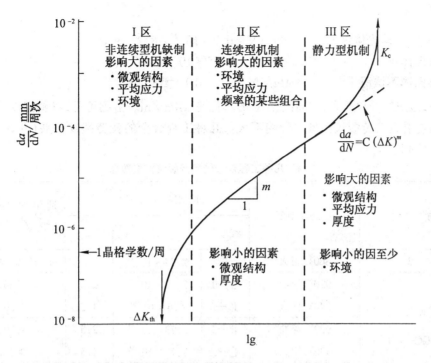

图 7-35　da/dN-ΔK 关系

过,实际上 ΔK_{th} 是在 $da/dN = 2.5 \times 10^{-10}$ (m/周次)左右规定的 ΔK 值。当 $\Delta K > \Delta K_{th}$ 时,裂纹扩展速率急剧增长,很快进入第 II 区。一般 ΔK_{th} 值是材料 K_{Ic} 值的 5% ~ 15%,钢的 $\Delta K_{th} < 9\mathrm{MPa}\sqrt{\mathrm{m}}$,铝合金的 $\Delta K_{th} < 4\mathrm{MPa}\sqrt{\mathrm{m}}$,$\Delta K_{th}$ 值对组织、环境及应力比都很敏感。在 II 区,da/dN 与 ΔK 才满足 Paris 公式,试验数据表明,m 可在 2 ~ 7 范围内变动,多数情况下的 $m = 2 ~ 4$。进入第 III 区,裂纹扩展速率再次加快,当 K_{max} 达到 K_{Ic} 时,试样断裂。所以,III 区与材料的断裂韧性有关。

在疲劳损伤容限设计中,要估算裂纹扩展寿命,则 II 区的扩展占重要地位。

Barsom 研究了 $\sigma_s = 250 ~ 2\ 070\mathrm{MPa}$ 范围内的各种组织的钢,发现在一定 ΔK 水平内,da/dN 的分散带的最大值约为最小值的两倍(见图 7-36)。对三种典型组织的钢分别取分散带上边界的保守值,得到相应的方

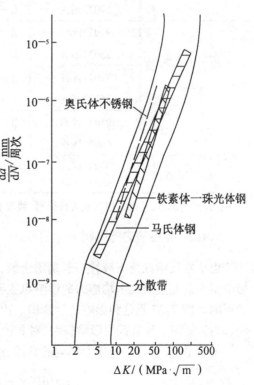

图 7-36　各种钢的疲劳裂纹扩展速率的分散带

程为：

铁素体-珠光体钢 $\qquad$ $da/dN = 6.9 \times 10^{-12} \Delta K^{3.0}$ $\qquad$ (7-20)

马氏体钢 $\qquad$ $da/dN = 1.35 \times 10^{-10} \cdot \Delta K^{2.25}$ $\qquad$ (7-21)

奥氏体不锈钢 $\qquad$ $da/dN = 5.6 \times 10^{-12} \Delta K^{3.25}$ $\qquad$ (7-22)

诸式中 da/dN 的单位是 $m/$周次，ΔK 的单位是 $MPa\sqrt{m}$。由此可见，材料强度水平与组织类型对Ⅱ区疲劳裂纹扩展的影响不大。几种工程合金的疲劳裂纹扩展（Ⅱ区）数据如表 7-4 所列。

7-4　几种工程合金的疲劳裂纹扩展数据

材　　料	热处理制度	$da/dN = C(\Delta K)^m$			适用的 ΔK 范围/ $MPa\sqrt{m}$
		线段*	C	m	
40	860℃ 正火	Ⅱ	2.04×10^{-12}	3	18.6~49.6
GC—4	920℃ 淬油	Ⅱ—1	2.20×10^{-11}	2.5	＜30.4
	240℃ 回火	Ⅱ—2	6.6×10^{-10}	1.5	＞30.4
	920℃ 淬油	Ⅱ—1	2.73×10^{-11}	2.5	＜29.2
	430℃ 回火	Ⅱ—2	7.76×10^{-10}	1.5	＞29.2
	920℃ 淬油	Ⅱ—1	2.89×10^{-14}	2.5	＜29.2
	520℃ 回火	Ⅱ—2	7.64×10^{-10}	1.5	＞29.2
GC—4	910℃ 淬油	Ⅱ—1	3.21×10^{-13}	4	＜19.2
	250℃ 回火	Ⅱ—2	5.50×10^{-10}	1.5	＞19.2
	910℃ 淬油	Ⅱ—1	3.89×10^{-13}	4	＜18.0
	450℃ 回火	Ⅱ—2	5.34×10^{-11}	1.5	＞18.0
	910℃ 淬油	Ⅱ—1	4.27×10^{-13}	4	＜17.1
	550℃ 回火	Ⅱ—2	5.29×10^{-10}	1.5	＞17.1
40CrNiMoA	860℃ 淬火 560℃ 回火	Ⅱ	$(1.51 \sim 2.65) \times 10^{-10}$	2.5	24.8~93.0

* 在许多情况下，Ⅱ区要用两段直线描写，线段Ⅱ—1 指接近Ⅰ区线段，Ⅱ—2 指接近Ⅲ区的线段。

7.4.2　平均应力的影响

由于在压缩载荷下裂纹一般是闭合的，所以压缩载荷对恒幅应力下的疲劳裂纹扩展影响很小。相应研究平均应力的影响也主要指平均拉应力（$R > 0$）对疲劳裂纹扩展速率的影响。图 7-37 是这种影响的示意图。由图可见，随 R 增大，曲线向 ΔK 较低的方向移动，而且 R 对Ⅰ和Ⅲ区的影响较大，对Ⅱ区的影响较小。

描写Ⅱ区、Ⅲ区平均应力影响的常用方程为 Forman 方程

$$da/dN = \frac{C(\Delta K)^m}{(1-R)K_c - \Delta K}$$ (7-23)

此式实际上是对 Paris 公式的修正。式中，K_c 为与试验材料及试样厚度有关的断裂韧

性。另外,表达 R 对 ΔK_{th} 影响的经验方程是

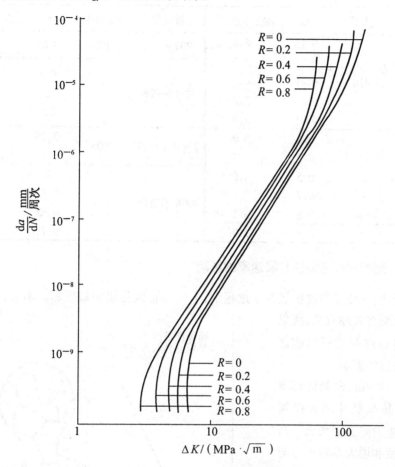

图 7-37　平均应力对疲劳裂纹扩展速率的影响

$$\Delta K_{th} = (1-R)^{\gamma} \Delta K_{th0} \tag{7-24}$$

式中,ΔK_{th0} 是 $R=0$ 的 ΔK_{th};γ 是材料和环境有关的常数(见表 7.5)。在真空中,$\gamma=0$,表明 ΔK_{th} 与 R 无关。部分工程合金的 ΔK_{th} 值如表 7.6 所列。

表 7.5　不同材料和环境下的 γ 值

材　料	环　境	γ
铝合金	空气	1.0
低碳钢	空气	0.71
珠光体钢	空气	0.93
En24 钢	空气	0.53
En24 钢	真空	0
Ti—6Al—4V	真空	0
Ti 合金	空气	0.7

表 7.6　部分工程合金的 ΔK_{th} 值

材料	σ_b/MPa	R	ΔK_{th}/MPa$\sqrt{m}$	材料	σ_b/MPa	R	ΔK_{th}/MPa$\sqrt{m}$
低碳钢	430	0.13	6.6	7075—T6	497	0.04	2.5
		0.35	5.2	2219—T8		0.1	2.7
		0.49	4.3			0.5	1.4
		0.64	3.2			0.8	1.3
		0.75	3.8	Ti—6Al—4V	1035	0.15	6.6
A533B 钢		0.1	8.0			0.33	4.4
		0.3	5.7	18/8 不锈钢	665	0	6.0
		0.5	4.8			0.33	5.9
		0.7	3.1			0.62	4.6
		0.8	3.1			0.74	4.1
2024—T3		0.8	1.7				

7.4.3　组织对疲劳裂纹扩展速率的影响

如前所述,在疲劳裂纹扩展的全过程中,Ⅰ区和Ⅲ区是组织敏感的。不过,一般说来Ⅰ区的扩展更有实际意义,所以这里重点讨论组织对近门槛区特性和门槛值的影响。

Ritchie 和 Fine 总结的规律是,ΔK_{th} 随晶粒尺寸增长而增大;随屈服应力降低而增大。所以,降低强度和增大晶粒尺寸对抑制裂纹体扩展有利。然而,通过对疲劳极限的讨论表明,提高强度和细化晶粒对阻止疲劳裂纹萌生和微裂纹扩展有利。由此看来,两者对材料有相互冲突的要求,这表明疲劳裂纹萌生和扩展是受不同机制控制的。

试验观察表明,疲劳裂纹扩展的三个区域对应着三个不同的断裂机制。Ⅰ区的疲劳断口类似解理,由许多小断裂平面组成;Ⅱ区的疲劳断口则对应着出现疲劳条纹;在高 ΔK 的Ⅲ区,断口形貌显示,静载断裂机制的贡献越来越大。Yoder 等人在

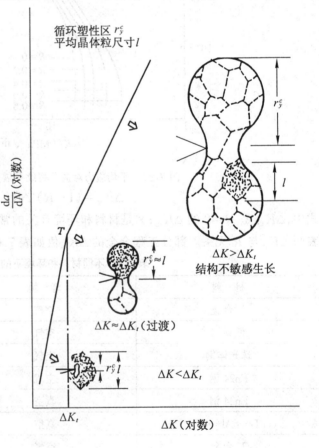

图 7-38　塑性区尺寸和晶粒大小的相对影响

钛合金的研究中发现,由组织敏感的Ⅰ区过渡到不敏感的Ⅱ区,正好对应于钛合金魏氏组织板条束的大小与交变应力塑性区尺寸大小相近的时候(见图7-38);当 $\Delta K < \Delta K_t$,(ΔK_t 为Ⅰ区和Ⅱ区交界点的应力强度因子幅)时,循环塑性区尺寸 r_y^c 小于魏氏组织板条束平均尺寸 $\bar{l}$,此时提供了选择裂纹扩展途径的条件,结果表现出对组织的敏感性。反之,当 $r_y^c > \bar{l}$ 时,即过渡到对组织不敏感的Ⅱ区。若增加晶粒尺寸或魏氏组织板条束尺寸,ΔK_t 也相应增大,这意味着在给定 ΔK 下的裂扩展速率减慢。图7-39证实了这种设想,图中给出了三种 ΔK 值,ΔK 值越小,晶粒大小的影响愈显著。

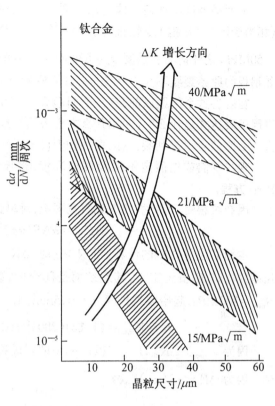

图7-39 晶粒大小在不同 ΔK 值时对 $\mathrm{d}a/\mathrm{d}N$ 的影响

7.4.4 疲劳裂纹扩展寿命的估算

有裂纹零件的寿命是由疲劳裂纹扩展速率决定的,可通过断裂力学方法进行估算。一般先用无损探伤方法确定初始裂纹尺寸 a_0 及其形状、位置和取向,再根据材料的断裂韧性 K_{Ic} 确定临界裂纹尺寸 a_c,然后根据裂纹扩展速率的表达式计算从 a_0 到 a_c 所需的循环周次。所以,从这个意义上说,这种寿命是零件有初始裂纹 a_0 后的剩余寿命,而且必要时还要考虑到零件受服役的温度、环境介质、加载频率及过载等的影响。

在 Paris 公式有效的范围内,若取 $\Delta K_I = Y\Delta\sigma\sqrt{\pi a}$,则有

$$\frac{\mathrm{d}a}{\mathrm{d}N} = C(Y\Delta\sigma\sqrt{\pi a})^m$$

所以

$$\mathrm{d}N = \frac{\mathrm{d}a}{CY^m \pi^{m/2}(\Delta\sigma)^m a^{m/2}}$$

当 $m \neq 2$ 时,有

$$N_c = \int_0^{N_c}\mathrm{d}N = \frac{a_c^{1-\frac{m}{2}} - a_0^{1-\frac{m}{2}}}{(1-\frac{m}{2})CY^m \pi^{m/2}(\Delta\sigma)^m} \tag{7-25}$$

当 $m = 2$ 时,有

$$N_c = \frac{\ln\dfrac{a_c}{a_0}}{CY^2\pi(\Delta\sigma)^2} \tag{7-26}$$

下面举例说明如何具体运用断裂力学方法估算疲劳寿命。假定一很宽的 SAE1020（相当于国产 20 钢）冷轧板受到恒幅轴向交变载荷,名义应力 $S_{max} = 200\text{MPa}$, $S_{min} = -50\text{MPa}$,这种钢的静强度 $\sigma_s = 630\text{MPa}$, $\sigma_b = 670\text{MPa}$, $E = 207\text{GPa}$, $K_{1c} = 104\text{MPa}\cdot\sqrt{m}$,如钢板的原始裂纹不大于 0.5mm,试问疲劳寿命是多少?

在解答这个问题以前,有几个问题要搞清楚:(1)对这种零件和载荷,可用的应力强度因子表达式是什么?(2)用什么方程表达裂纹的扩展?(3)如何积分这个方程?(4)多大的 ΔK 值会引起断裂?(5)腐蚀和温度的影响如何?

现在我们首先假定不涉及腐蚀环境,钢板主要在室温下工作,裂纹扩展速率暂用 Paris 方程。

因裂纹很短,可将板视为无限宽平板,对单边缺口轴向拉伸条件,其应力强度因子幅

$$\Delta K_I = \alpha \Delta S(\pi a)^{1/2}, \quad \alpha = 1.12$$

本题需注意 ΔK 的计算,当 $R > 0$ 时, $\Delta K = K_{max} - K_{min}$;当 $R \leqslant 0$ 时, $\Delta K = K_{max}$;在压缩载荷时 K 值无定义,其裂纹面是闭合的,裂纹不会扩展。现本题 $S_{min} = -50\text{MPa}$, $S_{max} = 200\text{MPa}$,起始裂纹长度 $a_i = 0.5\text{mm}$,则

$$K = K_{max} = (1.12)(200)[\pi(0.005)]^{1/2} = 9\text{MPa}\cdot\sqrt{m},$$

因为 $K_{max} > \Delta K_{th}$, $Paris$ 方程是可用的。最终裂纹长度 a_f 可设定在 $K_{max} = K_{1c}$ 时得到。因为 $\Delta K = \alpha S(\pi a)^{\frac{1}{2}}$,故

$$a_f = \frac{1}{\pi}\left(\frac{K_{1c}}{S_{max}\cdot\alpha}\right)^2$$

即 $\quad a_f = \frac{1}{\pi}\left(\frac{K_{1c}}{S_{max}\alpha}\right)^2 = \frac{1}{\pi}\left(\frac{104}{200\times1.12}\right)^2 = 0.068\text{m} = 68\text{mm}$

因为 $\quad \dfrac{da}{dN} = C(\Delta K)^m = C[\Delta S\alpha(\pi a)^{1/2}]^m = C(\Delta S)^m(\pi a)^{m/2}\alpha^m$

$$N_t = \int_0^{N_f} dN = \int_{a_i}^{a_f} \frac{da}{C(\Delta S)^m(\pi a)^{m/2}\alpha^m} =$$

$$\frac{1}{C(\Delta S)^m\pi^{m/2}\alpha^m}\int_{a_i}^{a_f}\frac{da}{a^{m/2}}$$

假定 $m \neq 2$,则 $N_f = \dfrac{a_f^{(-\frac{m}{2}+1)} - a^{(-\frac{m}{2}+1)}}{(-m/2+1)C(\Delta S)^m(\pi)^{m/2}\alpha^m}$

于是 $\quad N_f = \dfrac{a_f^{(-\frac{m}{2}+1)} - a_i^{(-\frac{m}{2})+1}}{\left(-\dfrac{m}{2}+1\right)c(\Delta s)^m(\pi)^{m/2}\alpha^m}$

我们可沿用 Barsom 关于铁素体-珠光体钢裂纹扩展速率的经验方程,即取 $C = 6.9 \times 10^{-12}$, $m = 3$,虽然该方程 $R \neq 0$,因为本例中压缩应力小, $S_{min} = -50\text{MPa}$,所以影响不大,可以忽略。因此, $\Delta S = 200 - 0 = 200$。将数据代入上式,即得

$$N_f = \frac{(0.068)^{-3/2+1} - (0.0005)^{-3/2+1}}{(-3/2+1)(6.9\times10^{-12})(200)^3\pi^{3/2}(1.12)^3} = 189\,000 \text{ 周次}$$

讨论:(1)假定 K_{IC} 增加到二倍或减小到二分之一,即 $K_{IC} = 208$ MPa·$\sqrt{m}$ 或 $K_{IC} = 52$ MPa$\sqrt{m}$,代入上面计算的方程,可知最终裂纹长度将分别为 $a_{f1} = 270$mm,$a_{f2} = 17$mm,最终寿命 $N_{f1} = 198\,000$ 周次,$N_{f2} = 171\,000$ 周次。可以看出,当 K_{IC} 增加到二倍或减小到二分之一时,最终裂纹长度将增加到四倍或减小到四分之一,然而疲劳寿命却只改变不到 10%。

(2)假定板材中原始裂纹增至 2.5mm,则疲劳寿命将仅为 75 000 周次,这说明初始裂纹对疲劳寿命的影响很大,而断裂韧性即使有显著改变,对疲劳寿命的影响也不大。不过在疲劳设计中,我们仍希望选用断裂韧性较高的材料,因为有较大的临界裂纹长度,可使检查和监测都更容易些。

7.5　疲劳裂纹萌生和扩展机理

在 7.3.5 和 7.4.4 中已分别讨论了形成一条工程裂纹(譬如通常取裂纹尺寸≈0.5mm)的寿命和在构件上已经有一条足够大的裂纹(在载荷作用下可用线弹性断裂力学描述,即基本上满足小范围屈服条件)的疲劳裂纹扩展寿命的问题。然而,在这两类讨论中,都没有涉及裂纹萌生机理,以及由萌生的微裂纹到可以用线弹性断裂力学描述的长裂纹之间的扩展问题(即所谓短裂纹扩展),而这一部分寿命在构件的疲劳总寿命中常常占有很大的份额。此外,从另一方面看,人们很难想像,一开始服役的构件就已经有一条线弹性断裂力学可以描述的长裂纹,更何况任何合理设计的零件都力图使其几何形状的变化尽量均匀,并且表面光滑。所以,对宏观均匀的材料,零件上的疲劳裂纹的发展都是由表面裂纹的形核(除非表面及近表面材料有划痕、夹杂等微缺陷)、微(短)裂纹的扩展和长裂纹扩展这三个阶段所组成的。

7.5.1　疲劳裂纹的萌生

严格说来,首先要区分疲劳裂纹的萌生期和扩展期才能对疲劳裂纹萌生有较确切的定义。然而,这种区分还难以做到,所以,目前认为疲劳裂纹核心的临界尺寸大致在 μm 的数量级可能是适当的。

实验表明,疲劳裂纹起源于应变集中的局部显微区域,即所谓疲劳源区。尽管塑性应变的主要方式都是滑移,但与单调塑性应变时滑移分布比较均匀不同,循环塑性应变的滑移局限于某些晶粒内,而且滑移带较细。这种滑移首先在试样表面形成,然后逐渐扩展到内部,形成所谓"驻留滑移带",这是因为它一旦形成,即使用表面抛光的办法也不能根除。当表面驻留滑移带形成后,由于不可逆的反复变形,便在表面形成"挤出带"和"侵入沟",通常认为其中的侵入沟将发展成为疲劳裂纹的核心。关于由表面滑移带如何形成挤出带和侵入沟,有很多模型,这里仅以其中的 Cottrell 和 Hull 模型作为示例(见图7-40)加以说明。模型显示,当两个滑移系交替动作时,在一个循环周次之后,便可分别形成一个挤出带和一个侵入沟。随着循环周次增加,挤出带更凸起,侵入沟更凹进。

许多实验证实,疲劳裂纹的形成和位错交滑移的难易程度有关。容易交滑移的单相

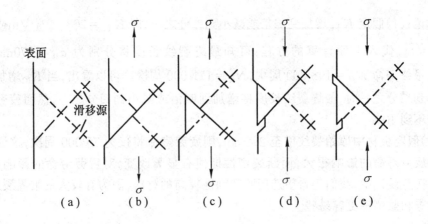

图 7-40 Cottrell 和 Hull 的侵入和挤出模型

合金,容易形成疲劳裂纹。至于侵入沟是否就是显微裂纹,在试验上还难以鉴别。所以,把显微裂纹看成是由位错运动时异号位错相消形成空位,空位聚合形成微裂纹,也许更容易被认为是一个有道理的形核机制。

当然,疲劳裂纹形核除了上述的形核机理外,还与某些损伤所造成的高度应力集中有关。如许多工业用合金,特别是高强材料表面或次表面层的冶金缺陷(如非金属夹杂)、相界面、晶界等处就是这类部位。此外,零件表面的加工损伤本身就相当于疲劳裂纹的核心,虽然它们不是由疲劳本身形核的。

7.5.2 疲劳裂纹扩展的方式和机理

表面形成微裂纹以后,裂纹的扩展可以分为两个阶段(见图 7-41)。第一阶段属于微裂纹扩展。在较大应力水平下,萌生的微裂纹数可能较多,并沿有最大切应力的滑移平面(基本上与外加拉应力成 45°角)上扩展,过程中绝大多数会成为不扩展裂纹,只有个别微裂纹会扩入 2~3 个晶粒的范围,并逐渐转入第二阶段扩展,即转为由拉应力控制,并沿垂直于拉应力的方向扩展而形成主裂纹。在室温和没有腐蚀的情况下,疲劳裂纹通常是穿晶扩展的。在多数塑性较好的材料中,第二阶段的显微断口上可观察到疲劳条纹(见图 7-42),但在少数脆性材料中,也可发现解理扩展。

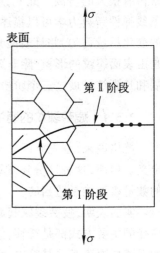

图 7-41 疲劳裂纹扩展阶段示意图

应当指出,图 7-42 所示的疲劳条纹是在晶粒尺度内微观观察的结果,而且已经证明条纹间距相当于载荷循环一个周次的裂纹增量。所以,此图像不可与图 7-2 所示的宏观断口上的海滩花样混同,后者的条带一般是载荷幅度或环境变化在裂纹前沿留下的痕迹。所以,二者并无对应关系,但可肯定,宏观断口的每一条带中可以有几万或更多的疲劳条纹。

疲劳条纹的形成过程可以用 Laird 模型来说明,图 7-43 中图(a)所示是交变应力为零,循环开始时裂纹处于闭合的状态。拉应力增加到图(b)所示值时,裂纹张开,且顶端沿最大切应力方向产生滑移。当拉力继续增至(c)所示的最大值时,裂纹张开最大,相应的塑性变形范围也随之扩大。由于塑性变形,裂纹顶端钝化,应力集中减小。当应力反向时,滑移方向也改变,裂纹表面被压拢,如图(d)所示。到压应力为最大值时,裂纹便完全闭合,并恢复到这一周次的开始状态如图(e)所示,但裂纹却扩展了一个相当裂纹扩展速率数值的增量,而且模型显示,裂纹扩展主要是在拉应力的半周产生的。

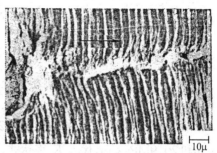

图 7-42　典型疲劳条纹

由于条纹间距与裂纹扩展速率有一一对应的关系,所以从疲劳断口的条纹分析应该得到结构事故的重要资料。目前在失效分析中发展了一些定量的反推事故原因的技术。但要注意,疲劳裂纹扩展并不一定都形成疲劳条纹。一般说来,在高 ΔK 水平上塑性材料的疲劳断口显示疲劳条纹与韧窝混合的断口特征,ΔK 水平越高,韧窝所占比例越大,这表明静载断裂机制对疲劳裂纹扩展的贡献越来越大;在低 ΔK 水平上,有些材料产生解理状小平面的形貌;ΔK 取中间值时常可观察到,相对条纹密度与应力状态和合金含量有关。在平面应变状态下得到的平断口上可看到非常清晰的条纹,而在平面应力的斜断表面上,断口的主要特征是拉长的韧窝和磨损的痕迹。另外,铝合金通常比高强度钢更容易在疲劳断口上找到条纹,后者有时很难辨认出明确的条纹区域。

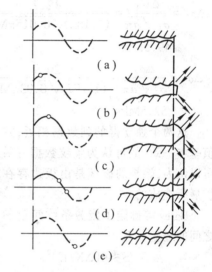

图 7-43　Laird 疲劳裂纹扩展模型

如果能确定给定条纹在整个断口中的位置,又能清晰分辨出其宽度,则可给出断口上给定位置(相应可得到此处的 ΔK 值)的裂纹的扩展速率,从而使微观裂纹扩展速率与宏观速率之间建立某种合理的关系,图 7-44 所示即为一对应得很好的实例。对很多材料还在条纹间距和 ΔK 之间找到了更密切的关系(见图 7-45)。图中的 ΔK 用材料的弹性模量 E 作了归一化处理。它在失效事故分析中非常有用。以下举例说明,15cm 宽的 2024-T3 铝合金板,使用一段时间后发现 5cm 长的边裂纹,裂纹取向垂直于应力方向。裂纹萌生的板边处原先存在一条小裂纹。经分析知,循环应力是材料 σ_s($\sigma_s = 245MPa$)的 20%,并认为循环应力沿裂纹平面均匀分布。由于裂纹已达到危险尺寸,所以将铝合金板从部件上取下,并做了断口检查,结果发现距裂纹扩展点 1.5cm 和 3cm 处的平均条纹宽度分别是 10^{-4}mm 和 10^{-3}mm。试研究此板的过早破坏应归因于先存在的表面裂纹扩展还是循环应力远超过最初估算的应力水平。由第六章(6.3.5)可得板边穿透裂纹的

应力强度因子 $K = F \cdot \sigma \sqrt{\pi a}$，其中 $F(\frac{\alpha}{W})$ 在 $\frac{a}{W} = \frac{1.5}{15} = 0.1$ 和 $\frac{a}{W} = \frac{3}{15} = 0.2$ 的 σ 值分别为 1.182 和 1.297。根据实测相应处的条纹间距，由图 7-45 找到与裂纹长度 1.5cm 和 3cm 相应的应力强度因子幅度是 12.7MPa $\sqrt{m}$ 和 20.9MPa $\sqrt{m}$，代入 K 表达式，即得相应于这两种情况的应力幅值的估计值为

$$\Delta\sigma_1 = \frac{\Delta K_1}{\sigma_1 \sqrt{a\pi}} = \frac{12.7}{(1.182)\sqrt{0.015\pi}\text{MPa}} = 49.5\text{MPa}$$

$$\Delta\sigma_2 = \frac{\Delta\sigma_2}{\sigma_2 \sqrt{a\pi}} = \frac{20.9}{(1.297)\sqrt{0.03\pi}\text{MPa}} = 52.5\text{MPa}$$

这两个独立得的到数据相近，并与设计值基本一致，故可认为条纹数据有效。据此可以认为，铝板的破坏是由板边存在小裂纹扩展所造成的。

Bafes 等确定了疲劳条纹间距 S 与 ΔK 之间的经验关系

$$S \approx 6(\Delta K/E)^2 \qquad (7\text{-}27)$$

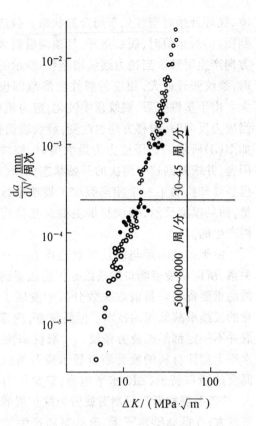

图 7-44　铝合金宏观(°)和微观(·)裂纹扩展速率与 ΔK 的关系

利用这一关系，可根据断口分析结果，对应力水平作出大致的估计。

这个实例表明，通过疲劳断口的条纹分析，可以反过来确定裂纹构件实际作用应力水平。不过，有必要注意到条纹的形成是一个非常局部化的过程。实验表明，在给定应力强度因子情况下的局部区域中的条纹也可以有 2~4 倍的变化。这主要是因为诸如晶体取向不同以及夹杂等微观冶金因素影响所致。所以，这类关系使用起来要非常审慎。

7.6　改善疲劳强度的方法

由于疲劳过程的复杂性，目前还很难给出获得最佳疲劳抗力的普遍适用原则。事实上，如前所述，从疲劳裂纹形成和疲劳裂纹扩展的角度，通常可能对材料提出相互冲突的要求。因此，一般只能作某种适当的妥协或根据实际要求具体分析。

在构件疲劳裂纹形成寿命中，一般包括材料循环硬/软化和裂纹萌生这样两个阶段。在循环硬/软化过程中，要保证材料不发生软化和有很好的稳定性，宜使应变硬化指数 $n \geq 0.1$。但形变硬化、沉淀强化、马氏体相变强化的高强材料通常都会出现疲劳软化，其中基体变形呈波状滑移(即容易交滑移)时尤其如此。所以，在提高静强度的同时，要保证在循环加载时不失去强度，宜遵循以下原则：(1)对形变硬化材料，应采用层错能较低、

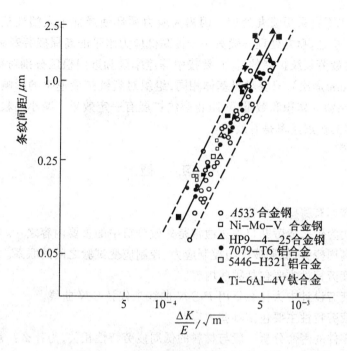

图 7-45　疲劳条纹间距和 $\Delta K/E$ 的关系

呈平直滑移型的基体;(2)对沉淀硬化材料,沉淀相应为稳定相,不会重新溶入基体,或有意加入弥散质点以阻止长程的位错运动;(3)如果基体的层错能高,是波状滑移型材料,则应采用弥散强化或纤维增强,当然,这类措施对平直型滑移的基体材料也很有效。

　　由于多数疲劳裂纹都在表面产生,所以任何提高表面强度的表面处理方法都会提高疲劳裂纹形成的抗力。表面处理方法大致有三类:(1)机械处理,如喷丸、冷滚压、研磨和抛光;(2)热处理,如火焰和感应加热淬火;(3)渗、镀处理,如氮化和电镀等。

　　在上述诸方法中,喷丸处理使用较广。它可以在工件表面造成残余压应力,深度可达弹丸直径的 1/4～1/2,分布如图 7-46 所示。最大压应力可以达到材料屈服应力之半。所以,喷丸处理对较高强度的合金尤为有效。表层压应力的存在,部分抵消了外加交变应力中的拉应力分量,从而可大幅度提高疲劳裂纹萌生寿命。不过,应当指出,喷丸处理仅对有应力集中或应力梯度的构件有效,很少用于截面均匀承载的构件。这是因为残余应力在一定深

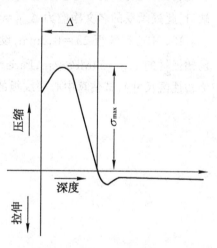

图 7-46　喷丸处理后沿表面深度的
残余应力分布

度后转为拉应力,而基体材料的强度又显著低于已强化的表面材料,这就有可能使裂纹在一定深度的弹-塑性交界处产生而使表面强化不起作用。由此可见,表面强化主要用于改善有应力梯度(如缺口或受弯矩的)零件的疲劳抗力。另外,对于在低周疲劳下服役

的零件,一般也不宜采用喷丸处理。因为大应力循环使局部进入塑性范围,残余压应力会很快消失。总之,喷丸处理一般只用于提高低应力水平的高周疲劳寿命。

至于改善疲劳裂纹扩展的抗力,要按中等速率区和近门槛区分别对待。中等速率区($10^{-3} \sim 10^{-5}$mm/周次),只要材料基体相同,组织对裂纹扩展速率的影响不大;但在近门槛区,减少夹杂物的体积和数量,对阻止裂纹扩展有一定效果。减小晶粒尺寸,对降低平直滑移型材料的扩展速率是有效的。

习　题

1. 疲劳破坏有哪些基本特征。

2. 试说明为什么疲劳断口观察通常是失效分析中的重要内容之一。

3. 说明高周疲劳、低周疲劳与控制应力、控制应变试验之间的联系。

4. 高周疲劳特性主要包括哪些内容。

5. 工程疲劳设计中为什么要用 P-S-N 曲线来代替 S-N 曲线。

6. 低周疲劳特性主要包括哪些内容?

7. 缺口零件的寿命分析一般与材料的低周疲劳特性相关,为什么? 常用的局部应变法的基本含义是什么?

8. 试说明疲劳裂纹扩展曲线的三个区域的特点和影响因素。

9. 已知钢板低周疲劳特性数据:$\sigma_f' = 1\,199$MPa,$b = -0.09$,$E = 2 \times 10^5$MPa,$\varepsilon_f' = 0.58$,$c = -0.57$,$K' = 2\,539$MPa,$n' = 0.13$。设由此钢板制成的零件上有一 $K_t = 3.2$ 的缺口,此处承受的名义净应力 $\Delta_{\sigma n/2} = \pm 360$MPa,试估计此零件的疲劳寿命。

10. 中心裂纹板 $2a = 0.2$mm,设板受垂直于裂纹的脉动应力 $\Delta\sigma = 180$MPa 的作用。已知板材的 $K_{1c} = 54$MPa$\sqrt{\text{m}}$,Paris 公式的参数 $C = 4 \times 10^{-27}$,而且 $da/dN \propto (R_y)^2$(R_y 为塑性区尺寸),试估算中心裂纹板的循环寿命。

第八章　材料在环境介质作用下的断裂

前面几章主要介绍材料在外力作用下所表现的力学行为规律,实际工程结构或零件,都是在一定环境或介质条件下工作的,材料在环境介质中的力学行为是介质和应力共同作用的结果。这种共同作用可以互相促进,加速材料损伤,促使裂纹早期形成并加速其扩展。材料在环境介质作用下的开裂包括应力腐蚀(SCC),氢脆(HE),腐蚀疲劳(CF)和液态金属脆化(LME)等。

8.1　应力腐蚀开裂

材料或零件在应力和腐蚀环境的共同作用下引起的开裂称为应力腐蚀开裂。这是应力与腐蚀联合作用的结果。如果只有一个方面,应力或者介质的作用,破坏不会发生,但当二者联合作用时,却能很快发生开裂。因此,发生应力腐蚀时,应力是很低的,介质的腐蚀性也是很弱的,也正由于此,应力腐蚀经常受到忽视,导致"意外"事故不断发生。据 ASTM 统计,仅 SCC 造成的损失每年竟超过 3 000 万美元。另外,由于近代工业技术的发展,材料工作环境日益苛刻,SCC 问题日益突出。因此近几十年来,对 SCC 的研究越来越活跃,尤其断裂力学原理应用于 SCC 研究之后,这一领域有了很大的发展。

8.1.1　应力腐蚀开裂的特征

应力腐蚀开裂主要有以下特点:

(1)造成应力腐蚀破坏的是静应力,远低于材料的屈服强度,而且一般是拉伸应力(*近年来,也发现在不锈钢中可以由压应力引起)。这个应力可以是外加应力,也可以是焊接、冷加工或热处理过程中产生的残留拉应力。最早发现的冷加工黄铜子弹壳在含有潮湿的氨气介质中的腐蚀破坏,就是由于冷加工造成的残留拉伸应力导致的 SCC 的结果。如经过去应力退火,这种事故就可以避免。

(2)应力腐蚀造成的破坏,是脆性断裂,断裂前没有明显的塑性变形。

(3)只有在特定的合金成分与特定的介质相组合时才会造成应力腐蚀。例如 α 黄铜只有在氨溶液中才会腐蚀破坏,而 β 黄铜在水中就能破裂。又如在氯化物溶液中,面心立方的奥氏体不锈钢容易破裂,通常称为氯脆,而体心立方的铁素体不锈钢,对此却不敏感。常用的金属材料产生应力腐蚀的材料与环境组合见表 8.1。

(4)应力腐蚀的裂纹扩展速率一般在 $10^{-9} \sim 10^{-6}$ m/s,是渐进的和缓慢的,裂纹的亚临界扩展一直达到某一临界尺寸,使剩余下的截面不足以承受外载时,就突然发生断裂。

(5)应力腐蚀的裂纹多起源于表面蚀坑处,而裂纹的传播途径常垂直于拉力轴。

(6)应力腐蚀破坏的断口,其颜色灰暗,表面常有腐蚀产物,而疲劳断口的表面,如果是新鲜断口常常较光滑,有光泽。

(7)应力腐蚀裂纹扩展时常有分枝。

(8)应力腐蚀引起的断裂可以是穿晶断裂,也可以是晶间断裂。如果是穿晶断裂,其断口是解理或准解理的,其裂纹有似人字形或羽毛状的标记。

8.1 产生应力腐蚀的材料－环境组合

材　　料	环　境　介　质
碳钢、低合金钢	NaOH 溶液,硝酸盐水溶液,H_2S 溶液,碳酸盐溶液
高强度钢	雨水,海水,H_2S 溶液,氯化物水溶液,HCN 溶液
奥氏体不锈钢	H_2S 溶液,氯化物水溶液,NaOH 溶液,Na^+ 盐溶液,多硫酸溶液
铜及铜合金	NH_3 蒸气及氨水,汞盐溶液,SO_2 气体,NaCl 溶液
铝合金	氯化物水溶液,海水,湿空气,高纯水,
钛及钛合金	海水,甲醇,液态 N_2O_4,发烟硝酸
镍及镍合金	NaOH,HF 酸,硅氟酸溶液
镁及镁合金	含水空气,高纯水,$KCl + K_2CrO_4$ 溶液

上述的应力腐蚀破坏特征,可以帮助我们识别破坏事故是否属于应力腐蚀,但一定要综合考虑,不能只根据某一点特征,便简单地下结论。

8.1.2 应力腐蚀抗力指标及测试方法

早期对应力腐蚀开裂的研究是采用光滑试样,在特定介质中于不同应力下测定金属材料的滞后破坏时间。用这种方法已积累了大量的数据,对于认识应力腐蚀破坏问题起了一定作用。但还有很多不足之处,主要有:

(1)因数据分散,有时可能得出错误的结论。这是因为光滑试样的破坏包括了裂纹形成和裂纹扩展两个过程。而裂纹的形成受表面光洁度、表面氧化膜等因素的影响很大,使得到的试验数据分散,有时甚至给人以假象。例如美国海军实验室曾对高强度钛合金 Ti-8Al-1Mo-1V 进行应力腐蚀性能研究。当用光滑试样在 3.5% NaCl 水溶液中进行应力腐蚀试验时,由于表面有一层致密的氧化膜,裂纹很难形成,断裂时间很长,以致人们认为这种合金将是潜艇壳体的新一代材料。可是当改用带裂纹的试样试验时,则在很短的时间内就断裂了。可见这种材料对 3.5% NaCl 水溶液实际上是很敏感的。

(2)不能得出裂纹扩展速率的变化规律。因为这种传统的方法是以名义应力作为裂纹扩展驱动力的,它不能反映裂纹顶端的应力状态。只有把断裂力学引入应力腐蚀的研究以后,这一问题才得到解决。

(3)费时,且不能用于工程设计。现在对应力腐蚀的研究,都是采用预制裂纹的试样。将这种试样放在一定介质中,在恒定载荷下,测定由于裂纹扩展引起的应力强度因子 K 随时间的变化关系(具体测试方法将在下面介绍),据此得出材料的抗应力腐蚀特征。

例如,图 8-1 所示 Ti-8Al-1Mo-1V,其 $K_{IC} = 100\text{MPa} \cdot \sqrt{m}$。在 3.5% 盐水中,当初始 K 值仅为 $40\text{MPa} \cdot \sqrt{m}$ 时,仅几分钟试样就破坏了。如果将值 K 稍微降低,则破坏时间可大大推迟。当 K 值降低到某一临界值时,应力腐蚀开裂实际上就不发生了。这一 K 值我们称之为应力腐蚀门槛值,以 K_{ISCC} 表示。于是,我们得到:

(1)$K < K_{ISCC}$ 时,在应力作用下,材料或零件可以长期处于腐蚀环境中而不发生破坏。

（2）$K_{ISCC} < K < K_{IC}$时，在腐蚀性环境和应力共同作用下，裂纹呈亚临界扩展，随着裂纹不断增长，裂纹顶端 K 值不断增大，达到 K_{IC} 时即发生断裂，如图8-2中虚线所示。

（3）$K > K_{IC}$ 时，一经加上载荷试样立即断裂。图8-2表明，初始 K 值不同，裂纹扩展速率和断裂时间也不同，但材料的最终破坏都是在 $K = K_{IC}$ 时发生的。

应该指出，高强度钢和钛合金都有一定的门槛值 K_{ISCC}，但铝合金却没有明显的门槛值，其门槛值只能根据指定的试验时间而定。一般认为对于这类试验至少

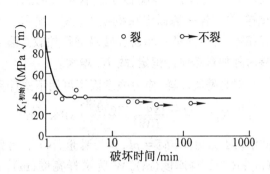

图 8-1 在 3.5% 盐水中 Ti-8Al-1Mo-1V 的破坏时间和初始应力强度水平的关系

要 1 000 小时，在使用这类 K_{ISCC} 数据时必须十分小心。特别是如果所设计的工程构件在腐蚀性环境中应用的时间比产生 K_{ISCC} 数据的试验时间长时，更要小心。

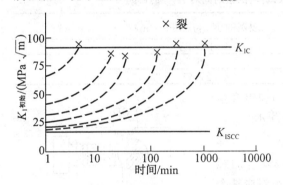

图 8-2 应力腐蚀时裂纹的扩展速率和 K 值的关系

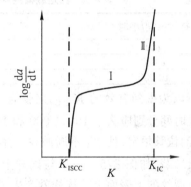

图 8-3 $\log \dfrac{da}{dt} - K$ 关系曲线

除了用 K_{ISCC} 来表示材料的应力腐蚀抗力外，也可测量裂纹扩展速率 da/dt。在 $\log \dfrac{da}{dt}$ 对 K 的关系中，有些材料表现出有三个裂纹增长阶段，如图8-3所示。在第一阶段中，$(\dfrac{da}{dt})_I$ 密切依赖于应力强度因子，同时也取决于温度、压力和环境。对于某些材料，这部分曲线很陡，将其外延，可得到 K_{ISCC}，低于这个 K 值时，da/dt 可以忽略不计。对铝合金来说，并不出现真正的门槛值，其第 I 阶段的斜率也较小。这时只好根据一特定的 da/dt 值，来给出条件的 K_{ISCC}。在第二阶段，da/dt 基本上和应力强度因子无关，而只取决于材料-环境的电化学性质，但仍深受温度、压力和环境的影响。到第三阶段，da/dt 又随 K 值的增加而增大，当 K 达到 K_{IC} 时裂纹便失稳扩展至断裂。

下面简单介绍应力腐蚀试验方法。

（1）载荷恒定，使 K_I 不断增大的方法。最常用的是恒载荷的悬臂梁弯曲试验装置，

见图 8-4。所用试样类似于预制裂纹的三点弯曲试样,将试样一端固定在机架上,另一端和一个力臂相连,力臂的另一端通过砝码进行加载。裂纹扩展时外加弯矩保持恒定,故 K_I 增大。

对悬臂梁试样,应力强度因子可用下式计算

$$K_I = \frac{4.12M(\alpha^{-3} - \alpha^3)^{1/2}}{BW^{3/2}}(MPa\sqrt{m})$$

式中,M 为力矩,$M = pl$,p 为悬重(N),l 为臂长(m);B 为试样厚度(m);W 为试样宽度(m);α 为 $1 - \dfrac{a}{W}$;a 为裂纹长度(m)。

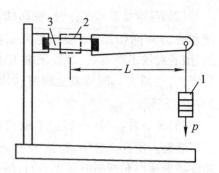

图 8-4 载荷恒定的测量方法
1—砝码;2—介质;3—试样

进行 SCC 试验时,测定数值是否有效,取决于两个重要参数,试样尺寸和试验时间。试样尺寸也要像 K_{IC} 试样一样,要满足平面应变条件。

测定材料的 K_{ISCC} 试验时间不能太短,否则该数据没有参考价值。表 8.2 为屈服强度为 1241MPa 的高合金钢,在室温下模拟在海水中的试验结果。

表 8.2 固定载荷的悬臂梁试样,试验时间对 K_{ISCC} 的影响

持续时间/小时	表观的 K_{ISCC}/(MPa·$\sqrt{m}$)
100	186.83
1 000	126.38
10 000	27.47

所以为得到有效的 K_{ISCC},对钛合金、钢和铝合金的试验时间分别应大于 100,1 000 和 10 000 小时。

(2)位移恒定,使 K_I 不断减少。用紧凑拉伸试样和螺栓加载,如图 8-5。一个与试样上半部啮合的螺杆顶在裂纹的下表面上。这样就产生了一个对应某个初始载荷的裂纹张开位移。用这种方法,试样自身加载。当裂纹扩展时,在位移恒定的条件下,载荷会下降,于是 K 值也下降,当 K 值下降到 K_{ISCC} 时裂纹便不再扩展。

上述两种方法各有其优缺点。前者不但可得到较准确的 K_{ISCC},而且可得到较完整的 K_I 与时间的关系曲线,但需要试样较多。后者不需要特定的试验机,便于现场测试,而且用一个试样即可测得 K_{ISCC},但裂纹扩展趋于停止的时间很长,判断裂纹的停止较困难,因此影响计算 K_{ISCC} 的精度。

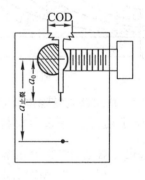

图 8-5 恒位移试验方法

K_{ISCC} 是一个很重要的力学性能指标,当 $K_I < K_{ISCC}$,裂纹不扩展,因此,K_{ISCC} 可用于无限寿命设计。比值 K_{ISCC}/K_{IC} 是衡量材料对应力腐蚀敏感性的性能指标,高强度材料 K_{ISCC}/K_{IC} 大致在 1/4~1/6 范围。一般认为 $K_{ISCC}/K_{IC} > 0.6$,即为对应力腐蚀不敏感。

8.1.3 应力腐蚀的机理

应力腐蚀问题很复杂,还没有一种理论能解释各种应力腐蚀现象。以下扼要叙述两种理论,以便从两个侧面更好地理解应力腐蚀过程。

1. 钝化膜理论

这个理论认为,在应力腐蚀破坏时,首先表现为钝化膜的破坏,破坏处金属表面暴露在介质中,该处电极电位比保护膜完整的部分低,从而成为微电池的阳极,在发生阳极反应时,Me→Me^{2+} + 2e,金属变成离子进入腐蚀介质,即产生所谓阳极溶解。在此过程中,应力除直接促使钝化膜破坏外,更主要是在裂纹顶端产生应力集中区,它能降低阳极电位,加速阳极金属的溶解。如果裂纹顶端的应力集中始终存在,则这种微电池反应就会不断进行,以致钝化膜不能再恢复,从而形成越来越深的裂纹。

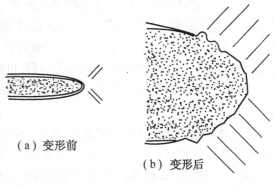

（a）变形前

（b）变形后

图 8-6 裂纹顶端塑性变形引起钝化膜破坏的模型

研究表明,在应力作用下表面钝化膜破坏是由于临近裂纹顶端处容易产生局部塑性变形而形成滑移台阶所致(见图 8-6)。假如钝化膜重新恢复的过程进行得很慢,阳极金属溶解得很快,则结果是裂纹顶端的钝化使腐蚀过程逐渐变慢。如钝化膜在破坏后很快形成,又会阻止位错向表面运动,使形成滑移台阶的抗力提高,也使应力腐蚀过程减慢。由此可见,当金属在介质中重新钝化的能力适中时应力腐蚀速度最大。

2. 闭塞电池理论

闭塞电池理论要点如下:(1)在应力和腐蚀介质的共同作用下,金属表面的缺陷处形成微蚀孔或裂纹源。(2)微蚀孔和裂纹源的通道非常窄小,孔隙内外溶液不容易对流和扩散,形成所谓"闭塞区"。(3)由于阳极反应与阴极反应共存,一方面金属原子变成离子进入溶液,Me→Me^{2+} + 2e;另一方面电子和溶液中的氧结合形成氢氧根离子,$\frac{1}{2}O_2$ + H_2O + 2e→$2OH^-$。但在闭塞区,氧迅速耗尽,得不到补充,最后只能进行阳极反应。(4)缝内金属离子水解产生 H^+ 离子,使 pH 值下降,Me^{2+} + $2H_2O$→$Me(OH)_2$ + $2H^+$。由于缝内金属离子和氢离子增多,为了维持电中性,缝外的 Cl^- 阴离子可移至缝内,形成腐蚀性极强的盐酸,使缝内腐蚀以自催化方式加速进行。有人用冷冻法使试样降温,当缝内溶液凝固后,打断试样,取得缝内的溶液,并检验其 pH 值,证实缝内溶液确实变酸。闭塞电池理论很好地说明了一些耐蚀性强的合金,如不锈钢、铝合金和钛合金等在海水中为什么不耐蚀,并能说明氯化物易使金属产生点蚀和应力腐蚀的问题。

应力腐蚀裂纹的形成和扩展路径,可以是穿晶的,也可以是沿晶的,而且有分叉现象。后者表明应力腐蚀时,主裂纹扩展较快,支裂纹扩展较慢。这种特征常可用来与腐蚀疲劳、晶间腐蚀等相区别。

8.1.4 防止应力腐蚀的措施和安全设计

1. 防止措施

由上述产生应力腐蚀的条件和机理可知,防止应力腐蚀的措施主要是合理选择材料、减少或消除零件中的残余拉应力及适当改变介质条件和采取电化学保护方法。

(1)合理选择材料 针对零件所受的应力和使用条件选用耐应力腐蚀的金属材料,这是一个基本原则。如铜对氨的应力腐蚀敏感性很高,因此,接触氨的零件应避免使用铜合金;又如在高浓度氯化物介质中,一般可选用不含镍、铜或仅含微量镍、铜的低碳高铬铁素体不锈钢,或含硅较高的铬镍不锈钢,也可选用镍基和铁-镍基耐蚀合金。

此外,在选材时还应尽可能选用 K_{ISCC} 较高的合金,以提高零件抗应力腐蚀开裂的能力。

(2)减少或消除零件中的残余拉应力 残余拉应力是产生应力腐蚀的重要原因。为此,设计上应尽量减小零件上的应力集中,工艺上加热和冷却要均匀,必要时采用退火工艺以消除内应力。如能采用喷丸或其他表面热处理方法,使零件表层产生一定的残余压应力对防止应力腐蚀是有效的。

(3)改善介质条件 这可从两方面考虑:一方面设计减少和消除促进应力腐蚀开裂的有害化学离子,如通过水净化处理,降低冷却水与蒸汽中的氯离子含量,对预防奥氏体不锈钢的氯脆十分有效;另一方面,也可以在腐蚀介质中添加缓蚀剂,如在高温水中加入 $300 \times 10^{-6} \text{mol/L}$ 的磷酸盐,可使铬镍奥氏体不锈钢抗应力腐蚀性能大大提高。

(4)采用电化学保护 由于金属在介质中只有在一定的电极电位范围内才会产生应力腐蚀,因此采用外加电位的方法,使金属在介质中的电位远离应力腐蚀敏感电位区域,也是防止应力腐蚀的一种措施,一般采用阴极保护法。不过,对高强度钢和其他氢脆敏感的材料,不能采用这种保护法。有时采用牺牲阳极法进行电化学保护也是很有效的。

2. 构件的安全设计

长期在介质中工作的零件存在裂纹时,可用断裂力学方法进行安全分析。

以给定材料的表面裂纹体为例,如附录2图附2.10 中的表面半椭圆裂纹的 K_{I} 表达式为

$$K_{\text{I}} = \frac{1.1\sigma(\pi a)^{1/2}}{\sqrt{Q}}$$

分别令 $K_{\text{I}} = K_{\text{ISCC}}$ 和 $K_{\text{I}} = K_{\text{IC}}$ 给出两种临界状态的 $\sigma\text{-}a$ 图(见图 8-7)。由图可见,裂纹行为可分为三个区。Ⅰ区为不产生应力腐蚀开裂区,Ⅱ区为应力腐蚀开裂区,Ⅲ区为空气中裂纹失稳断裂区。当零件所承受的名义应力为 σ 时,可在图中作相应水平虚线,分别得到在介质中应力腐蚀开裂和在空气中失稳开裂的临界裂纹尺寸 a'_{c} 和 a_{c}。显然,零件

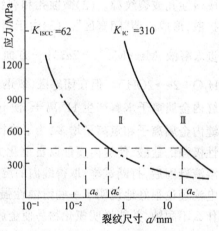

图 8-7 由 K_{ISCC} 和 K_{IC} 确立的 $\sigma\text{-}a$ 曲线

在应力腐蚀条件下的初始裂纹尺寸 a_0 小于 a'_c 时将有无限寿命。当然,在工程实际控制中,还应注意所得到的 a'_c 值不应小于现场无损检测所能达到的限度。

从理论上说,$a_c \geqslant a'_c$ 也还有一定的裂纹扩展寿命可以利用。由实测的 $da/dt = f(K)$,即可估计由 a_0 扩展到 a_c 的寿命。

8.2 氢　脆

金属中的氢是一种有害元素,只须极少量的氢如 0.0001%(重量)即可导致金属变脆。氢脆是在应力和过量的氢共同作用下使金属材料塑性、韧性下降的一种现象。引起氢脆的应力可以是外加应力,也可以是残余应力,金属中的氢则可能是本来就存在于其内部的,也可能是由表面吸附而进入其中的。

8.2.1　氢的来源及其在金属中存在的形式

金属中氢的来源很多。首先,在熔炼过程中由原料中含有水分,油垢等不纯物质,在高温下分解出氢,部分溶于液态金属中。凝固后若冷却较快,氢便过饱和地存在于金属中。氢还可以在机件加工过程中(如酸洗、电镀等)进入金属。此外,金属机件在服役过程中环境介质也可提供氢。例如,有些机件在高温和高氢气氛中运行容易吸氢,也有的机件与 H_2S 气氛接触,或暴露在潮湿的海洋性或工业大气中,表面覆盖一层中性或酸性电解质溶液,因产生如下阴极反应而吸氢

$$H^+ + e \rightarrow H$$
$$2H \rightarrow H_2 \uparrow$$

金属中的氢可以有几种不同的存在形式。在一般情况下,氢以间隙原子状态固溶在金属中,对于大多数工业合金,氢的溶解度随温度降低而降低。氢在金属中也可能通过扩散聚集在较大的缺陷(如空洞、气泡、裂纹等)处,以氢分子状态存在。此外,氢还可能和一些过渡族、稀土或碱土金属元素作用,生成氢化物,或与金属中的第二相作用生成气体产物,如钢中的氢可与渗碳体中的碳原子作用形成甲烷等。

8.2.2　氢致脆化类型

由于氢在金属中存在的状态不同,以及氢与金属的交互作用性质不同,氢可以不同的机制使金属脆化。关于氢脆的机制,有多种学说,这些学说都有一定的实验依据,也都能解释一些氢脆现象。如氢压理论,认为金属中的氢在缺陷处聚集成分子态,形成高压气泡,使材料脆化,可以说明钢中白点的成因,并据此制订对策,消除白点。氢化物理论认为氢与金属形成氢化物造成材料脆化。减聚理论认为固溶于金属中的氢降低金属原子间结合力,而使金属变脆。并认为氢使微观塑变局部化,造成滞后塑变,降低屈服应力导致脆性等。下面扼要介绍几种主要的氢致脆化类型。

1. 白点　白点又称发裂,是由于钢中存在的过量的氢造成的。锻件(固溶体)中的氢,在锻后冷却较快时,因溶解度的减小而过饱和,并从固溶体中析出。这些析出的氢如果来不及逸出,便在钢中的缺陷处聚集并结合成氢分子。气体氢在局部形成的压力逐渐

增高,将钢撕裂、形成微裂纹。如果将这种钢材冲断,断口上可见银白色的椭圆形斑点,即所谓白点。在钢的纵向剖面上,白点呈发纹状。这种白点在 Cr – Ni 结构钢的大锻件中最为严重。历史上曾因此造成许多重大事故,因此自本世纪初以来对它的成因及防止方法进行了大量而详尽的研究,并已找出了精炼除气,锻后缓冷或等温退火等工艺方法,以及在钢中加入稀土或其他微量元素使之减弱或消除。

2. 氢蚀　如果氢与钢中的碳发生反应,生成 CH_4 气体,也可以在钢中形成高压,并导致钢材塑性降低,这种现象称为氢蚀。石油工业中的加氢裂化装置有可能发生氢蚀。CH_4 气泡的形成必须依附于钢中夹杂物或第二相质点。这些第二相质点往往存在于晶界上,如用 Al 脱氧的钢中,晶界上分布着很多细小的夹杂物质点,因此,氢蚀脆化裂纹往往沿晶界发展,形成晶粒状断口。CH_4 的形成和聚集到一定的量,需要一定的时间,因此,氢蚀过程存在孕育期,并且温度越高,孕育期越短。钢发生氢蚀的温度为 $300 \sim 500℃$,低于 $200℃$ 时不发生氢蚀。

为了减缓氢蚀,可降低钢中的含碳量,以减少形成 CH_4 的 C 供应。或者加入碳化物形成元素,如 Ti、V 等,其形成的稳定的碳化物不易分解,可以延长氢蚀的孕育期。

3. 氢化物致脆　在纯钛、α-钛合金、钒、锆、铌及其合金中,氢易形成氢化物,使塑性、韧性降低,产生脆化。这种氢化物又分两类:一类是熔融金属冷凝时,由于氢的溶解度降低而从过饱和固溶体中析出时形成的,称为自发形成氢化物;另一类则是在氢含量较低的情况下,受外加拉应力作用,使原来基本上是均匀分布的氢逐渐聚集到裂纹前沿或微孔附近等应力集中处,当其达到足够浓度后,也会析出而形成氢化物。由于它是在外力持续作用下产生的,故称为应力感生氢化物。

金属材料对这种氢化物造成的氢脆敏感性随温度降低及试样缺口的尖锐程度增加而增加。裂纹常沿氢化物与基体的界面扩展,因此,在断口上常看到氢化物。

氢化物的形状和分布对金属的脆性有明显影响。若晶粒粗大,氢化物在晶界上呈薄片状,易产生较大的应力集中,危害很大。若晶粒较细,氢化物多呈块状不连续分布,对氢脆就不太敏感。

4. 氢致延滞断裂　高强度钢或 $\alpha + \beta$ 钛合金中含有适量的处于固溶状态的氢(原来存在的或从环境介质中吸收的),在低于屈服强度的应力持续作用下,经过一段孕育期后,在内部特别是在三向拉应力区形成裂纹,裂纹逐步扩展,最后会突然发生脆性断裂。这种由于氢的作用而产生的延滞断裂现象称为氢致延滞断裂。工程上目前所说的氢脆,大多数是指这类氢脆而言。这类氢脆的特点是:1)只在一定温度范围内出现,如高强度钢多出现在 $-100 \sim 150℃$ 之间,而以室温下最敏感;2)提高形变速率,材料对氢脆的敏感性降低。因此,只有在慢速加载试验中才能显示这类氢脆;3)此类氢脆显著降低金属材料的伸长率,但含氢量超过一定数值后,伸长率不再变化,而断面收缩率则随含氢量增加不断下降,且材料强度愈高,Ψ 下降越剧烈;4)此类氢脆的裂纹路径与应力大小有关。40CrNiMo 钢的试验表明,当应力强度因子 K_I 较高时,断裂为穿晶韧窝型;K_I 为中等大小时,断裂为准解理与微孔混合型;K_I 较低时,断裂呈沿晶型。此外,断裂类型还与杂质含量有关,杂质含量较高时,晶界偏聚较多杂质,从而可吸收较多氢,造成沿晶断裂。提高纯净度,可使断裂由沿晶型向穿晶型过渡。

8.2.3 位错理论对氢脆的理解

氢脆的位错理论认为氢脆是由于氢原子与位错交互作用的结果。固溶体中的氢存在于晶格间隙位置,氢原子倾向于聚集在刃位错下方。形成 Conttrell 气团,松弛位错的应力场,降低位错的畸变能。当裂纹体受力后,裂纹顶端出现三向张应力,应力稍高时,形成裂纹顶端塑性变形区,并造成该局部的高位错密度,为聚集更多的氢创造条件。另外,由于 Conttrell 气团对位错的钉札,使位错运动困难。上述这些因素都促进氢向裂纹顶端聚集,导致原子结合力下降,促使裂纹顶端局部材料脆化。氢脆的表现形式决定于裂纹顶端局部地方的位错与氢相互作用的性态。不同因素对氢脆的影响,实际上是通过对氢与位错相互作用性态的影响而起作用的。

1. 氢脆与温度和形变速率的关系　氢脆只出现于一定形变速率和一定温度范围内。当形变速率一定时,如果温度较低,氢原子扩散速率很慢,跟不上位错运动,不足以形成气团,因此不会有大量氢聚集于裂纹顶端,不会产生氢脆。在稍高温度下,氢原子的扩散速度可以跟得上位错运动时,便以气团形式,伴随着位错运动,越来越多地聚集于裂纹顶端塑性区,促使该地区脆化。温度继续升高时,氢原子扩散速度大大提高,这时固然可以方便地形成气团,但同时由于热作用,又促使已聚集的氢原子离开气团向周围扩散,于是位错周围的氢原子浓度开始下降,材料塑性升高,脆性降低。当温度很高时,氢气团完全被热扩散破坏,氢脆将完全消除。

形变速率的影响也是如此。位错运动速度是与宏观变形速度相适应的。形变速度升高,必然将出现氢脆的温度范围向高温推移,因为提高形变速度,必须在更高的温度下才能使氢原子的扩散跟得上位错的运动。如果变形速度足够高,使氢原子无论如何跟不上位错运动的话,将不再发生氢脆。对钢材来说,在一般变形条件下,对氢脆最敏感的温度范围在室温附近。

2. 氢脆裂纹的扩展特性　高强钢的氢脆裂纹扩展具有跳跃式特点,如图 8-8 所示。溶入钢中的氢在向裂纹顶端聚集的过程中,裂纹并不扩展。只有当该局部地区的氢浓度达到一临界值时,便在裂纹前方塑性区与弹性区的交界处形成开裂,新产生的小裂纹与原裂纹实现连接时,原裂纹才扩展一段距离,并随即停止。以后是再孕育,再扩展。最后当裂纹经亚临界扩展,达到临界裂纹尺寸时,发生裂纹失稳扩展。裂纹的这种扩展方式及扩展过程中的电阻变化见图 8-8。

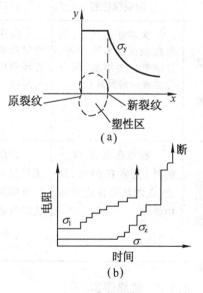

8.2.4 氢脆与应力腐蚀的关系

应力腐蚀与氢脆都是由于环境效应而产生的延滞断裂现象,两者关系十分密切。图 8-9 所示为

图 8-8　氢脆裂纹扩展方式及氢脆裂纹扩展中电阻的变化

钢在特定的腐蚀介质中产生应力腐蚀与氢脆的电化学原理图。由图可见,产生应力腐蚀时总是伴随着氢脆现象。两者的区别在于应力腐蚀为阳极溶解过程(图 a),形成所谓阳极活性通道而使金属开裂;而氢脆则为阴极吸氢过程(图 b)。在探讨某一具体合金-介质系统的延滞断裂究竟属于哪一种断裂类型时,一般可采用极化试验方法。即利用外加电流对静载下裂纹产生时间或裂纹扩展速率的影响来判断。当外加小的阳极电流而缩短产生裂纹时间的是应力腐蚀(图 c);当外加小的阴极电流而缩短产生裂纹时间的是氢脆(图 d)。

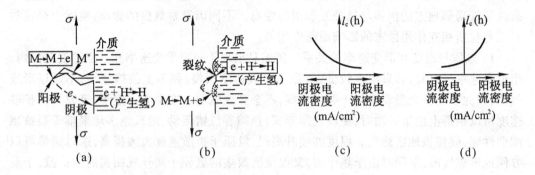

图 8-9 应力腐蚀与氢脆电化学原理的比较

对于一个已断裂的机件来说,还可从断口形貌上来加以区分。表 8.3 为钢的应力腐蚀与氢脆断口形貌的比较。

表 8.3 钢的应力腐蚀与氢脆断口形貌的比较

	断裂源位置	断口宏观特征	断口微观特征	二次裂纹
氢脆	大多在表皮下,偶尔在表面应力集中处,且随外应力增加,断裂源位置向表面靠近	脆性,较光亮,刚断开时没有腐蚀,在腐蚀性环境中放置后,受均匀腐蚀	多数为沿晶断裂,也可能出现穿晶解理或准解理断裂。晶界面上常有大量撕裂棱,个别地方有韧窝,若未在腐蚀环境中放置,一般无腐蚀产物	没有或极少
应力腐蚀	肯定在表面,无一例外,且常在尖角、划痕、点蚀坑等拉应力集中处	脆性、颜色较暗,甚至呈黑色,和最后静断区有明显界限,断裂源区颜色最深	一般为沿晶断裂,也有穿晶解理断裂。有较多腐蚀产物,且有特殊的离子如氯、硫等。断裂源区腐蚀产物最多	较多或很多

8.2.5 氢脆评定

研究氢脆的实验方法与应力腐蚀基本相同。可以用光滑试样或缺口试样,加上一定的应力,测定断裂时间,建立 $\sigma - t$ 曲线。也可以采用预裂纹试样,在电解阴极充氢或气体充氢条件下,测定裂纹扩展速率da/dt与应力强度因子K_I的关系曲线。图 8-10 为 Ti5Al2.5Sn 合金在接近一大气压氢气气氛下裂纹扩展速率$\dfrac{da}{dt}$与裂纹顶端应力强度因子K_I的关系,可见与图 8-3 应力腐蚀裂纹扩展速率相似。图 8-10 中裂纹扩展分为三个阶段:第Ⅰ阶段与温度无关,受力学因素和介质因素影响较大。将第Ⅰ阶段外延,可得到氢致开裂的门槛值K_{IHth};第Ⅱ阶段与K_I因子无关,K_I在相当大范围变化,da/dt保持为常数;第Ⅲ阶段,裂纹已进入非稳定扩展阶段,受力学因素及温度的影响较大。裂纹体在环境介质作用下的服役时间,可由第Ⅱ阶段的da/dt进行计算。

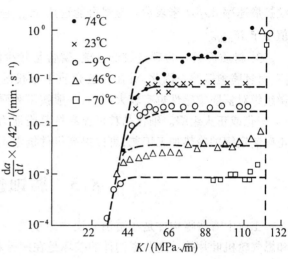

图 8-10 温度对 Ti 合金在氢气氛中裂纹扩展的影响

材料的氢脆敏感性一般用光滑试样充氢前后的拉伸试验的断面收缩率的变化衡量

$$I = \frac{\psi_0 - \psi_H}{\psi_0} \times 100\%$$

其中 ψ_0 和 ψ_H 分别为不含氢和含氢试样的断面收缩率。

也有提出用断裂比功(即真应力-应变曲线下的面积)作参量能更好地反映氢脆敏感性。材料的氢脆敏感性在设计和材料评定中只能作为参考数据,用预裂纹试样所得到da/dt 和K_{IHth}定量指标进行设计计算。

8.2.6 防止氢脆的措施

由前面的讨论可见,决定氢脆的因素主要有环境、力学及材料三方面,因此要防止氢脆也要从这三方面制订对策。

1. 环境因素   设法切断氢进入金属中的途径,或者通过控制这条途径上的某个关键环节,延缓在这个环节的反应速度,使氢不进入或少进入金属中。例如,采用表面涂层,使机件表面与环境介质隔离。还可在介质中加入抑制剂的方法,如在 100% 干燥 H_2 中加入 0.6% O_2,由于氧原子优先吸附于裂纹顶端阻止氢原子向金属内部扩散,可以有效地抑制裂纹的扩展。又如在 3% NaCl 水溶液中加入浓度为 10^{-8} mol/L 的 N-椰子素、β-氨基丙酸,也可降低钢中的含氢量,延长高强度钢的断裂时间。

对于需经酸洗和电镀的机件,应制定正确工艺,防止吸入过多的氢。并在酸洗、电镀后及时进行去氢处理。

2. 力学因素   在机件设计和加工过程中应避免各种产生残余拉应力的因素。采用表面处理,使表面获得残余压应力层,对防止氢脆有良好作用。金属材料抗氢脆的力学性能指标与抗应力腐蚀性能指标一样,可采用氢脆临界应力场强度因子门槛值 K_{IHth} 及裂纹扩展速率 da/dt 来表示。应尽可能选用 K_{IHth} 值高的材料,并力求使零件服役时的 K_I 值小于 K_{IHth}。

3.材质因素　含碳量较低且硫、磷含量较少的钢,氢脆敏感性低。钢的强度等级愈高,对氢脆愈敏感。因此,对在含氢介质中服役的高强度钢的强度应有所限制。钢的显微组织对氢脆敏感性也有较大影响,一般按下列顺序递增:下贝氏体,回火马氏体或贝氏体,球化或正火组织。细化晶粒可提高抗氢脆能力,冷变形可使氢脆敏感性增大。因此,正确制定钢的冷热加工工艺,可以提高机件抗氢脆性能。

8.3　腐蚀疲劳

工业上有些零构件是在腐蚀介质中承受交变载荷作用的,如船舶的推进器、压缩机和燃气轮机叶片等。这些零构件的破坏是在疲劳和腐蚀联合作用下发生的,这种失效形式称为腐蚀疲劳。从失效意义上考虑,腐蚀疲劳过程也包括工程裂纹的萌生和扩展两个阶段,不过在交变应力和腐蚀介质共同作用下裂纹萌生要比在惰性介质中容易得多,所以裂纹扩展特性在整个腐蚀疲劳过程中占有更重要的地位。

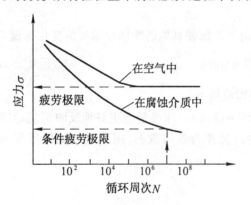

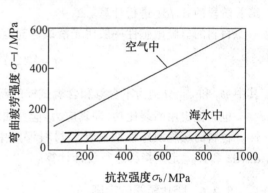

图 8-11　纯疲劳试验和腐蚀疲劳试验的疲劳曲线　　图 8-12　钢在空气中及海水中的疲劳强度

8.3.1　腐蚀疲劳的特点和机理

1.腐蚀疲劳的特点

(1)腐蚀环境不是特定的。只要环境介质对金属有腐蚀作用,再加上交变应力的作用都可产生腐蚀疲劳。这一点与应力腐蚀极为不同,腐蚀疲劳不需要金属－环境介质的特定配合。因此,腐蚀疲劳更具有普遍性。

(2)腐蚀疲劳曲线无水平线段,即不存在无限寿命的疲劳极限。因此,通常采用"条件疲劳极限",即以规定循环周次(一般为 10^7 次)下的应力值作为腐蚀疲劳极限,来表征材料对腐蚀疲劳的抗力。图 8-11 即为纯疲劳试验和腐蚀疲劳试验的疲劳曲线的比较。

(3)腐蚀疲劳极限与静强度之间不存在比例关系。由图 8-12 可见,不同抗拉强度的钢在海水介质中的疲劳极限几乎没有什么变化。这表明,提高材料的静强度对在腐蚀介质中的疲劳抗力没有什么贡献。

(4)腐蚀疲劳断口上可见到多个裂纹源,并具有独特的多齿状特征。

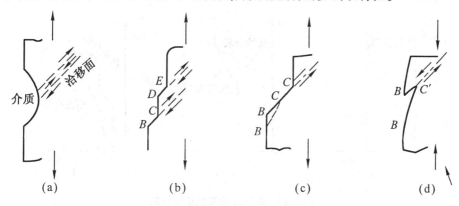

(a)   (b)   (c)   (d)

图 8-13   点腐蚀产生疲劳裂纹示意图

2. 腐蚀疲劳机理

下面简单介绍在液体介质中腐蚀疲劳的两种机理。

(1)点腐蚀形成裂纹模型   这是早期用来解释腐蚀疲劳现象的一种机理。金属在腐蚀介质作用下在表面形成点蚀坑。在点蚀坑处产生裂纹的示意图如图 8-13 所示。(a)在半圆点蚀坑处由于应力集中,受力后易产生滑移;(b)滑移形成台阶 BC、DE;(c)台阶在腐蚀介质作用下溶解,形成新表面 $B'C'C$;(d)在反向加载时,沿滑移线生成 $BC'B'$ 裂纹。

(2)保护膜破裂形成裂纹模型   这个理论与应力腐蚀的保护膜破坏理论大致相同,如图 8-14 所示。

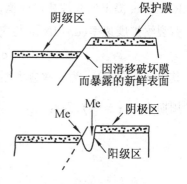

图 8-14   保护膜破裂形成裂纹示意图

金属表面暴露在腐蚀介质中时,表面将形成保护膜。由于保护膜与金属基体比容不一,因而在膜形成过程中金属表面存在附加应力,此应力与外加应力迭加,使表面产生滑移。在滑移处保护膜破裂露出新鲜表面,从而产生电化学腐蚀。破裂处是阳极,由于阳极溶解反应,在交变应力作用下形成裂纹。

8.3.2 腐蚀疲劳裂纹扩展

腐蚀疲劳裂纹扩展用裂纹扩展速率 da/dN 对裂纹顶端应力强度因子幅 $\triangle K$ 的关系表示。如图 8-15 所示,可分为三种类型。图(a)为真腐蚀疲劳(或称 A 型),铝合金在水环境中的腐蚀疲劳即属此类,介质的影响使门槛值 $\triangle K_{th}$ 减小,裂纹扩展速率 $(da/dN)_{CF}$ 增大。当 K_{max} 接近 K_{IC} 时,介质的影响减小。图(b)为应力腐蚀疲劳(B 型),具有交变载荷作用的疲劳与应力腐蚀相叠加的特征。$K_I < K_{ISCC}$ 时,介质作用可以忽略;当 $K_I > K_{ISCC}$ 时,介质对 $(da/dN)_{CF}$ 有很大影响,$(da/dN)_{CF}$ 急剧增高,并出现水平台阶,钢在氢介质中的腐蚀疲劳即属此类。第三种情况如图(c)所示,是 A 型与 B 型的混合型(C 型)。

在大多数工程合金与环境介质组合条件下的腐蚀疲劳属于此类,从图上可以看出,既具有真腐蚀疲劳的特征,又具有应力腐蚀疲劳的特征。

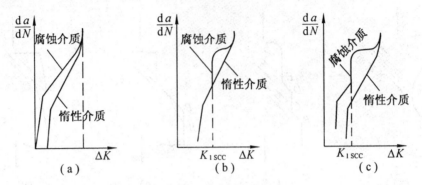

图 8-15　腐蚀疲劳裂纹扩展曲线

腐蚀疲劳试验比较复杂,工程上希望利用机械疲劳与应力腐蚀试验的结果,通过某种模型来计算腐蚀疲劳裂纹扩展速率,进而预测腐蚀疲劳寿命。这方面较早的工作是R.P.Wei 提出的线性叠加模型,该模型认为,腐蚀疲劳裂纹扩展速率$(da/dN)_{CF}$是机械疲劳裂纹扩展速率$(da/dN)_F$与应力腐蚀裂纹扩展速率$(da/dN)_{SCC}$之和,即

$$(da/dN)_{CF} = (da/dN)_F + (da/dN)_{SCC}$$

其中,$(da/dN)_{SCC}$为一次应力循环所产生的应力腐蚀裂纹扩展量,如果循环一次的时间周期为 $\tau(\tau = \dfrac{1}{f})$,则有

$$(da/dN)_{SCC} = \int (da/dt)_{SCC}\, dt$$

Wei 曾利用上述模型估算过高强度钢在干氢、蒸馏水和水蒸气介质以及钛合金在盐溶液中的疲劳裂纹扩展,结果表明在 $K_{max} > K_{ISCC}$ 时是令人满意的。由于该模型未考虑应力与介质的交互作用,以后又有人对上述模型提出修正,或提出新的模型。

8.3.3　影响腐蚀疲劳裂纹扩展的因素

1. 加载频率　　图 8-16 为 12Ni5Cr3Mo 钢在 3% NaCl 溶液中以不同加载频率试验得到的腐蚀疲劳裂纹扩展速率。$K_{ISCC} = 60 MPa\sqrt{m}$,试验中的 $\Delta K < K_{ISCC}$,为真腐蚀疲劳,在空气中,加载频率在 0.1～10Hz 范围变化,对 da/dN 不显示明显影响,但在盐水介质中,则显示出很大影响,da/dN 随载荷频率降低而加大,成平行直线向左上方推移。

2. 平均应力　　图 8-17 为 4340 钢在干氩和水介质中的不同应力比 R 进行试验的$da/dN - \triangle K$ 曲线,图中显示无论在惰性介质还是在水介质中,提高平均应力将会提高$(da/dN)_{CF}$。

3. 材料强度　　图 8-18 为不同屈服强度的 4340 钢在空气和 3% NaCl 水溶液中的试验结果,图中显示,在空气中,两种屈服强度材料的试验点都落在同一直线上,但在盐

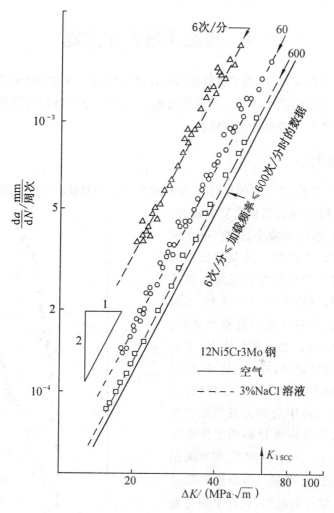

图 8-16 加载频率对 12Ni5Cr3Mo 钢在空气中和 3% NaCl 介质中的 da/dN 的影响

水介质中,da/dN 呈现差异,材料强度越高,da/dN 越大。

8.3.4 防止腐蚀疲劳的措施

减少腐蚀疲劳的主要方法是选择能在预定的环境中抗腐蚀的材料。也可以通过各种表面处理如喷丸、氮化等工艺使表面残留压应力。一般认为,阳极镀层有益,阴极镀层有害。如镀锌、镉对钢的表面是阳极镀层,可改善腐蚀疲劳抗力;但镀铬、镍对钢的表面是阴极镀层,使表面产生不利的拉应力,出现发状裂纹和氢脆。其他的表面保护,如涂漆、涂油或用塑料、陶瓷形成保护层,只要它在使用中不破坏,则对减少腐蚀疲劳都是有利的。

高强度铝合金常用纯铝包覆,利用 Al_2O_3 薄膜能显著提高腐蚀疲劳抗力,虽然这样做会减小在空气中的疲劳强度也在所不惜。喷丸和氧化物保护层共同使用常可更明显地改善腐蚀疲劳抗力。

8.4 其他环境脆化问题

随着核能工业的发展,出现了材料在辐射环境下的脆化及在使用液态金属作载热体的反应堆中的液态金属脆化问题。此外还有航天工业中由于镀层等原因而出现的钛合金、高强钢、铝合金等低熔点金属接触脆化。

8.4.1 辐射脆化

在高速电子、中子、离子流的辐射下,结构材料发生的脆化称为辐射脆化。

通常固体材料的辐射损伤主要表现为:几何尺寸的变化,密度的减小,强度、硬度的增加,塑性的下降,电阻的上升及导磁率的变化等。金属材料的辐射损伤通常主要是由中子辐射造成。(由于中子不带电,不引起电子状态变化,所以主要引起格架缺陷,例如:一个 5MeV 的 α 粒子辐射在 Be 中造成 35 对空位－间隙原子,5MeV 的 β^+ 辐射引起 19 对,而 2MeV 的中子则引起 454 对)。中子辐射在金属晶体中造成大量的空位及格架间原子。由于反应堆材料的工作温度通常在 $0.3 \sim 0.5 T_{熔}$,这种温度下,格架间原子的可动性比空位大得多。因而格架间原子往往与位错等结合而消失,或在平面上聚集而形成层错,而空位往往集合成空穴,通常金属和合金在 $0.3 \sim 0.5 T_{熔}$ 时强辐射的结果都在组织中造成大量空穴。

由于辐射造成的组织结构变化,材料强度上升、塑性的下降,如图 8-19 所示。由图

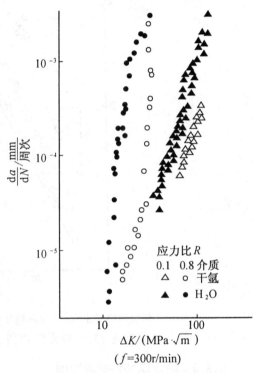

图 8-17 平均应力对 4340 钢在干氩和水中 da/dN 的影响

中亦可知材料的韧性因辐射而降低。特别是压力容器用材,辐射脆化将造成很大危害。

由于辐射造成材料组织中大量的空位及空穴(空穴集团),必然会恶化材料的抗蠕变性能,这对反应堆材料(一般工作温度较高)是一个很大的问题。图8-20给出 316 不锈钢管因辐射而造成的蠕变性能下降,在承受 $10^{22} \text{n/cm}^2 (E > 0.1\text{MeV})$ 的 β 辐射时,蠕变速度增大。通常认为蠕变速度增加与辐射造成的体积膨胀有关,并有如下半经验关系

$$\dot{\epsilon}/\sigma = B_0 K_i + D\dot{S}$$

式中 $\dot{\epsilon}$——蠕变速度;

σ——应力;

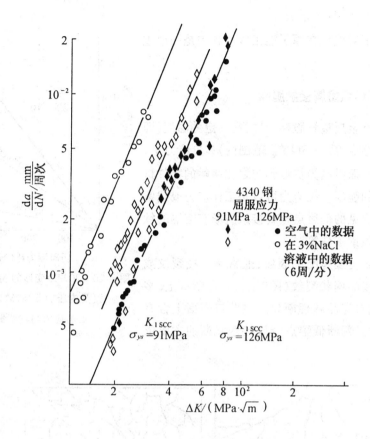

图 8-18　4340 钢在 3% 盐水中的 da/dN

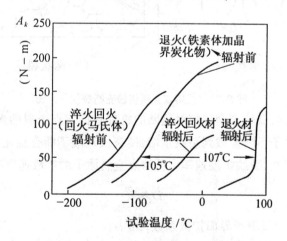

图 8-19　A543(HY80)板材辐射前后的
夏氏冲击试验值。辐射温度<120℃，
辐射量 $2.0 \times 10^{19}\, n/\mathrm{cm}^2\, (>1\mathrm{MeV})$

$\dot{S}$——体积膨胀速度；

K_i——辐射产生的点缺陷(空位)速度；

B_0、D——待定常数

关于材料辐射脆化在原子能工程材料中是一个重要的研究课题。

8.4.2 低熔点金属接触脆断

所谓低熔点金属接触脆断,是指在一定的温度(即低熔点金属的熔点 $T_\text{熔} \sim 3/4 T_\text{熔}$ 范围内)和拉应力下,低熔点金属由表面沿晶界扩散到与之相接触的零件材料内部而造成的脆断。拉应力可以是工作应力或残留应力。工程中常见的低熔点金属接触脆断有镀镉的钛合金零件和高强钢零件等。

低熔点金属接触脆断的裂纹,通常是多枝裂纹或与主裂纹相连接的网状裂纹(图8-21)。在断口上,多为沿晶断口,也有穿晶解理断口。在断口表面上含有低熔点金属,这是判断低熔点金属接触脆断的主要依据。

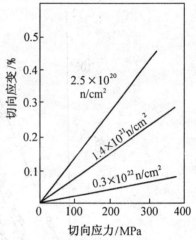

图 8-20　20% 冷变形的 316 不锈钢管(受内压加载)475℃辐射后的应力与蠕变量

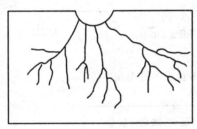　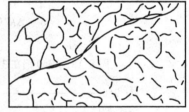

（a）多枝裂纹　　　　（b）网状裂纹

图 8-21　低熔点金属接触脆断裂纹示意图

由断口特征可知,低熔点金属接触脆断的机理是低熔点金属的界面扩散。通过界面扩散,低熔点金属原子不断扩散到裂纹顶端,使裂纹顶端不断合金化(脆化),在拉应力作用下,裂纹扩展。因此,裂纹扩展速率由低熔点金属原子的扩散速率决定,有下述关系

$$D_\text{s} \approx \frac{x^2}{2t}$$

式中 D_s——低熔点金属原子界面扩散系数,cm^2/s;

x——原子扩散距离,cm;

t——原子扩散时间,s。

D_s 为温度的指数函数,温度一定时为常数。若以裂纹的起裂至断裂的长度定为 x,则 t 即为起裂至断裂的时间。因而用上式可以进行低熔点金属接触脆断的寿命估算。同时从上式可以看出,裂纹长度与时间成抛物线关系,而与温度则成指数函数关系,这与

试验结果基本相符,如图 8-22,8-23 所示。

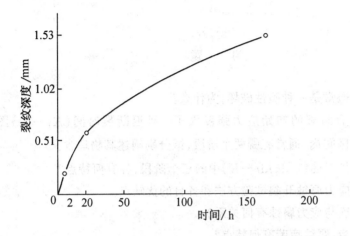

图 8-22 149℃时,镀 Cd 的 Ti-6 Al-4 试样的裂纹深度与时间关系

（压力板螺栓外加扭矩为 90N. m,应力为该温度下合金 σ_s 的 90%）

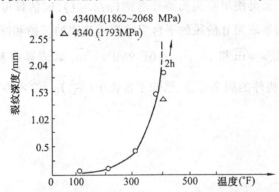

图 8-23 温度对 4340M 和 4340 镉脆裂纹深度的影响

（压板螺钉外加扭矩为 90N. m,应力为该温度下 σ_s 的 90%）

钢的强度水平对钢的低熔点金属接触脆断有较大影响,同一钢材在一定的强度水平范围内对低熔点金属接触脆断不敏感,而在另一强度水平范围内则很敏感,如图8-24 所示。

除前面所述的液态或固态金属镉、钠、钾外还有锡、铅、铋、铟、锂和碲都能使钢发生接触脆化,而汞、汞锌、镓、钠、铟、锡或锌能使高强铝合金发生接触脆化,镉还能使钛合金发生接触隔脆。

由于镉对钢制零件有较好的电化学保

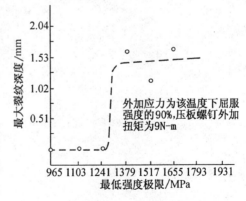

图 8-24 镀镉的 4340 钢开裂敏感性
与热处理强度水平的关系

护作用,许多钢制零件都镀镉,为了防止镉脆,可在镀镉之前先镀一层锌,以阻止镉向钢中扩散。

习　题

1．应力腐蚀破坏通常是一种脆性破坏,为什么?

2．在应力腐蚀滞后断裂的初始应力强度因子—延迟断裂时间($K_{Ii} \sim t_f$)图中,在K_{Imax}和K_{Ith}(K_{ISCC})的区间内,通常有哪两个阶段,试分别阐述其物理含义。

3．应力腐蚀裂纹扩展曲线($da/dt \sim K$)中的三个阶段,各有何特点?

4．简述两种典型应力腐蚀开裂试验方法和各自的优缺点。

5．何谓氢脆? 氢脆与应力腐蚀有何关系?

6．相对于常规疲劳,腐蚀疲劳有何特点?

7．某高强度钢构件,在腐蚀介质中的工作应力$\sigma = 400\text{MPa}$,材料的$\sigma_s = 1\ 400\text{MPa}$,$K_{ISCC} = 21.7\text{MPa}\sqrt{m}$,如果按半圆表面裂纹考虑($a/c = 1$),试估算可不考虑应力腐蚀问题的初始裂纹尺寸;如果取第Ⅱ阶段的平台裂纹扩展速率的开始和终止的应力强度因子分别为$K_{I(1-2)} = 30\text{MPa}\sqrt{m}$和$K_{I(2-3)} = 61.9\text{MPa}\sqrt{m}$,试估算有初始半圆裂纹尺寸$a_0 = 4\text{mm}(a/c = 1)$的构件的剩余寿命,已知平台速率$\left(\dfrac{da}{dN}\right)_{II} = 2 \times 10^{-5}\text{mm/s}$。

第九章　金属高温力学性能

在高压蒸汽锅炉、汽轮机、燃气轮机、柴油机、化工炼油设备以及航空发动机中,很多机件是长期在高温条件下工作的。对于制造这类机件的金属材料,如果仅考虑常温短时静载下的力学性能,显然是不够的。因为,温度对金属材料的力学性能影响很大。一般随温度升高,金属材料的强度降低而塑性增加;另外,如果不考虑环境介质的影响,则可认为材料的常温静载力学性能与载荷持续时间关系不大。但在高温下,载荷持续时间对力学性能有很大影响。例如,蒸汽锅炉及化工设备中的一些高温高压管道,虽然所承受的应力小于工作温度下材料的屈服强度,但在长期使用过程中,会产生缓慢而连续的塑性变形,使管径逐渐增大。如设计、选材不当或使用中疏忽,可能最终导致管道破裂。高温下钢的抗拉强度也随载荷持续时间的增长而降低。试验表明,20 钢在 450℃ 的短时抗拉强度为 320MPa,当试样承受 225MPa 的应力时,持续 300h 便断裂了;如将应力降至 115MPa 左右,持续 1000h 也能使试样断裂。在高温短时载荷作用下,材料的塑性增加。但在高温长时载荷作用下,金属材料的塑性却显著降低,缺口敏感性增加,往往呈现脆性断裂特征。此外,温度和时间的联合作用还影响材料的断裂路径。图 9-1(a)表示试验温度对长期载荷作用下断裂路径的影响。随试验温度升高,金属的断裂由常温下常见的穿晶断裂过渡为沿晶断裂。这是因为温度升高时晶粒强度和晶界强度都要降低,但由于晶界上原子排列不规则,扩散容易通过晶界进行,因此,晶界强度下降较快。晶粒与晶界两者强度相等的温度称为"等强温度",用 T_E 表示。金属材料的等强温度不是固定不变的,变形速率对它有较大影响。由于晶界强度对形变速率的敏感性要比晶粒大得多,因此等强温度随变形速度的增加而升高,如图 9-1(b)所示。

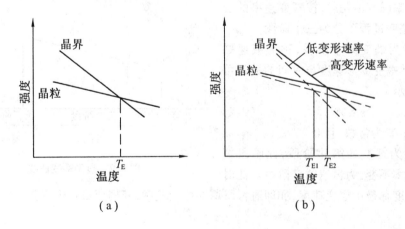

图 9-1　温度和变形速率对断裂路径的影响

(a)等强温度 T_E　(b)变形速度对 T_E 的影响

综上所述,对于材料的高温力学性能,不能只简单地用常温下短时拉伸的应力-应变曲线来评定,还必须加入温度与时间两个因素,研究温度、应力、应变与时间的关系,建立评定材料高温力学性能的指标,并应适当讨论金属材料在高温长时载荷作用下变形和断裂的机理,了解提高高温力学性能的途径。

必须指出,这里所指的温度的"高"或"低"是相对于该金属的熔点而言的。故采用"约比温度"T/T_m更为合理(T为试验温度,T_m为金属熔点,均为绝对温度)。当T/T_m＞0.5时,为"高"温;反之则为"低"温。对于不同金属材料,在同样的约比温度下,其蠕变行为相似,因而力学性能变化规律也是相同的。

9.1 金属的蠕变

蠕变是指金属材料在恒应力长期作用下发生的塑性变形现象。蠕变可以在任何温度范围内发生,不过高温时,形变速度高,蠕变现象更明显。因此,对一些高温条件下长时间工作的零件,如化工设备、锅炉、汽轮机、燃气轮机及其他热机部件,因蠕变导致的变形、断裂和应力松弛等就会导致失效。

描述蠕变变形规律的参量主要有应力、温度、时间及蠕变变形速度、蠕变变形量,即

$$\dot{\varepsilon} = f(\sigma, T, \varepsilon, m_1, m_2) \tag{9-1}$$

式中$\dot{\varepsilon}$为蠕变形速度,σ为应力,T为绝对温度,ε为蠕变变形量,m_1、m_2为与晶体结构特性(如弹性模量等)和组织因素(如晶粒度等)有关的参量。

9.1.1 蠕变曲线

在恒应力条件下的蠕变曲线如图9-2所示,图中Oa为试样刚加上载荷后所产生的瞬时应变ε_0,是外加载荷引起的一般变形,从a点开始随时间延长而产生的应变属于蠕变变形。图中abcd曲线即为蠕变曲线。

蠕变曲线上任一点的斜率,表示该点的蠕变速率($\dot{\varepsilon} = d\varepsilon/dt$),按蠕变速率的变化情况,蠕变过程可分为三个阶段。

ab段为蠕变第Ⅰ阶段,称为减速蠕变阶段,其蠕变变形速度与时间的关系可用下式表示

$$\dot{\varepsilon} = At^{-n} \tag{9-2}$$

式中A、n皆为常数,且$0 < n \leqslant 1$。

bc段为蠕变的第Ⅱ阶段,此阶段蠕变速度基本不变,为恒速蠕变阶段。此时

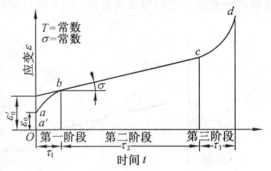

图9-2 典型蠕变曲线

的蠕变速度称最小蠕变速度,亦即通常所谓的蠕变速度,其蠕变量可表示为

$$\varepsilon = \dot{\varepsilon} t \tag{9-3}$$

式中 $\dot{\varepsilon}$为蠕变应变速率。

cd段为蠕变的第Ⅲ阶段,为加速蠕变阶段。此时材料因产生颈缩或裂纹而很快于d点断裂。蠕变断裂时间及总变形量为t_r及ε_r。

第Ⅱ阶段的蠕变速度$\dot{\varepsilon}$及τ_r、ε_r表示的持久断裂时间和持久断裂塑性是材料高温力学性能的重要指标。

在工程中具有重要意义的是恒速蠕变阶段。由蠕变速度$\dot{\varepsilon}$可以计算出材料在高温下长期使用时的变形量及其确定的蠕变极限。显然在应力增大或温度升高时,$\dot{\varepsilon}$会增大,如图9-3所示。

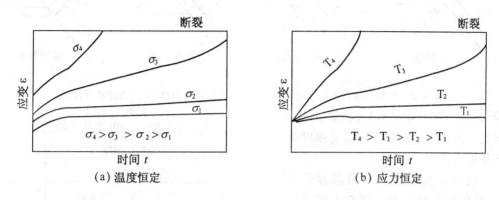

图9-3 应力(a)及温度(b)对蠕变曲线的影响

有人综合各种金属材料的实验结果,对高温低应力蠕变速度有

$$\dot{\varepsilon} = c\sigma^m \exp(-Q/KT) \tag{9-4}$$

式中c、m为材料决定的常数,Q为蠕变激活能,与材料的自扩散激活能相等。

9.1.2 蠕变过程的形变和断裂

关于蠕变过程的形变机制一般认为,第Ⅰ阶段和第Ⅲ阶段的变形是滑移为主,此时温度的影响是由于温度升高使扩散加速、发生回复而消除形变硬化从而促使蠕变速度加大。而Ⅱ阶段的变形,形变速度很小,其形变机制除滑移外,还有由于原子扩散而发生的流变。在高温低应力蠕变时,变形机制以后者为主。在高温低应力蠕变条件下,Nabarro及Herring认为其控制过程因素为应力导致的扩散(空位从受拉伸晶界向受压缩晶界流动,而原子或离子则反向流动),而Coble则认为是原子沿晶界的扩散。从蠕变速度和晶粒度的关系来看,Coble模型更符合实验结果。对$0.5T_{熔}$附近高应力的蠕变,,一般认为是由位错运动所控制的扩散过程。这些扩散过程导致晶界迁移及晶粒的逐步变形(拉长)。蠕变过程还伴随着晶界的滑动,晶界的形变在高温时很显著,甚至能占总蠕变变形量的一半,晶界的滑动是通过晶界的滑移和晶界的迁移来进行的,如图9-4所示,$A-B$,$B-C$,及$A-C$晶界发生晶界滑移,晶界迁移,三晶粒的交点由1移至2再移至3点。

在蠕变过程中,因环境温度和外加应力的不同,控制蠕变过程的机制也不同。为了研究工作和工程使用方便,用变形机制图表示不同蠕变机理对蠕变过程起主导作用的温度和应力范围。银的变形机制图如图9-5所示。这类图形是根据一些蠕变的数学模型建立起来的。工程实际中,可依据材料的高温服役环境、高温试验的具体温度和应力范围,在变形机制图上确定对蠕变过程起主导作用的机制,以及温度和应力的变化引起的蠕变机制相应变化。并据此寻求提高材料蠕变抗力的措施。

蠕变裂纹都是由晶界滑移而生核和扩展,晶界迁移则阻碍裂纹的形成与扩展。蠕变

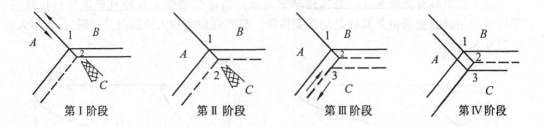

第Ⅰ阶段　　　　第Ⅱ阶段　　　　第Ⅲ阶段　　　　第Ⅳ阶段

图9-4　晶界滑移及晶界迁移示意图(虚线为迁移前晶界,实线为迁移后晶界)

裂纹主要为楔形(W 型)及洞型(R 型)二类。低温、高应力及高蠕变速度时容易形成楔型裂纹。

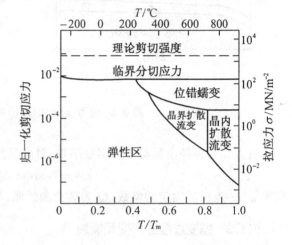

图9-5　银的形变机制图

楔型裂纹通常在三角晶界处形核,然后沿晶界扩展。图 9-6 表示楔型裂纹的形核与发展。当发生晶界滑移时,若晶内的变形或晶界迁移与之不协调,在三角晶界处会发生应力集中,当应力超过晶界结合力,则形成一个楔型裂纹核,在外力的继续作用下,裂纹端点会由于应力集中而扩展。

洞型裂纹由于晶界滑移产生晶界突出或台阶而形核,图 9-7 示出在晶界突出处形成洞穴的情况。洞穴的长大机制一般认为是原子从空穴表面向晶界迁移即晶界扩散。

裂纹核在外力继续作用下沿与外力垂直的晶界长大,相互连接而最终造成整体零部件材料的断裂(图 9-8),蠕变裂纹的走向如上所述,往往是沿晶界进行的。蠕变断口由于氧化,观察较困难。

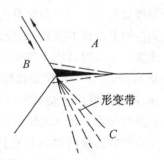

图9-6　楔型裂纹生核示意图

9.2　金属高温力学性能指标

(a)晶界突出　　　　　　(b)因晶界滑移而产生空穴

图9-7　晶界突出处形成洞型裂纹核示意图

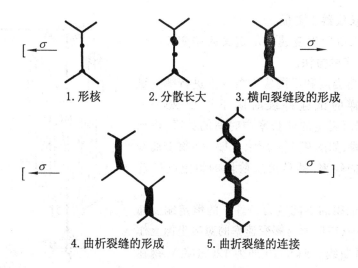

1.形核   2.分散长大   3.横向裂缝段的形成

4.曲析裂缝的形成   5.曲折裂缝的连接

图 9-8   蠕变时晶界断裂发展过程的模型示意图

9.2.1　蠕变极限

为保证在高温长期载荷作用下的机件不致产生过量变形,要求金属材料具有一定的蠕变极限。和常温下的屈服强度 $\sigma_{0.2}$ 相似,蠕变极限是高温长期载荷作用下材料的塑性变形抗力指标。

蠕变极限一般有两种表示方式:一种是在给定温度(T)下,使试样产生规定蠕变速率的应力值,以符号 $\sigma_{\dot{\epsilon}}^{T}$(MPa)表示(其中 $\dot{\epsilon}$ 为第二阶段蠕变速率,%/h)。在电站锅炉、汽轮机和燃气轮机制造中,规定的蠕变速率大多为 1×10^{-5}%/h 或 1×10^{-4}%/h。例如,$\sigma_{1\times10^{-5}}^{600}$ =600MPa,表示温度在 600℃ 的条件下,蠕变速率为 1×10^{-5}%/h 的蠕变极限为 600MPa。另一种是在给定温度(T)下和在规定的试验时间 t(h)内,使试样产生一定蠕变伸长率(δ,%)的应力值,以符号 $\sigma_{\delta/t}^{T}$(MPa)表示。例如,$\sigma_{1/10^5}^{600}$ =100MPa,就表示材料在 600℃ 温度下,10 万小时后伸长率为 1% 的蠕变极限为 100MPa。试验时间及蠕变伸长率的具体数值是根据零件的工作条件来规定的。

以上两种蠕变极限都需要试验到蠕变第二阶段若干时间后才能确定。这两种蠕变极限与伸长率之间有一定的关系。例如,以蠕变速率确定蠕变极限时,恒定蠕变速度为 1×10^{-5}%/h,就相当于 100000h 的伸长率为 1%。这与以伸长率确定蠕变极限时的 100000h 的伸长率为 1% 相比,仅相差 $\varepsilon_{0}^{'}-\varepsilon$(见图 9-2)。其差值甚小,可忽略不计。因此,就可认为两者所确定的伸长率相等。同样,蠕变速率为 1×10^{-4}%/h,就相当于 10000h 的伸长率为 1%。在使用上选用哪种表示方法应视蠕变速率与服役时间而定。若蠕变速率大服役时间短,取前一种表示方法($\sigma_{\dot{\epsilon}}^{T}$)。反之,服役时间长,则取后一种表示方法($\sigma_{\delta/t}^{T}$)。

测定金属材料蠕变极限所采用的试验装置,如图9-9所示。试样7装卡在夹头8上,然后置于电炉6内加热。试样温度用捆在试样上的热电偶5测定,炉温用铂电阻2控制。通过杠杆3及砝码4对试样加载,使之承受一定大小的应力。试样的蠕变伸长则用安装于炉外的测长仪器 1 测量。

现以第二阶段蠕变速率所定义的蠕变极限为例，说明其测定的方法。

1. 在一定温度和不同应力条件下进行蠕变试验，每个试样的试验持续时间不少于 2000 ～ 3000h。根据所测定的伸长率与时间的关系，作出一组蠕变曲线，如图 9-3(a)所示。每一条蠕变曲线上直线部分的斜率，就是第二阶段的恒定蠕变速率。

2. 根据获得的不同应力条件下的恒定蠕变速率 $\dot{\varepsilon}_1$、$\dot{\varepsilon}_2$、$\dot{\varepsilon}_3$…，在应力与蠕变速率的对数坐标上作出 $\sigma - \dot{\varepsilon}$ 关系曲线。图 9-10 即为 12Cr1MoV 钢在 580℃时的应力 - 蠕变速率($\sigma - \dot{\varepsilon}$)曲线。

3. 实验表明，在同一温度下进行蠕变试验，其应力与蠕变速率的对数值($\lg\sigma - \lg\dot{\varepsilon}$)之间呈线性关系。因此，我们可采用较大的应力，以较短的试验时间作出几条蠕变曲线，根据所测定的蠕变速度，用内插法或外推法求出规定蠕变速率的应力值，即

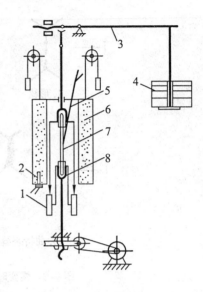

图 9-9　蠕变试验装置简图
1－测长仪;2－铂电阻;3－杠杆
4－砝码;5－热电偶;6－电炉;
7－试样;8－夹头

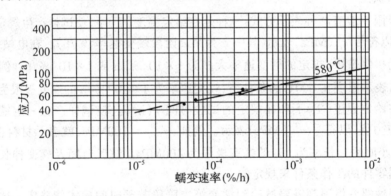

图 9-10　12Cr1MoV 钢的($\sigma - \dot{\varepsilon}$)对数曲线

得到蠕变极限。

对于应以蠕变试验结果为基础进行强度计算的机件，若取 σ_1 为蠕变极限，则 σ_1 除以安全系数 n 便得许用应力。应保证机件所承受的应力不大于许用应力。一般对 10^4h 伸长率为 1%的蠕变极限的安全系数 n，对形变合金可取 1.25,对铸造合金可取 1.5。

9.2.2　持久强度

与常温下的情况一样，金属材料在高温下的变形抗力与断裂抗力也是两种不同的性能指标。因此，对于高温材料除测定蠕变极限外还必须测定其在高温长时载荷作用下抵抗断裂的能力，即持久强度。

金属材料的持久强度,是在给定温度(T)下,恰好使材料经过规定的时间(t)发生断裂的应力值,以 σ_t^T(MPa)来表示。这里所指的规定时间是以机组的设计寿命为依据的。例如,对于锅炉、汽轮机等,机组的设计寿命为数万以至数十万小时,而航空喷气发动机则为一千或几百小时。某材料在700℃承受30MPa的应力作用,经1000h后断裂,则称这种材料在700℃、1000h的持久强度为30MPa,写成 $\sigma_{1 \cdot 10^3}^{700} = 30$MPa。

对于某些在高温运转过程中不考虑变形量的大小,而只考虑在承受给定应力下使用寿命的机件来说,金属材料的持久强度是极其重要的性能指标。

金属材料的持久强度是通过做持久试验测定的。持久试验与蠕变试验相似,但较为简单,一般不需要在试验过程中测定试样的伸长量,只要测定试样在给定温度和一定应力作用下的断裂时间。

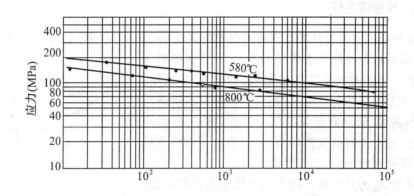

图 9-11　12Cr1MoV 钢的 $\sigma - t$ 对数曲线

对于设计寿命为数百至数千小时的机件,其材料的持久强度可以直接用同样时间的试验来确定。但是对于设计寿命为数万以至数十万小时的机件,要进行这么长时间的试验是比较困难的。因此,和蠕变试验相似,一般作出一些应力较大、断裂时间较短(数百至数千小时)的试验数据,画在 $\lg t - \lg \sigma$ 坐标图上,联成直线,用外推法求出数万以至数十万小时的持久强度。图 9-11 为 12Cr1MoV 钢在 580℃ 及 800℃ 时的持久强度曲线。由图可见,试验最长时间为几千小时(实线部分),但用外推法(虚线部分)可得到一万至十万小时的持久强度值。例如,12Cr1MoV 钢在 580℃、10000h 的持久强度为 $\sigma_{1 \cdot 10^4}^{580} = 107.8$MPa。

高温长时试验表明,在 $\lg t - \lg \sigma$ 双对数坐标中,各试验数据并不真正符合线性关系,一般均有折点,如图 9-12 所示。其折点的位置和曲线的形状随材料在高温下的组织稳定性和试验温度高低等而不同。因此,最好是测出折点后,再根据时间与应力的对数值的线性关系进行外推。一般还限制外推时间不超过一个数量级,以使外推的结果不致误差太大。

通过持久强度试验,测量试样在断裂后的伸长率

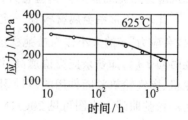

图 9-12　某种钢持久强度
曲线的转折现象

及断面收缩率,还能反映出材料在高温下的持久塑性。许多钢种在短时试验时其塑性可能很高,但经高温长时加载后塑性有显著降低的趋势,有的持久塑性仅为1%左右,呈现出蠕变脆性现象。

持久强度试验一般是用光滑试样在单向应力状态下确定的,但许多在高温条件下工作的机件往往带有各种缺口,引起应力集中,从而使钢的持久强度降低,为了考虑应力集中对持久强度的影响,有时需做缺口持久强度试验。试验表明,钢的持久缺口敏感性与持久塑性密切相关,随着持久塑性的降低,钢的持久缺口敏感性增加。因此,对于高温合金为了降低其缺口敏感性,不得不牺牲一些强度以提高持久塑性。对于高温合金持久塑性指标的要求,目前还没有统一规定。用于制造汽轮机、燃气轮机紧固件的低合金铬钼钢,一般希望持久塑性 δ 不小于3%~5%,以防止蠕变脆断。

9.2.3 松弛稳定性

金属材料抵抗应力松弛的性能称为松弛稳定性,这可通过松弛试验测定的松弛曲线来评定。金属的松弛曲线是在给定温度 T 和总变形量不变的条件下应力随时间而降低的曲线,如图9-13所示。经验证明,在单对数坐标($\lg\sigma - t$)上,用各种方法所得到的应力松弛曲线,都具有明显的两个阶段。第一阶段持续时间较短,应力随时间急剧降低;第二阶段持续时间很长,应力下降逐渐缓慢,并趋于恒定。

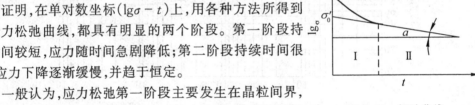

图9-13 松弛曲线

一般认为,应力松弛第一阶段主要发生在晶粒间界,第二阶段主要发生在晶粒内部。因此,松弛稳定性指标有两种表示方法。第一种是用松弛曲线第一阶段的晶间稳定系数 S_0 表示。

$$S_0 = \sigma'_0/\sigma_0 \tag{9-5}$$

式中 σ_0——初应力;

σ'_0——松弛曲线第二阶段的初应力(见图9-13)。

第二种是用松弛曲线第二阶段的晶内稳定系数 t_0 表示

$$t_0 = 1/\mathrm{tg}\alpha \tag{9-6}$$

式中 α 为松弛曲线上直线部分与横坐标轴的夹角。S_0 与 t_0 分别表示晶粒间界和晶粒内部抗应力松弛的能力。其值愈大,表明材料抗松弛性能愈好。

此外,还常用金属材料在一定温度 T 和一定初应力 σ_0 作用下,经规定时间 t 后的"残余应力" σ 的大小作为松弛稳定性的指标。对不同材料,在相同试验温度和初应力下,经时间 t 后,如残余应力值愈高,说明该种材料有较好的松弛稳定性。图9-14为制造汽轮机、燃气轮机紧固件用的两种钢材(20Cr1Mo1VNbB及25Cr2MoV)分别经不同热处理后的松弛曲线。由图可见20Cr1Mo1VNbB钢的松弛稳定性比25Cr2MoV钢好。

9.2.4 影响蠕变极限和持久强度的主要因素

由蠕变变形和断裂机理可知,要降低蠕变速率提高蠕变极限,必须控制位错攀移的

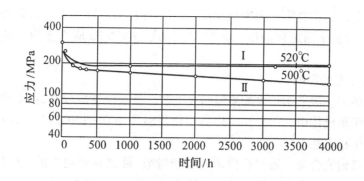

图 9-14　两种钢材松弛曲线的比较
Ⅰ-12Cr1Mo1VNbB　Ⅱ-25Cr2MoV

速率;要提高断裂抗力,即提高持久强度,必须抑制晶界的滑动和空位扩散,也就是说要控制晶内和晶界的扩散过程。这种扩散过程主要取决于合金的化学成分,但又与冶炼工艺、热处理工艺等因素密切相关。

1. 合金化学成分的影响

耐热钢及合金的基体材料一般选用熔点高、自扩散激活能大或层错能低的金属及合金。这是因为在一定温度下,熔点愈高的金属自扩散激活能愈大,因而自扩散愈慢;如果熔点相同但晶体结构不同,则自扩散激活能愈高者,扩散愈慢;堆垛层错能愈低者愈易产生扩展位错,使位错难以产生割阶、交滑移及攀移。这些都有利于降低蠕变速度。大多数面心立方结构金属的高温强度比体心立方结构的高,这是一个重要原因。

在基体金属中加入铬、钼、钨、铌等合金元素形成单相固溶体,除产生固溶强化作用外,还因合金元素使层错能降低,易形成扩展位错,以及溶质原子与溶剂原子的结合力较强,增大了扩散激活能,从而提高蠕变极限。一般来说,固溶元素的熔点愈高、其原子半径与溶剂相差愈大,对热强性提高愈有利。

合金中如果含有弥散相,由于它能强烈阻碍位错的滑移,因而是提高高温强度更有效的方法。弥散相粒子硬度高、弥散度大、稳定性高,则强化作用愈大。对于时效强化合金,通常在基体中加入相同原子百分数的合金元素的情况下,多种元素要比单一元素的效果好。

在合金中添加能增加晶界扩散激活能的元素(如硼及稀土等),则既能阻碍晶界滑动,又增大晶界裂纹的表面能,因而对提高蠕变极限,特别是持久强度是很有效的。

2. 冶炼工艺的影响

各种耐热钢及其合金的冶炼工艺要求较高,因为钢中的夹杂物和某些冶金缺陷会使材料的持久强度降低。高温合金对杂质元素和气体含量要求更加严格,常存杂质除硫、磷外,还有铅、锡、钟、锑、铋等,即使其含量只有十万分之几,当杂质在晶界偏聚后,会导致晶界严重弱化,而使热强性急剧降低,持久塑性变差。例如,某些镍基合金的实验结果表明,经过真空冶炼后,由于铅的含量由百万分之五降至百万分之二以下,其持久时间增长了一倍。

由于高温合金在使用中通常在垂直于应力方向的横向晶界上易产生裂纹,因此,采用定向凝固工艺使柱状晶沿受力方向生长,减少横向晶界,可以大大提高持久寿命。例如,有一种镍基合金采用定向凝固工艺后,在 760℃、645MPa 应力作用下的断裂寿命可提高 4~5 倍。

3. 热处理工艺的影响

珠光体耐热钢一般采用正火加高温回火工艺。正火温度应较高,以促使碳化物较充分而均匀地溶于奥氏体中。回火温度应高于使用温度 100~150℃以上,以提高其在使用温度下的组织稳定性。

奥氏体耐热钢或合金一般进行固溶处理和时效,使之得到适当的晶粒度,并改善强化相的分布状态。有的合金在固溶处理后再进行一次中间处理(二次固溶处理或中间时效),使碳化物沿晶界呈断续链状析出,可使持久强度和持久塑性进一步提高。

采用形变热处理改变晶界形状(形成锯齿状),并在晶内形成多边化的亚晶界,则可使合金进一步强化,如 GH38、GH78 型铁基合金采用高温形变热处理后,在 550℃ 和 630℃ 的 100h 持久强度分别提高 25% 和 20% 左右,而且还具有较高的持久塑性。

4. 晶粒度的影响

晶粒大小对金属材料高温性能的影响很大。当使用温度低于等强温度时,细晶粒钢有较高的强度;当使用温度高于等强温度时,粗晶粒钢及合金有较高的蠕变抗力与持久强度。但是晶粒太大会使持久塑性和冲击韧性降低。为此,热处理时应考虑采用适当的加热温度,以满足晶粒度的要求。对于耐热钢及合金来说,随合金成分及工作条件不同有一最佳晶粒度范围。例如,奥氏体耐热钢及镍基合金,一般以 2~4 级晶粒度较好。

在耐热钢及合金中晶粒度不均匀会显著降低其高温性能。这是由于在大小晶粒交界处出现应力集中,裂纹就易于在此产生而引起过早的断裂。

9.3 其他高温力学性能

9.3.1 高温短时拉伸性能

评定材料的高温力学性能时,虽然主要考虑其蠕变极限和持久强度,但在某些特殊情况下,如火箭上的零件,工作时间很短,蠕变现象不起决定作用;又如,制定钢的热锻轧工艺,需要了解钢材的热塑性,因此,高温短时拉伸的力学性能数据就具有重要的参考价值。

高温短时拉伸试验主要是测定金属材料在高于室温时的抗拉强度、屈服强度、伸长率和断面收缩率等性能指标。在一般试验机上加装管式电炉及测量和控制温度的仪表等就可进行此类试验。试样按常温试验要求制备好后,装入炉中,两端用特制的连杆引出炉外,夹于试验机的夹头内。为了准确地测定试样温度,最好将热电偶的热接点用石棉绳绑在试样标距部分。试样加热到规定温度后,应根据其尺寸大小,保温 5~15min,然后进行拉伸试验。待试样冷却后,在常温下测定伸长和断面收缩量。如需测定材料的屈服强度,则应采用特制的引申计,使其能伸出炉外以便观测;也可在管式炉上预留窥视孔,装试样时使标点恰对此孔,在试验过程中用测试望远镜测定其伸长。

高温拉伸试验时的拉伸速度对性能指标的影响比室温更大。对于一般钢材在350℃以下试验时,应力增加速度以不大于20MPa/s为宜。试验温度较高,须按特殊规定进行。

9.3.2 高温硬度

高温硬度,对于高温轴承及某些工具材料等是重要的性能指标。此外,目前正在研究高温硬度值随承载时间的延长而逐渐下降的规律,试图据此确定同温度下的持久强度,以减少或省去时间冗长的持久试验。因此,高温硬度试验的应用将日益广泛。

高温硬度试验在试验设备方面,涉及到试样加热、保温和防止氧化等一系列问题。目前,在试验温度不太高的情况下,仍用布氏、洛氏和维氏试验法。在试验机的工作台上需加装一台密闭的试样加热保温箱(包括加热及冷却系统、测温装置、通入保护气体系统、高真空系统及移动试样位置的装置等),并加长压头的压杆,使之伸入密闭的加热箱内。如试验温度较高,要求较严格时,则多采用特制的高温硬度计。试验机的压头,在温度不超过800℃时,可用金刚石锥体(维氏和洛氏)和硬质合金球(布氏和洛氏),当试验温度更高时,则应换用人造蓝宝石或钢玉制的压头。

考虑到在较高温度下试样硬度一般较低,所以载荷不宜过大,并需根据试验温度的高低改变载荷大小,以保证压痕清晰和完整。此外,由于试样在高温下塑性较好和受蠕变的影响较显著,一般规定加载时间为30~60s。但有时特地为了显示蠕变的影响,加载时间可延续1~5h,所得结果叫持久硬度。试样上压痕对角线(维氏)或直径(布氏)的测量,一般均待试样冷却后取出在常温下进行。

习　题

1. 解释下列名词:
(1) 等强温度;　　　　　　(2) 约比温度;　　　　　(3) 蠕变;
(4) 过渡蠕变与稳态蠕变;　(5) 晶界滑动蠕变;　　　(6) 扩散蠕变;
(7) 持久塑性;　　　　　　(8) 蠕变脆性;　　　　　(9) 松弛稳定性。

2. 说明下列力学性能指标的意义:
(1) $\sigma_{\dot{\varepsilon}}^{T}$;　(2) $\delta_{\delta/t}^{T}$;　(3) σ_{t}^{T}

3. 试说明高温下金属蠕变变形的机理与常温下金属塑性变形的机理有何不同?

4. 试说明金属蠕变断裂的裂纹形成机理与常温下金属断裂的裂纹形成机理有何不同? 由此得到什么启发?

5. 试分析晶粒大小对金属材料高温力学性能的影响。

6. 某些用于高温的沉淀强化镍基合金,不仅有晶内沉淀,还有晶界沉淀。晶界沉淀相是一种硬质金属间化合物,它对这类合金的抗蠕变性能有何贡献?

第十章 磨 损

两个在接触状态下作相对运动的物体,因接触而阻碍相对运动,并使运动速度减慢,这种现象称为摩擦。摩擦力的方向与引起相对运动的切向力方向相反。摩擦力与施加在摩擦面上的垂直载荷之比称为摩擦系数,以 μ 表示

$$\mu = \frac{F}{N} \tag{10-1}$$

式中 F 为摩擦力,N 为作用在接触面上的正压力。

物体表面相互摩擦时,材料自该表面逐渐损失的过程称为磨损。磨损是由摩擦引起的,由于磨损,使接触表面不断发生尺寸变化和质量损失。

摩擦和磨损是物体相互接触并作相对运动时伴生的两种现象。摩擦是磨损的原因,磨损则是摩擦的结果。磨损是造成金属材料损耗和能源消耗的重要原因。据不完全统计,摩擦磨损消耗能源的 1/3~1/2,大约 80% 的机件失效是磨损引起的。因此,研究磨损规律,提高机件耐磨性,对节约能源、减少材料消耗、延长机件寿命具有重要意义。

本章将讨论最常见的磨损形式、机理,及影响因素,并从材料科学角度研究控制磨损的途径。

10.1 磨损类型

10.1.1 磨损过程的三个阶段

在磨损过程中,总有磨屑产生。磨屑的形成是一个塑性变形和断裂过程,塑性变形和断裂周而复始地不断循环,磨屑则不断形成,因此磨损过程具有动态特征。

机件正常运行中的磨损过程一般分为三个阶段,如图 10-1 所示。

(1)跑合阶段(又称磨合阶段) 新的摩擦偶件表面总是有一定的粗糙度,其真实接触面积小。在此阶段,表面逐渐磨平,真实接触面积逐渐增大,磨损速率减慢,如图 10-1 中的 Oa 阶段。

(2)稳定磨损阶段 如图 10-1 中的 ab 阶段。这是磨损速率稳定的阶段,线段的斜

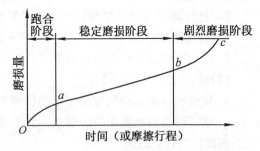

图 10-1 磨损量与时间的关系曲线

率就是磨损速率,横坐标(时间)就是机件的耐磨寿命。大多数机器零件均在此阶段内服役,实验室磨损实验也需要进行到这一阶段。通常,就是根据这一阶段的时间、磨损速率或磨损量来评定不同材料或不同工艺的耐磨性能。在跑合阶段跑合得越好,稳定磨损阶段的磨损速率就越低。

(3)剧烈磨损阶段 随着机件工作时间增加,b 点以后,摩擦偶件接触表面之间的间

隙增大,机件表面质量下降,润滑膜被破坏,引起剧烈振动,磨损速率急剧增长,机件很快失效。

上述磨损曲线,因具体工作条件不同,有很大差异,有时也会发生下列情况。

● 因摩擦条件恶劣,跑合阶段后立即转入剧烈磨损阶段,机件无法正常运行。

● 转入稳定磨损阶段后,很长时间内磨损不大,无明显的剧烈磨损阶段,机件寿命较长。

● 第1、2阶段无明显磨损,但当表层达到疲劳极限后,即产生剧烈磨损。

10.1.2 磨损类型

机件表面的磨损不是简单的力学过程,而是物理过程、力学过程和化学过程的复杂综合。要了解磨损现象、研究磨损机制和磨损规律,必须对磨损分类。

磨损的分类方法有多种。按表面接触性质,可将磨损分为金属-磨料磨损、金属-金属磨损、金属-流体磨损三类;按环境和介质,可将磨损分为干磨损、湿磨损和流体磨损三类。但普遍认为按照不同的磨损机理来分类是比较恰当的。目前,比较常见的磨损分类方法就是按照磨损机理来进行分类。它将磨损分为磨料磨损、粘着磨损、表面疲劳磨损(又称接触疲劳)、冲蚀磨损、腐蚀磨损及微动磨损等几个基本类型。T.S.Eyre 曾对工业领域中发生的各种磨损类型所占的比例作了大致的统计,见表 10.1,但他没有将疲劳磨损专门考虑为一种类型。

由表可见,在各种磨损类型中,磨料磨损和粘着磨损占据了最大比例,它们及腐蚀磨损还可分别细分成几个小类。

在实际磨损现象中,通常是几种形式的磨损同时存在,而且,一种磨损发生后往往诱发其他形式的磨损。例如,疲劳磨损的磨屑会导致磨料磨损,而磨料磨损所形成的新净表面又将引起腐蚀或粘着磨损。

磨损形式还随工况条件的变化而转化。如钢对钢的磨损,当载荷一定,低速滑动时,摩擦是在表面氧化膜之间进行,为氧化磨损,磨损较小。

表 10.1　各种磨损类型所占比例

序号	磨损类型	百分数/%
1	磨料	50
2	粘着	15
3	冲蚀	8
4	微动	8
5	腐蚀	5
6	其他	4

随滑动速度增大,表面出现金属光泽,且变粗糙,为粘着磨损,磨损变大。当温度升高,表面重新生成氧化膜,又转化为氧化磨损。若速度继续增高,再次转化为粘着磨损,磨损剧烈而导致失效。当速率一定,载荷较小时产生氧化磨损,磨屑主要是 Fe_2O_3;当载荷达到 W_0 后,磨屑是 FeO、Fe_2O_3、Fe_3O_4 的混合物;载荷超过 W_c 以后,转入危害性的粘着磨损。如图 10-2 所示。

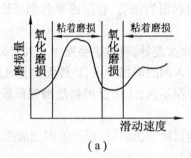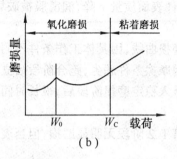

图 10-2　磨损形式的转换

10.2　磨损试验方法

10.2.1　磨损试验的类型

1. 实物试验:以实际零件在使用条件下进行磨损试验,所得到的数据真实性和可靠性较好。但试验周期长,费用较高,并且,由于试验结果是多因素的综合影响,不易进行单因素考察。

2. 实验室试验:在实验室条件下和模拟使用条件下的磨损试验,周期短,费用低,影响试验的因素容易控制和选择,试验数据的重现性、可比性和规律性强,易于比较分析。又可分为试样试验和台架试验。

● 试样试验:将所需研究的摩擦件制成试样,在专用的摩擦磨损试验机上进行试验。广泛用于研究不同材料摩擦副的摩擦磨损过程、磨损机理及其控制因素的规律,以及选择耐磨材料、工艺和润滑剂等方面。但必须注意试样与实物的差别,试验条件和工况条件的模拟性,否则试验数据的应用较差。

● 台架试验:是在相应的专门台架试验机上进行的。它在试样试验基础上,优选出能基本满足摩擦磨损性能要求的材料,制成与实际结构尺寸相同或相似的摩擦件,进一步在模拟实际使用条件下进行台架试验。这种试验较接近实际使用条件,缩短试验周期,并可严格控制试验条件,以改善数据的分散性,增加可靠性。

10.2.2 试样试验常用的磨损试验机

磨损试样的形状有圆柱形、圆盘形、环形、球形、平面块状等,接触形式有点接触、线接触和面接触三种,运动形式有滑动、滚动、滚动＋滑动、往复运动、冲击等。不同接触形式与不同运动形式的组合,可形成多种磨损试验方式。典型的试样磨损试验机型式及国内生产的试验机的型号及用途如下:

● 销盘式试验机:上试样为销,下试样为旋转的圆盘。如 ML-10 型磨料磨损试验机,该机系干式固定磨料磨损试验机,主要用于与矿石、砂石、泥沙等固体发生磨损情况下金属材料的耐磨性能试验。并能进行磨料磨损机理的研究。广泛用于筛选材料和处理工艺的对比试验。再如 MPX-200 型盘销式摩擦磨损试验机,该机是立轴盘销式摩擦磨损试验机,可对金属、非金属材料在不同的润滑条件下进行端面接触滑动摩擦磨损试验,测定摩擦系数。评定摩擦磨损性能及研究磨损机理。

● 环块式试验机:上试样为平面块状,下试样为环形。如 MHK-500 型摩擦磨损试验机,该机主要用来做各种润滑油和脂在滑动摩擦状态下的承荷能力和摩擦特性的试验;也可以用来做各种金属材料以及非金属材料(尼龙、塑料等)在滑动状态下的耐磨性能试验;同时也可以测定摩擦力,并推算出摩擦系数。

● 双环式(又称滚子式)试验机:上、下试样均为圆环形。如 MM-200 型磨损试验机,该机主要用来测定金属和非金属材料在滑动摩擦、滚动摩擦、滑动和滚动复合摩擦或间歇摩擦情况下的磨损量,以比较各种材料的耐磨性能。再如 MM-1000 型摩擦试验机,能模拟做热稳定性试验,在恒定比压下,以不同线速度和温度,测定摩擦材料的摩擦系数和磨损量。能进行热冲击刹车性能试验,测定刹车力矩、刹车稳定性系数、刹车效率系数、刹车片的磨耗及刹车距离等。改装后可适应湿式摩擦试验的要求。应用最广的 JPM-1 型接触疲劳试验机也为双环式,其上、下试样的形状如图 10-3 所示。

● 往复式试验机:上试样在下试样上作往复运动。如 MS-3 型往复式摩擦磨损试验机,该机主要用于评定往复运动机件如导轨、缸套与活塞环等摩擦副的耐磨性,评定材料及工艺与润滑材料的摩擦磨损性能。

● 四球式试验机:试样为四个大小相同的钢球。如 MQ-12 型四球试验机,该机主要用于评定润滑剂承载能力,也能测定摩擦副疲劳磨损寿命。

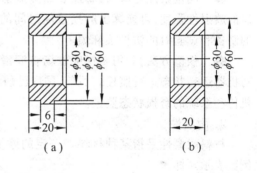

图 10-3　接触疲劳试样的形状和尺寸
(a)上试样　　·b)下试样

有些试验机的试样形式可改变,如 MG-200 型高速高温摩擦磨损试验机。该机是立轴盘销式端面接触滑动摩擦试验机,可在高温、常温和有液体介质情况下作金属或非金属材料的耐磨性能试验和测定摩擦系数。试样接触形式可为盘销式、双环式、环盘式等。

10.2.3　材料耐磨性能的评定方法

评定材料耐磨性的指标有磨损量和相对耐磨性。

1．磨损量

(1)表示方法:磨损量可以用重量损失、体积损失或者尺寸损失来表示。比较常用的磨损量的表示方法有以下几种:

● 线磨损量 U(mm 或 μm)——磨损表面法线方向的尺寸变化值;

● 重量(质量)磨损量 W(g 或 mg)——磨损试样的重量(质量)损失;

● 体积磨损量 V(mm^3 或 μm^3)——磨损试样的体积损失。

以上几种磨损量都是绝对值表示法,没有考虑磨程等因素的影响,目前应用较广泛的计算磨损的方法是磨损率:单位磨程的磨损量(mg/m);单位时间的磨损量(mg/s);单位转数的磨损量(mg/n)。

(2)磨损量的测定方法:主要有失重法、尺寸变化法、形貌测定法、刻痕法等。

● 失重法:通常用分析天平称量试样在试验前后的重量变化来确定磨损量。测量精度为 0.1mg。称量前需对试样进行清洗和干燥。可将重量损失换算为体积损失来评定磨损结果。此方法简单常用。

● 尺寸变化测定法:采用测微卡尺或螺旋测微仪,测定零件某个部位磨损尺寸(长度、厚度和直径)的变化量来确定磨损量。

● 表面形貌测定法:利用触针式表面形貌测量仪可以测出磨损前后表面粗糙度的变化。主要用于磨损量非常小的超硬材料磨损或轻微磨损情况。

● 刻痕法:采用专门的金刚石压头在经受磨损的零件或试样表面上预先刻上压痕,测量磨损前后刻痕尺寸的变化来确定磨损量。能测定不同部位磨损的分布。

以上方法的共同缺点是,测量时必须将试样或零件拆下,不能方便地测定磨损量随时间的变化。放射性同位素测定法和铁谱方法可用于磨损过程中磨屑的分析,用来定性和定量评定磨损率。

● 同位素测定法:将摩擦表面经放射性同位素活化,定期测量落入润滑油中的磨屑的放射性强度,可换算出磨损量随时间的变化。该法灵敏度高,但具有放射性的样品的制备和试验时的防护很麻烦。

● 铁谱方法:利用高梯度磁场将润滑油中的磁性磨屑分离出来进行分析,可用来对机器运转状态进行监控。目前,国内已研制成功 FTP-1 型铁谱仪,并已成功用于内燃机传动系统的磨损状态监控。

2. 耐磨性

材料耐磨性是指某种材料在一定的摩擦条件下抵抗磨损的能力。通常以磨损率的倒数表示。即

$$\varepsilon = \frac{1}{W} \tag{10-2}$$

式中,ε 为材料的耐磨性;W 为材料在单位时间或单位运动距离内产生的磨损量,即磨损率。

材料的磨损性能并不是材料的固有特性,而是与磨损过程中的工作条件(如载荷、速度、温度、润滑等)、材料本身性能及相互作用等因素有关的系统特性。材料的耐磨性是工作条件的函数,脱离材料的工作条件来评定材料耐磨性的好坏没有实际意义,在工程实际中也找不到一种在所有工作条件下都能适用的、万能的耐磨材料。所以常采用"相对耐磨性"来评定材料的耐磨性能。

相对耐磨性:试验材料与"标准"材料在同一工况条件下耐磨性之比。即

$$\varepsilon_{相} = \frac{\varepsilon_b}{\varepsilon_s} = \frac{\dfrac{1}{W_s}}{\dfrac{1}{W_b}} = \frac{W_b}{W_s} \tag{10-3}$$

式中,W_b 和 W_s 分别为"标准"试样及试验试样的磨损率。$\varepsilon_{相}$ 为相对耐磨性,是一个无量纲参数。

采用"相对耐磨性"来评定材料的耐磨性能,在一定程度上可以避免在磨损过程中,

由于参量变化及测量误差造成的系统误差,可以更科学而精确地评定材料的磨损性能。

10.3　磨损机理

10.3.1　磨料磨损

1. 定义与分类

磨料磨损也称磨粒磨损,其定义为,由于硬颗粒或硬突起物使材料产生迁移而造成的一种磨损。

磨料磨损的分类方法很多,常见的有以下几种:

a. 按接触条件可分为:

● 两体磨料磨损:磨料与一个零件表面接触,磨料、零件表面各为一物体,如犁铧。

● 三体磨料磨损:磨粒介于两零件表面之间。磨料为一物体,两零件为两物体,磨粒可以在两表面间滑动,也可以滚动,如滑动轴承、活塞与汽缸、齿轮间落入磨粒。

b. 按力的作用特点可分为:

● 低应力划伤式磨料磨损:磨料作用于表面的应力不超过磨料的压碎强度,材料表面为轻微划伤,如犁铧。

● 高应力碾碎式磨料磨损:磨料与零件表面接触处的最大压应力大于磨料的压碎强度,磨料不断被碾碎,如球磨机衬板与磨球。

● 凿削式磨料磨损:磨料对材料表面有高应力冲击式的运动,从材料表面上凿下较大颗粒的磨屑,如挖掘机斗齿、破碎机锤头。

c. 按相对硬度可分为:

● 软磨料磨损:材料硬度与磨料硬度之比大于0.8;

● 硬磨料磨损:材料硬度与磨料硬度之比小于0.8。

d. 按工作环境可分为:

● 普通型磨料磨损:一般正常条件下的磨料磨损。

● 腐蚀磨料磨损:在腐蚀介质中的磨料磨损。腐蚀加速了磨损的速度,如在含硫介质中工作的煤矿机械等。

● 高温磨料磨损:在高温下的磨料磨损。高温和氧化加速了磨损,如燃烧炉中的炉箅、沸腾炉中的管壁等。

在工业领域中,磨料磨损是最重要的一种磨损类型,约占50%。仅冶金、电力、建材、煤炭和农机五个部门的不完全统计,我国每年因磨料磨损所消耗的钢材达百万吨以上。

2. 磨料磨损机制

磨料磨损机制有下面几类。

a. 微观切削:磨粒在材料表面上的作用力可分为法向与切向两个分力,法向力使磨粒压入表面,切向力使磨粒向前推进。当磨粒的形状与位向适当时,磨粒就像刀具一样,对表面进行切削,从而形成切屑,切屑的宽度和厚度都很小,称为微观切屑,在显微镜下可明显看到微观切屑具有机床切屑的特征。

b. 微观犁沟:当磨粒与塑性材料表面接触时,材料表面受磨料的挤压向两侧产生隆起,形成犁沟。这种过程不会直接引起材料的去除,但在多次变形后会产生脱落而形成二次切屑。

c. 微观断裂(剥落):磨粒与脆性材料表面接触时,材料表面因受到磨粒的压入而形成裂纹,当裂纹互相交叉或扩展到表面上就剥落出磨屑。断裂机制造成的材料损失率最大。

在实际磨料磨损过程中,往往有几种机制同时存在,但以某一种机制为主。当工作条件发生变化时,磨损机制也随之变化。因此,材料的磨损与一般的机械性能没有简单的关系。

3. 磨料磨损的简化模型和计算

该模型假定单颗圆锥形磨料在接触压力 p 作用下,压入较软的材料中(压入深度为 x,圆锥面与软材料平面间夹角为 θ),并在切向力的作用下滑动了 l 长的距离,犁出了一条沟槽。如图 10-4 所示。若从沟槽中排出的材料全部成为磨屑,则磨损掉的材料体积为

$$V = \frac{1}{2} \cdot 2r \cdot x \cdot l = r \cdot x \cdot l = r^2 \cdot l \cdot \text{tg}\theta \tag{10-4}$$

若软材料的迈耶硬度 H_K 等于载荷与压痕投影面积之比,即

$$H_\text{K} = \frac{p}{\pi r^2}$$

则

$$V = \frac{pl\,\text{tg}\theta}{\pi H_\text{K}} \tag{10-5}$$

当用维氏硬度表示时

$$V = K \frac{pl\,\text{tg}\theta}{H_\text{V}} \tag{10-6}$$

可见,磨损掉的体积与接触压力、滑动距离成正比,与材料的硬度成反比,同时与磨粒的形状有关。

此模型是以两体磨料磨损中只存在微观切削机制时的理想化模型,实际磨料磨损过程中,磨损机制复杂得多,系数 K 应考虑到这些因素的影响。

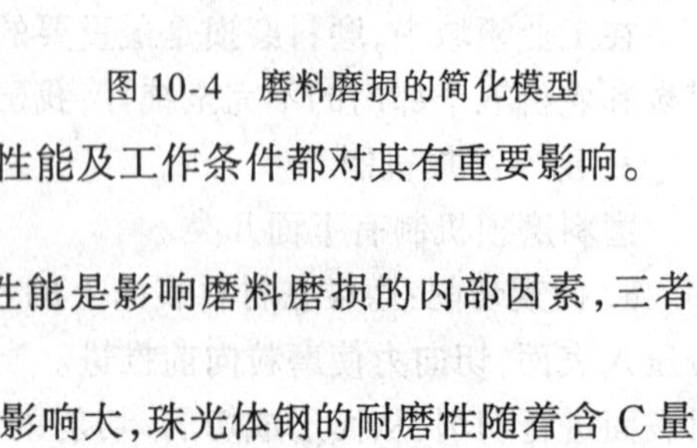

4. 影响因素

实际的磨料磨损过程是一个复杂的多种因素综合作用的摩擦学系统,材料性能、磨料性能及工作条件都对其有重要影响。

图 10-4 磨料磨损的简化模型

a. 材料性能的影响

在材料性能中,材料成分、显微组织、机械性能是影响磨料磨损的内部因素,三者互有联系,互有影响。

含C量对亚共析钢的影响比对过共析钢的影响大,珠光体钢的耐磨性随着含C量增加而增加,相同硬度的马氏体钢的耐磨性随C含量增加而增加,形成碳化物的合金元素,

一般会使钢的耐磨性有所提高。强化铁素体的合金元素,一般对磨料磨损的影响不显著。

对钢来说,基体组织对耐磨性的影响大致顺序是:

铁素体、珠光体、贝氏体和马氏体逐次递增,在硬度相近时,等温转变的下贝氏体组织的耐磨性优于回火马氏体组织。

共格金属化合物第二相虽能提高 σ_s,但对耐磨性无明显影响。非共格金属化合物质点能使耐磨性有所改善,显微组织中含有细小弥散分布的半共格金属化合物相,具有较好的耐磨性。

碳化物这种第二相对耐磨性的影响,与其对磨料的硬度比有关。若碳化物比磨料软,材料的耐磨性随碳化物硬度的提高而提高。当磨料较碳化物软时,则耐磨性随碳化物尺寸增加而提高。碳化物体积分数大和碳化物与基体之间界面能低都有利于提高材料的耐磨性。

材料的力学性能中,硬度、断裂韧性、弹性模量、真实切断抗力及抗拉强度都对磨料磨损有影响。一般情况下,材料硬度越高,其抗磨料磨损的能力也越好。纯金属及退火钢,其相对耐磨性与硬度成正比;经淬火及不同温度回火的钢,其耐磨料磨损性随硬度的增加而增加,但比退火钢的增加速度减缓。

断裂韧度也影响金属材料磨粒磨损耐磨性。图 10-5 为耐磨性与硬度及断裂韧度关系的示意图。由图可见,在 I 区,磨损受断裂过程控制,故耐磨性随断裂韧度提高而增加;在 II 区,当硬度与断裂韧度配合最佳时,耐磨性最高;在 III 区,耐磨性随硬度降低而下降,磨损过程受塑性变形所控制。可见,磨粒磨损抗力并不惟一地决定于硬度,还与材料的韧性有关。

随弹性模量增加,相对耐磨性增加。

实际磨损过程中的微观切削、微观犁沟

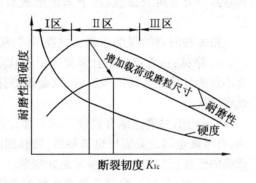

图 10-5　耐磨性、硬度和断裂韧性关系示意图

等都是剪切断裂过程,随剪切断裂抗力 τ_K 增加,钢的耐磨性增加。

抗拉强度虽不像 τ_K 那样直接表示断裂抗力,但大多数材料的 σ_b 和 τ_K 及硬度之间大致有一定的比例关系,随 σ_b 增加,钢的相对耐磨性增加。

磨料是影响磨料磨损的重要因素,包括磨料的形状、大小、硬度、状态及强度等。

尖锐的磨料易造成金属表面的微观切削,增加磨损量。圆钝的磨料,大多数产生犁沟和塑性变形,且在自由状态还容易滚动,产生一次切屑的可能性很小。

材料的磨损量一般随磨粒直径的增大而增大,达到某一临界尺寸后就不再增大,或增加量很小。

磨料硬度 H_a 与被磨材料硬度 H_m 之间的相对值影响磨料磨损的特性。当 H_a 比 H_m 大很多,即为硬磨料磨损时,材料相对磨损与 H_a 无关,但随材料硬度的下降,相对磨损量增高。当磨料硬度接近于材料硬度或比材料硬度低,即为软磨料磨损时,材料的相对磨损急剧下降。因此,要降低磨料磨损速率,必须使金属材料的硬度大于磨粒硬度的1.3倍。

b. 工作条件的影响

载荷和滑动距离的影响最明显,在一般情况下都成线性关系。载荷愈高,滑动距离愈长,磨损就愈严重。若为脆性材料,因存在一临界压入深度,超过此深度后,则裂纹容易形成与扩展,使磨损量增大,此时,载荷与磨损量就不一定成线性关系。

滑动速度在 0.1m/s 以下时,随滑速的增加磨损率略有降低;当滑速介于 0.1~0.5m/s范围内时,滑速的影响很小;当滑速大于 0.5m/s 时,随滑速增大,磨损先略有增加,达到一定值后,其影响又减小了。

10.3.2 粘着磨损

1. 定义及分类

摩擦偶件的表面经过仔细的抛光,微观上仍是高低不平的。当两物体接触时,总是只有局部的接触。此时,即使施加较小的载荷,在真实接触面上的局部应力就足以引起塑性变形,使这部分表面上的氧化膜等被挤破,两个物体的金属面直接接触,两接触面的原子就会因原子的键合作用而产生粘着(冷焊)。在随后的继续滑动中,粘着点被剪断并转移到一方金属表面,脱落下来便形成磨屑,造成零件表面材料的损失,这就是粘着磨损。

根据粘着点的强度和破坏位置不同,粘着磨损常分为以下几类:

a. 涂抹:粘着点的结合强度大于较软金属的剪切强度,剪切破坏发生在离粘着结合点不远的较软金属的浅表层内,软金属涂抹在硬金属表面,如重载蜗轮副的蜗杆上常见此种磨损。

b. 擦伤:粘着点结合强度比两基体金属都强,剪切破坏主要发生在软金属的亚表层内,有时硬金属的亚表层也被划伤,转移到硬表面上的粘着物对软金属有犁削作用,如内燃机的铝活塞壁与缸体摩擦常见此现象。

c. 撕脱(深掘):粘着点结合强度大于任一基体金属的剪切强度,外加剪应力较高,剪切破坏发生在摩擦副一方或两方金属较深处,如主轴-轴瓦摩擦副的轴承表面经常可见。

d. 咬死:粘着点结合强度比任一基体强度都高,而且粘着区域大,外加剪应力较低,摩擦副之间的相对运动将被迫停止。

粘着磨损的形式及磨损度虽然不同,但共同的特征是出现材料迁移,以及沿滑动方向形成程度不同的划痕。

2. 粘着磨损模型及计算

常用 Archard 模型,见图10-6。假设单位面积上有几个凸起,在压力 p 的作用下发生粘着,粘着处直径为 a,并假定

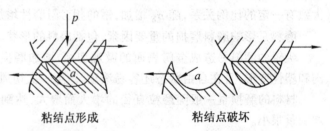

粘结点形成　　　　粘结点破坏

图 10-6　粘着磨损模型

粘着点处的材料处于屈服状态,其压缩屈服极限为 σ_{SC}。

故
$$p = n \cdot \frac{\pi a^2}{4} \cdot \sigma_{SC} \qquad (10\text{-}7)$$

由于相对运动使粘着点分离时,一部分粘着点从软方材料中拉拽出直径为 a 的半球,并设此几率为 k,当滑动位移为 $2a$ 时,单位位移产生的体积磨损量为

$$\frac{\Delta V}{\Delta l} = n \cdot \frac{1}{2} \cdot \frac{1}{6} \pi a^3 \cdot K \cdot \frac{1}{2a} = n \cdot \frac{\pi a^2}{24} \cdot K \qquad (10\text{-}8)$$

将式(10-7)代入式(10-8)可得 $\dfrac{\Delta V}{\Delta l} = \dfrac{p}{\sigma_{SC}} \cdot \dfrac{1}{6} \cdot K = \dfrac{Kp}{6\sigma_{SC}}$

积分上式,且强度与硬度之间有一定关系,则总滑动距离 l 内的粘着磨损体积为

$$V = \alpha \frac{Kpl}{H} \qquad (10\text{-}9)$$

式中 a 为系数,H 为材料硬度。

上式表明,粘着磨损体积磨损量与接触压力、滑动距离成正比,与软方材料的压缩屈服强度(或硬度)成反比。在其他条件相同时,如摩擦副较软一方的金属材料的 σ_{SC} 较高,则因难于塑性变形、不易粘着转移而使磨损减小。但是,如果 σ_{SC}(或硬度 H)一定时,材料塑性较好,在相同接触压力下可以产生较大塑性变形,使真实接触面积增加,降低了单位面积上的接触压力,也可减小磨损量,即材料的磨损量与其塑性成反比。考虑这一情况,上式可改写为

$$V = \alpha \frac{Kpl}{\sigma_{SC} \cdot \delta} \qquad (10\text{-}10)$$

式中 δ 为材料的伸长率。

σ_{SC} 与 δ 之乘积为材料的韧性,可见,粘着磨损体积磨损量随较软一方材料的压缩屈服强度和韧性增加而减小。其实,从粘着磨损机理来看,增加硬度固然能减小磨损,但在材料韧性增加时,由于延缓断裂过程,所以也能使磨损量减小。

3. 影响因素

摩擦副本身的材质特性是影响耐磨性的内部因素,是决定耐磨性的根本因素,工作条件对耐磨性也有显著的影响。

a. 材料特性的影响

摩擦副材料的互溶性大时,粘着倾向大。如相同材料,或相同晶格类型、晶格间距、电子密度和电化学性能相近的金属,互溶性大,容易粘着;反之,互溶性小的材料,如异种金属或晶格特征不相近的金属,所组成的摩擦副,粘着倾向小。

过渡族金属中,次 d 电子层饱和度增加,磨损率下降。

面心立方点阵的金属粘着倾向大于密排六方点阵。金属晶粒尺寸越小,磨损量也越小。

钢铁材料中,铁素体含量愈多,耐磨性愈差。珠光体的片间距和渗碳体的平均自由程越小,硬度、强度、塑性愈好,同时耐磨性也愈好。但在含碳量相同时,片状珠光体的耐磨性比粒状珠光体好。中碳钢调质状态下,渗碳体是粒状的,综合机械性能好,但它的耐磨性却不如未经调质处理得好。低温回火马氏体比淬火马氏体耐磨性好。贝氏体具有优异的耐磨性,在多种试验条件下,贝氏体的耐磨性都比马氏体好。残余奥氏体量不是

较多的情况下,对耐磨性具有有利作用。碳化物的含量增多,耐磨性提高。多相金属比单相金属粘着倾向小;金属中化合物相比单相固溶体粘着倾向小。

b. 工作条件的影响

粘着磨损量的大小随接触压力、摩擦速度的变化而变化。在摩擦速度不太高的范围内,钢铁材料的磨损量随摩擦速度、接触压力的变化规律如图 10-7 所示。

由图可见,在摩擦速度一定时,粘着磨损量随接触压力增大而增加。试验指出,当接触压力超过材料硬度的 1/3 时,粘着磨损量急剧增加,严重时甚至会产生咬死现象。因此,设计中选择的许可压力必须低于材料硬度的 1/3,才不致产生严重的粘着磨损。而在接触压力一定的情况下,粘着磨损量也随滑动速度增加而增加,但达到某一极大值后,又随滑动速度增加而减小(图 10-7)。

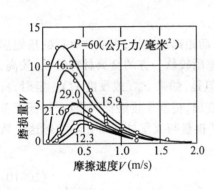

图 10-7　磨损量与摩擦速度、接触
压力的关系

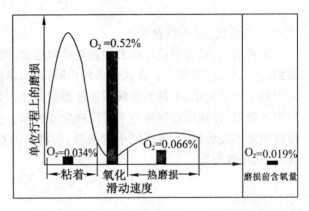

图 10-8　磨损粉末含氧量随摩擦速度的变化规律

有时,随滑动速度变化,磨损类型会由一种形式变为另一种形式,例如:当摩擦速度很小时,产生所谓氧化磨损,磨屑是红色的氧化物(Fe_2O_3),磨损量很小。当摩擦速度稍高时,则产生颗粒较大并呈金属色泽的磨屑,此时磨损量显著增大,这一阶段就是粘着磨损。如果摩擦速度进一步增高时,又出现了氧化磨损,不过这时的磨屑是黑色的氧化物(Fe_3O_4),磨损量又减小。在图 10-7 的试验范围以外进一步增加摩擦速度,则又会出现粘着磨损,此时因摩擦产生高温,所以又叫热磨损,磨损量急剧增大。接触压力的变化并不会改变粘着磨损量随摩擦速度而变化的规律,但随接触压力增加磨损量增加,而且粘着磨损发生的区域移向摩擦速度较低的地方。

磨损类型随摩擦速度的上述变化规律,通过采用化学分析、X 射线结构分析等方法得到了证明。图 10-8 为各阶段磨损粉末的含氧量分析。

除了上述因素外,摩擦偶件的表面光洁度、摩擦表面的温度以及润滑状态也都对粘着磨损量有较大影响。提高光洁度,将增加抗粘着磨损能力;但光洁度过高,反因润滑剂不能储存于摩擦面内而促进粘着。温度的影响和滑动速度的影响是一致的。在摩擦面内维持良好的润滑状态能显著降低粘着磨损量。

10.3.3 表面疲劳磨损

1. 定义

当两接触体表面相对运动以滚动为主时,在接触区形成的循环应力超过材料的疲劳强度的情况下,表面层引发裂纹,并逐步扩展,最后使裂纹以上的材料断裂剥落下来,导致材料损耗的现象,叫表面疲劳磨损,也称接触疲劳。

根据赫兹的接触理论可知,滚动接触时,不论两接触物体是球体的点接触还是圆柱体的线接触,最大压应力都发生在表面上,而最大剪应力 τ_{max} 发生在离表面一定距离处。

点接触时,接触圆半径 $b = 1.11\sqrt{\dfrac{pR}{E}}$,最大压应力 $\sigma_{max} = 0.388\sqrt[3]{\dfrac{pE^2}{R^2}}$,$\tau_{max} = 0.32\sigma_{max}$

存在于次表面 $Z = 0.786b$ 处。线接触时 $b = 1.52\sqrt{\dfrac{pR}{El}}$,$\sigma_{max} = 0.418\sqrt{\dfrac{Ep}{lR}}$,$\tau_{max} = 0.30$

$\sim 0.33\sigma_{max}$,位于 $z = 0.786b$ 处。其中 b 为接触圆半径,p 为法向压力,$\dfrac{1}{R} = \dfrac{1}{R_1} + \dfrac{1}{R_2}$,接触体有效接触半径,$E$ 为弹性模量,l 为线接触宽度。

实际机件接触时,往往还伴有滑动摩擦,表面还有摩擦力作用,它与 τ_{max} 叠加构成了接触摩擦条件下的最大综合切应力分布曲线。滑动摩擦系数越大,表面摩擦力也越大,此时,最大综合切应力分布曲线的最大值会从 $z = 0.786b$ 处向表面移动。当摩擦系数大于 0.2 时,最大综合切应力曲线的最大值将会移至工件表面。如图 10-9 所示。

滚动接触应力为交变应力,对于接触面上某一位置而言,当两物体相互接触并承受

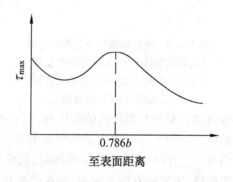

图 10-9 综合切应力沿深度分布示意图

法向力时,在其接触面下深度 $0.786b$ 处就建立起 τ_{max} 来,两物体脱离接触时,τ_{max} 降为零。因而对于接触面上某一位置,其亚表层受 $0 \sim \tau_{max}$ 重复循环应力作用,应力半幅为 $\dfrac{1}{2}\tau_{max}$,即为 $(0.15 \sim 0.16)\sigma_{max}$。

在交变剪应力的影响下,裂纹容易在最大剪应力处成核,并扩展到表面而产生剥落,在零件表面形成针状或豆状凹坑,造成疲劳磨损。

2. 疲劳磨损类型及机理

根据疲劳裂纹的起源和剥落层的深浅,可将疲劳磨损可分为三种类型。

a. 麻点剥落(又称点蚀):裂纹起源于表面,剥落层深度在 $0.1 \sim 0.2mm$,从表面看麻点是针状和豆状凹坑,截面是不对称的 V 型。麻点剥落的形成过程如图 10-10 所示。在滚动接触过程中(实际条件下尚应有滑动),由于表面最大综合切应力反复作用,在表层局部区域,若材料的抗剪屈服强度较低,则将在该处产生塑性变形,同时还伴有形变强化。由于损伤逐步累积,直到表面最大综合切应力超过材料的抗剪强度时,就在表层形成裂纹。裂纹形成后,润滑油挤入裂纹。在连续滚动接触过程中,润滑油反复压入裂纹

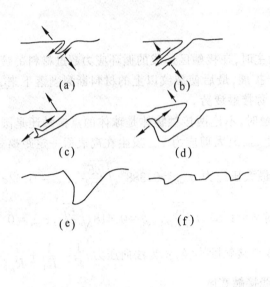

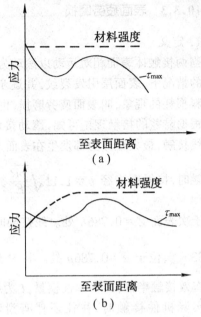

图 10-10　麻点剥落形成过程示意图
(a)初始裂纹形成(b)初始裂纹扩展
(c)二次裂纹形成(d)二次裂纹扩展
(e)形成磨屑(f)锯齿形表面

图 10-11　表面产生麻点的两种情况
(a)表面切应力高　(b)表层材料强度低

并被封闭。封闭在裂纹内的高压油,以较高的压力作用于裂纹内壁(实际上是使裂纹张开的应力),使裂纹沿与滚动方向成小于 45° 倾角向前扩展。在纯滚动条件下,裂纹扩展方向与 τ_{max} 方向一致;有滑动摩擦时,倾角减小,摩擦力越大,倾角越小。当裂纹扩展到一定程度后,因顶端有应力集中,故在该处产生二次裂纹。二次裂纹与初始裂纹垂直,其中也有润滑油。二次裂纹也受高压油作用而不断向表面扩展。当二次裂纹扩展到表面时,就剥落下一块金属而形成一凹坑。

实践表明,表面接触应力较小,摩擦力较大或表面质量较差(如表面有脱碳、烧伤、淬火不足、夹杂物等)时,易产生麻点剥落。前者是因为表面最大综合切应力较高,后者则是材料抗剪强度较低所致(如图 10-11 所示)。

b. 浅层剥落:裂纹起源于亚表面,剥落层深度一般约 0.2~0.4mm,它和最大剪应力 τ_{max} 所在深度 $0.786b$ 相当,其底部大致和表面平行,而其侧面的一侧与表面约成 45°,另一侧垂直于表面。其形成过程如图 10-12 所示。

在 $0.786b$ 处,切应力最大,塑性变形最剧烈。在接触应力反复作用下,塑性变形反复进行,使材料局部弱化,遂在该处形成裂纹。裂纹常出现在非金属夹杂物附近,故裂纹开始沿非金属夹杂物平行于表面扩展,而后在滚动及摩擦力作用下又产生与表面成一倾角的二次裂纹。二次裂纹扩展到表面时,则形成悬臂梁,因反复弯曲发生弯断,从而形成浅层剥落。

这种剥落常发生在机件表面粗糙度低、相对摩擦力小的场合。此时,表面最大综合切应力不为零,其最大值在 $0.786b$ 处,当此力超过材料的塑性变形抗力时,该处产生疲劳裂纹(图 10-13)。

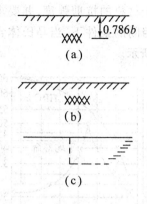

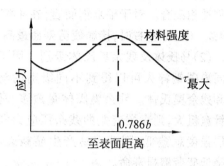

图 10-12　浅层剥落过程示意图　　　　图 10-13　浅层剥落裂纹在亚表面 $0.786b$ 处产生
(a)在 $0.786b$ 处形成交变塑性区
(b)形成裂纹　(c)裂纹扩展剥落

　　c. 深层剥落(又称为硬化层剥落、压碎性剥落):经表面强化处理的零件(如表面淬火、渗碳及其他渗层等),其疲劳磨损裂纹往往起源于硬化层与心部的交界处。当硬化层深度不足,心部强度过低,以及过渡区存在不利的残余应力时,都易在过渡区产生裂纹(图 10-14)。裂纹形成后,先平行表面扩展,即沿过渡区扩展,而后垂直于表面扩展,最后形成较深的剥落坑(图 10-15)。

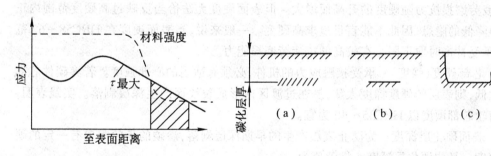

图 10-14　深层剥落裂纹　　　　　　图 10-15　深层剥落过程示意图
　　　在过渡区内产生　　　(a)在过渡区形成塑性变形　(b)在过渡区产生裂纹
　　　　　　　　　　　　　　　　　(c)形成大块剥落

3. 影响因素

　　疲劳磨损裂纹的形成与扩展决定于滚动接触机件中最大综合切应力与材料屈服强度的相对关系。所以,凡是影响材料强度和韧性以及最大综合切应力的因素,都对疲劳磨损过程有影响。

　　a. 非金属夹杂物　钢中总存在有非金属夹杂物等冶金缺陷,对机件(尤其是轴承)的疲劳磨损寿命影响很大,其中脆性的带有棱角的氧化铝等夹杂,由于它们和基体交界处的弹塑性变形不协调,引起应力集中,故夹杂物的边缘造成微裂纹,降低疲劳磨损寿命。生产上应尽量减少钢中的非金属夹杂物。

　　b. 热处理组织状态

(1)马氏体含碳量　承受接触应力的机件,多采用高碳钢淬火或渗碳钢表面渗碳强化,以使表面获得最佳硬度。接触疲劳抗力主要取决于材料的抗剪强度,并要求有一定的韧性相配合。对于轴承钢而言,在未溶碳化物状态相同的条件下,当马氏体含碳量在0.4%~0.5%左右时,接触疲劳寿命最高,如图10-16所示。

(2)马氏体及残余奥氏体级别　因工艺不同渗碳钢淬火可以得到不同级别的马氏体和残余奥氏体。残余奥氏体量愈多、马氏体针愈粗大,则表层有益的残余压应力和渗碳层强度就愈低,则越容易产生显微裂纹,故降低疲劳磨损寿命。

(3)未溶碳化物　对于马氏体含碳为0.5%的高碳轴承钢,未溶碳化物颗粒愈粗大,则与其相邻的马氏体基体边界处的含碳量就愈高,该处也就最易形成接触疲劳微裂纹,故寿命较低。通过适当的热处理,使未溶碳化物颗粒趋于小、少、匀、圆,对于提高轴承钢的疲劳磨损寿命是有益的。

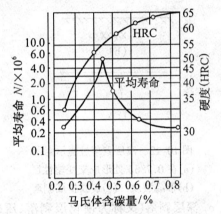

图 10-16　钢中马氏体含碳量与平均寿命的关系

c.表面硬度　压入硬度的高低,可部分反映剪切强度的大小,因此在一定的硬度范围内,疲劳磨损抗力随硬度的升高而增大。但表面硬度无法恰当反映过高硬度范围内正断抗力降低的隐患,因此不能盲目追求高硬度。一般来说,当表面硬度在 HRC58~62 范围内(承受冲击时取下限),有较高的抗疲劳磨损能力。

d.芯部硬度(强度)　承受接触应力的机件,必须有适当的心部强度。若渗碳件芯部强度太低,则表层的硬度梯度太陡,易在过渡区内形成裂纹而产生深层剥落。实践表明,渗碳齿轮芯部硬度以 HRC35~40 为宜。

e.表面硬化层深度　为防止表层产生的早期深层剥落,渗碳的齿轮需要有一定的硬化层深度。最佳硬化层深度 t 推荐值为

$$t = m\left(\frac{15\sim20}{100}\right) 或 \ t \geqslant 3.15b$$

或 $\qquad\qquad t \approx 0.2m - 0.1 \qquad$ (当 $20 \geqslant m \geqslant 3$)

式中 m 为模数;b 为接触宽度。

f.硬度匹配　两个接触滚动体的硬度匹配恰当与否,直接影响疲劳磨损寿命。实践表明,ZQ-400 型减速器大小齿轮分别进行调质/淬火,使小齿轮与大齿轮的硬度比保持1.4~1.7 的匹配关系,使较硬的小齿轮对较软的大齿面有冷作硬化效果,改善啮合条件,提高接触精度,承载能力可提高 30%~50%,使小齿轮不易出现麻点,达到与大齿轮使用寿命等长的效果。对于不同的配对齿轮,由于材料、表面硬化及润滑等情况不同,只能通过试验才能找出最佳的硬度匹配,目前还无最佳的硬度匹配的具体原则。

g.残余应力　当表层在一定深度范围内,存在有利的残余压应力时,可提高疲劳磨损抗力。

h. 表面粗糙度 减少表面冷、热加工缺陷,降低表面粗糙度,可以有效地增加接触疲劳寿命。接触应力大小不同,对表面粗糙度的要求也不同。接触应力低时,表面粗糙度对疲劳磨损寿命影响较大;接触应力高时,表面粗糙度影响较小。表面硬度较高的轴承、齿轮等,须经精磨、抛光等工序,以降低表面粗糙度,并进行表面机械强化,来提高疲劳磨损寿命。

i. 装配与接触精度 在装配时,若严格控制齿轮啮合处沿齿长的接触精度,如保证接触印痕总长不少于齿宽的 60%,且接触印痕处在节圆上,可防止早期麻点损伤。

j. 润滑 润滑油的粘度高,能减轻麻点形成趋向。

10.3.4 腐蚀磨损

1. 定义与分类

两摩擦表面与周围介质发生化学或电化学反应,在表面上形成的腐蚀产物粘附不牢,在摩擦过程中被剥落下来,而新的表面又继续和介质发生反应,这种腐蚀和磨损的重复过程,称为腐蚀磨损。

按腐蚀介质的性质,腐蚀磨损可分为两类,即化学腐蚀磨损和电化学腐蚀磨损。

化学腐蚀磨损:金属材料在气体介质或非电解质溶液中的磨损。

电化学腐蚀磨损:金属材料在导电性电解质溶液中的磨损。

在化学腐蚀磨损中最主要的一种就是氧化磨损。

2. 氧化磨损

a. 氧化磨损过程:当摩擦副一方的突起部分与另一方作相对滑动时,在产生塑性变形的同时,空气或润滑剂中的氧扩散到变形层内,形成氧化膜,氧化膜在遇到第二个突起时有可能剥落,使新露出的金属表面重新又被氧化,随后又再被磨去。如此氧化膜形成又除去,机件表面逐渐被磨损,这就是氧化磨损过程。

b. 氧化磨损的宏观特征:在摩擦面上沿滑动方向呈均匀磨痕,其磨损产物或为红褐色的 Fe_2O_3,或为灰黑色的 Fe_3O_4,也有 Fe 和 FeO。

c. 影响因素:氧化磨损速率决定于氧化膜的脆性程度和膜与基体的结合能力。致密而非脆性的氧化膜能显著提高磨损抗力,如生产中采用的发蓝、磷化、蒸汽处理、渗硫等,对于减低磨损速率都有良好效果。氧化膜与基体的结合能力主要取决于它们之间的硬度差,硬度差愈小,结合力愈强。提高基体表层硬度,可以增加表层塑性变形抗力,从而减轻氧化磨损。

氧化磨损是最广泛的一种磨损形态,不论在何种摩擦过程中,以及在何种摩擦速度下,也不论接触应力的大小和是否存在润滑的情况下都会发生。材料在干燥大气中的氧化磨损是各类磨损中速率最小的一种,其值仅为 $0.1 \sim 0.5 \mu m/h$,属于正常磨损范畴,是生产中允许存在的一种磨损形态,氧化磨损不一定是有害的,如果氧化磨损先于其他类型的磨损(如粘着磨损)发生和发展,则是有利的。若空气中含有少量的水汽,化学反应产物便由氧化物变为氢氧化物,使腐蚀加速;若空气中有少量的二氧化硫或二氧化碳,则腐蚀更快。

3. 电化学腐蚀磨损 又称特殊介质腐蚀磨损。它是在化工设备中工作的摩擦副,由于金属表面与导电性电解质溶液酸、碱、盐等介质作用而形成的腐蚀磨损。其腐蚀磨损机理与氧化磨损类似,但腐蚀速率较大,摩擦表面遍布点状或丝状腐蚀痕迹,一般比氧化磨损痕迹深,磨损产物是酸、碱、盐的金属化合物。

镍、铬、钛等金属在特殊介质作用下,易形成结合力强、结构致密的钝化膜;钨、钼在500℃以上,表面会生成保护膜。因此,钨、钼是高温耐腐蚀磨损的金属,镍、铬是抗腐蚀磨损的金属。此外,由碳化钨、碳化钛等组成的硬质合金,都具有高的耐腐蚀磨损作用。

10.3.5 微动磨损

两个接触表面之间发生小振幅相对切向运动引起的磨损现象称为微动磨损。小振幅的上限一般为 $300\mu m$。如键、固定销、螺栓连接等紧配合处,原设计是两元件接触处应该静止,但由于受到振动或交变载荷作用而产生相互的微小振动,引起表面间局部的磨损。其特征是摩擦副接触区有大量的磨屑,对钢铁件,其为红褐色的 Fe_2O_3,对铝或镁合金则为黑色,摩擦面上还有疲劳磨损或粘着磨损形成的麻点或蚀坑。

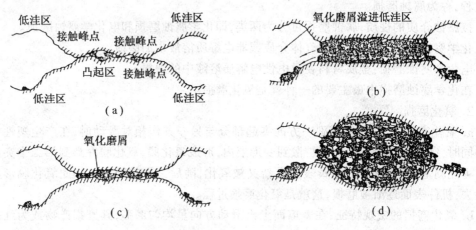

图 10-17 微动磨损的发生与发展过程
(a)微凸体之间积存磨屑 (b)接触点磨平形成小平台
(c)磨屑积存过多,溢向低洼区 (d)中心区因磨料磨损造成弧形凹坑

微动磨损是粘着、氧化、磨料和表面疲劳的复合磨损过程。一般认为有四个阶段,见图 10-17。初期:法向载荷引起微凸体粘着,当接触点滑动时,磨屑发生并积存在附近的凹坑里。第二阶段:随着磨屑量增加,凹坑被填满,磨屑开始起作用,使磨损变成磨料磨损性质,磨损区向两侧扩展,独立而分散的微凸体被磨掉,合并成一个小平台。第三阶段:磨屑进一步增加,并开始从接触区溢出进入邻近的凹坑区。第四阶段:接触区中压力再分布,中心区垂直压力增高,边缘压力降低,因此中心区的磨料磨损比较严重,凹坑也迅速加深,成为一个微观麻点。振动继续下去,微观麻点就会合并成为大而深的麻点。

在连续振动时,磨屑对于摩擦副表面产生交变接触压应力,在微动磨痕坑底部还可能萌生疲劳裂纹。在微动的切向力合乎交变疲劳应力的影响下,疲劳裂纹往往与表面呈45°倾斜扩展,发展到一定深度后,微动切向应力的影响可忽略,裂纹的扩展方向便转向垂直于疲劳应力方向,直至发生断裂。

根据两接触面所处环境和外界作用的不同,微动磨损失效并不一定包括上述的所有过程。如果微动磨损中,化学或电化学反应占重要地位,称为微动腐蚀;遭受微动磨损的机件,同时,或在微动作用停止后,受到循环应力作用,出现疲劳强度降低,甚至早期断裂的现象,称为微动疲劳。

影响微动磨损的主要因素有载荷、振幅、环境因素、材料性能及润滑剂等。

振幅不变时,平面的钢试样微动磨损量,随着法向载荷的增加而增加,继续增加载荷,则磨损量下降,甚至于微动磨损完全消除。

微动磨损存在临界振幅。在临界振幅以上,磨损量随振幅增加而增加;在临界振幅以下,不会发生磨损。但临界振幅值随不同材料、载荷及实验装置而不同,一般在 $20\sim100\mu m$ 之间。

在空气中,微动磨损量随温度的升高而下降;在氩气中,室温下磨损量减少,但温度超过 200℃ 时,磨损明显增加。

金属材料摩擦副的抗微动磨损能力,一般来说,与它们的抗粘着磨损能力相似。提高硬度和选择适当的配对材料都可以减小微动磨损;采用聚四氟乙烯涂层、表面硫化、磷化处理等,都能降低微动磨损。

润滑剂能减少粘着力,也可减少微动磨损。

习　题

1. 磨损有几种类型? 举例说明其载荷特征,磨损过程及表面损伤形貌。
2. 粘着磨损是如何产生的? 如何提高材料或零件抗粘着磨损能力?
3. 磨粒磨损有几种类型? 各举一例并说明提高抗磨损能力的措施。
4. 表面疲劳磨损有几种形式? 是如何产生的? 应如何提高材料或零件的疲劳磨损抗力?
5. 何为微动磨损? 基本特征如何? 是如何发生的? 如何提高微动磨损抗力?

第十一章 复合材料的力学性能

20世纪以来逐渐形成的以新材料新技术为基础的信息技术、新能源技术、生物工程技术、空间技术和海洋开发技术的新技术群,促进了材料科学的迅猛发展。时至今日,人们已经能够按照使用要求对材料性能进行设计。复合材料作为一种有生命力的工程材料,已经实现了设计技术的重大突破。它具有高比强度、高比模量和耐腐蚀、耐辐射、电气绝缘性能好等优异性能,作为主要承力结构,已广泛应用于宇航工业、核工业、化工、建筑、机械、电气工程等领域。

11.1 单向复合材料的力学性能

连续纤维在基体中呈同向平行排列的复合材料叫单层连续纤维增强复合材料(图11-1)。记纤维纵向为 L 或1方向,面内垂直于纤维方向为 T 或2方向, n 或3为法线方向。从宏观平均角度看,单层复合材料可看作是均质的正交各向异性体,其宏观性能可通过实验测出。另一方面,从材料设计角度,希望在材料制成之前由组成材料的性能、含量来预测复合材料的性能。在细观角度,单层复合材料是非均质的,所以单层复合材料的力学行为分析包括了宏观和细观两个层次。本章将分别从这两个层次对单层复合材料的力学行为作简要的介绍。

11.1.1 单向复合材料的应力应变关系

1. 正轴和偏轴应力应变关系

在宏观分析中,由于单层在法线方向的尺寸远比其他方向的小,故可简化为图11-1所示的平面应力模型。对正交各向异性体,在平面应力状态下,其正轴方向的应力-应变关系可用图11-2(a)表示。

$$\begin{Bmatrix} \sigma_1 \\ \sigma_2 \\ \tau_{12} \end{Bmatrix} = \begin{bmatrix} Q_{11} & Q_{12} & 0 \\ Q_{12} & Q_{22} & 0 \\ 0 & 0 & Q_{66} \end{bmatrix} \begin{Bmatrix} \varepsilon_1 \\ \varepsilon_2 \\ \gamma_{12} \end{Bmatrix} \tag{11-1}$$

其中刚度系数 $Q_{ij}(i,j=1,2,6)$ 与弹性常数之间的关系为

$$Q_{11} = \frac{E_L}{1 - \upsilon_{LT}\upsilon_{TL}} \quad ; \quad Q_{12} = \frac{E_L\upsilon_{TL}}{1 - \upsilon_{LT}\upsilon_{TL}} = \frac{E_T\upsilon_{LT}}{1 - \upsilon_{LT}\upsilon_{TL}}$$

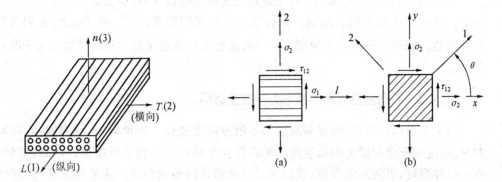

图 11-1　单层复合材料坐标系　　　图 11-2　单层板的坐标系和相应应力分量

$$Q_{22} = \frac{E_T}{1 - \upsilon_{LT}\upsilon_{TL}} \quad ; \quad Q_{66} = G_{LT} \tag{11-2}$$

式中，E_L 为纵向弹性模量，E_T 为横纵弹性模量，G_{LT} 为纵横向剪切弹性模量，υ_{LT}、υ_{TL} 为相应方向泊松比。

在图 11-2(b)中，x-y 坐标系表示偏轴坐标系，并规定从 x 正方向逆时针转到 1 方向的 α 角为正，则将 x-y 偏轴坐标系中的应力、应变转换的正轴坐标系中的转换矩阵$[T]$和变换关系为

$$[T] = \begin{bmatrix} \cos^2\alpha & \sin^2\alpha & 2\cos\alpha\sin\alpha \\ \sin^2\alpha & \cos^2\alpha & -2\cos\alpha\sin\alpha \\ -\cos\alpha\sin\alpha & \cos\alpha\sin\alpha & \cos^2\alpha - \sin^2\alpha \end{bmatrix} \tag{11-3}$$

$$\begin{Bmatrix} \sigma_1 \\ \sigma_2 \\ \tau_{12} \end{Bmatrix} = [T]\begin{Bmatrix} \sigma_x \\ \sigma_y \\ \sigma_z \end{Bmatrix}; \quad \begin{Bmatrix} \varepsilon_1 \\ \varepsilon_2 \\ \gamma_{12} \end{Bmatrix} = [T]\begin{Bmatrix} \varepsilon_x \\ \varepsilon_y \\ \gamma_{xy} \end{Bmatrix} \tag{11-4}$$

由方程(11-2)和(11-4)可得偏轴方向应力-应变关系为

$$\begin{Bmatrix} \sigma_x \\ \sigma_y \\ \tau_{xy} \end{Bmatrix} = \begin{bmatrix} \overline{Q}_{11} & \overline{Q}_{12} & \overline{Q}_{16} \\ \overline{Q}_{12} & \overline{Q}_{22} & \overline{Q}_{26} \\ \overline{Q}_{16} & \overline{Q}_{26} & \overline{Q}_{66} \end{bmatrix}\begin{Bmatrix} \varepsilon_x \\ \varepsilon_y \\ \gamma_{xy} \end{Bmatrix} \tag{11-6}$$

$$\{\sigma\} = [\overline{Q}]\ \{\varepsilon\}$$

其中 $\overline{Q}_{ij}(i,j = 1,2,6)$ 为

$$\begin{cases} \overline{Q}_{11} = Q_{11}\cos^4\alpha (Q_{12} + 2Q_{66})\sin^2\alpha\cos^2\alpha + Q_{22}\sin^4\alpha \\ \overline{Q}_{12} = Q_{12} + (Q_{11} + Q_{22} - 2Q_{12} - 4Q_{66})\sin^2\alpha \\ \overline{Q}_{22} = Q_{22}\cos^4\alpha + 2(Q_{12} + 2Q_{66})\sin^2\alpha\cos^2\alpha + Q_{11}\sin^4\alpha \\ \overline{Q}_{66} = Q_{66} + + (Q_{11} + Q_{22} - 2Q_{12} - 4Q_{66})\sin^2\alpha\cos^2\alpha \\ \overline{Q}_{16} = (Q_{11} - Q_{12} - 2Q_{66})\sin\alpha\cos^3\alpha - (Q_{22} - Q_{12} - 2Q_{66})\sin^3\alpha\cos\alpha \\ \overline{Q}_{26} = (Q_{11} - Q_{12} - 2Q_{66})\sin^3\alpha\cos\alpha - (Q_{22} - Q_{12} - 2Q_{66})\sin\alpha\cos^3\alpha \end{cases} \tag{11-6}$$

2. 耦合效应

由式(11-5)可见,在偏轴方向上的正应变可引起切应力,切应变会引起正应力。反之亦然。这种现象称为耦合效应。耦合效应反映在刚度系数 $\overline{Q}_{16}$ 和 $\overline{Q}_{26}$ 上,它们是角度 α 的奇函数。偏轴方向上应力应变关系中的这种耦合效应使复合材料呈现出复杂的力学行为。

11.1.2 单向复合材料的基本力学性能指标

对于各向同性材料,强度和刚度均不依方向而变化。而单向复合材料是各向异性的材料,强度和刚度都随方向而改变。单向复合材料有五个特征强度值,即纵向拉伸强度、横向拉伸强度、纵向压缩强度、横向压缩强度和面内剪切强度。实验结果表明,这些强度在宏观尺度上是彼此无关的。同样地,单向复合材料有四个特征弹性常数,即纵向弹性模量、横向弹性模量、主泊松比和剪切弹性模量。这四个弹性常数也是彼此独立的。

可见,单向复合材料有9个基本力学性能数据。当研究一种新材料时,如筛选试验或制定材料规范,要考虑9个性能指标。在为结构设计提供材料数据时,也必须提供9个性能数据。这些性能数据可以采用标准试验方法测定,还可以采用简单模型法进行单向复合材料的基本力学性能的预测。本节主要介绍单向复合材料的基本力学性能的预测。

1. 简化模型

简单模型法较多地应用于工程估算,由于细观组成的复杂性,简单模型法用于工程估算对复合材料要作较多的简化假定:①假定复合材料中的纤维和基体,在复合前后性能无变化;②假定纤维和基体是紧密粘接的;③假定纤维和基体分别是均质各向同性的(但碳纤维和芳纶可假定为横向各向同性的);④假定纤维和基体均是线弹性的;⑤假定纤维和基体是小变形的;⑥假定纤维和基体无初应力。

通常复合材料单层的纤维在基体中是随机排列的,也就是说,在横截面观察纤维的分布是不规则的,因此可认为是横向各向同性的。然而为使计算分析简洁的需要,往往可将其简化成有一定规则形状和分布的计算模型。图11-3给出了各种简化计算模型的示例。简化模型只是为了简化计算而设想的各种模型,且同一种模型不一定对复合材料单层的所有性能的计算都合适,往往是某一模型计算某些量是合适的,而计算另一些量是不合适的,因此计算某一个量用某一种模型,而计算另一个量用另一种模型。

2. 弹性常数的预测

用简单模型法可预测复合材料单层的宏观性能,如弹性常数、基本强度等。复合材料单层独立弹性常数在平面应力状态下为4个,在三维情况下一般正交各向异性时为6个,而由无纬铺层(也称单向铺层)构成的单向层合板,即单向复合材料为横观各向同性时为5个。

(1)纵向弹性模量 $E_1(E_L)$ 采用片状并联模型,为了不产生拉弯耦合,使纤维和基体形成对称结构形式,纤维与基体的宽度比分别为 $V_f : V_m$,如图 11-4 所示。用材料分析方法求得

$$E_1 = E_{f1}V_F + E_m V_m \tag{11-7}$$

由此公式预测 E_1 与实验结果相当吻合,或略高 10% 以内。

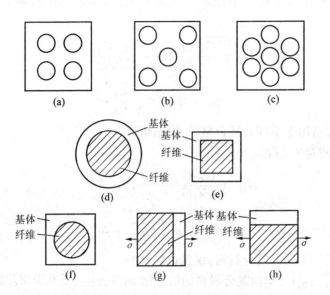

图 11-3　各种简化计算模型的示例

(a)正向方阵模型;(b)斜向方阵模型;(c)正六角形模型;(d)同心圆模型;(e)回字形模型;

(f)外方内圆模型;(g)片状(或板状)串联模型;(h)片状(或板状)并联模型

(2)横向弹性模量 $E_2(E_T)$　单向复合材料

的弹性模量 $E_3 = E_2$。通常采用片状串联模型,

利用材料力学分析方法可得

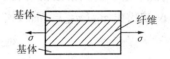

图 11-4　对称形式的片状并联模型

$$\frac{1}{E_2} = \frac{V_f}{E_{f2}} + \frac{V_m}{E_m} \qquad (11\text{-}8)$$

或

$$E_2 = \frac{E_{f2}E_m}{V_f E_m + V_m E_{f2}} \qquad (11\text{-}9)$$

由此公式预测 E_2 要比实验结果小很多,因此,此公式定量上不合适,但定性上说明 E_2 主要决定于 E_m 与 V_m 还是合适的。

在应用此公式的基础上引入修正系数 η_2 的方法,即

$$E_2 = \frac{E_{f2}E_m(V_f + \eta_2 V_m)}{V_f E_m + \eta_2 V_m E_{f2}}) \qquad (11\text{-}10)$$

式中

$$\eta_2 = \frac{0.2}{1 - V_m}\left[1.1 - \sqrt{\frac{E_m}{E_{f2}}} + \sqrt{\frac{3.5E_m}{E_2}}\right](1 + 0.22V_f) \qquad (11\text{-}11)$$

这一半经验公式可适用于不同的复合材料,误差比较小。

(3)剪切弹性模量 $G_{12}(G_{LT})$　单向复合材料的 $G_{12} = G_{13}$。通常采用片状串联模型,利用材料力学分析方法可得

$$\frac{1}{G_{12}} = \frac{V_f}{G_{f12}} + \frac{V_m}{G_m} \qquad (11\text{-}12)$$

或

$$G_{12} = \frac{G_{f12}G_m}{V_f G_m + V_m G_{f12}} \qquad (11\text{-}13)$$

此公式预测的 G_{12} 要比实验结果小很多。一般可采用在此公式的基础上引入修正系数 η_{12} 的方法

$$G_{12} = \frac{G_{f12} G_m (V_f + \eta_{12} V_m)}{V_f G_m + \eta_{12} V_m G_{f12}} \tag{11-14}$$

或

$$\eta_{12} = 0.28 + \sqrt{\frac{E_m}{E_{f2}}} \tag{11-15}$$

这一半经验公式可适用于不同的复合材料,误差相对较小。

(4)剪切弹性模量 $G_{23}(G_{Tn})$

$$G_{23} = \frac{G_{f23} G_m (V_f + \eta_{23} V_m)}{V_f G_m + \eta_{23} V_m G_{f23}} \tag{11-16}$$

式中

$$\eta_{23} = 0.388 - 0.665 \sqrt{\frac{E_m}{E_{12}}} + 2.56 \frac{E_m}{E_{f2}} \tag{11-17}$$

上述公式也可适用于不同的复合材料,误差也比较小。

(5)泊松比 $v_{21}(v_{TL})$ 单向复合材料的泊松比 $v_{31} = v_{21}$。通常采用片状并联模型,利用材料力学分析方法可得 v_{21} 的预测公式为

$$v_{21} = v_{f21} V_f + v_m V_m \tag{11-18}$$

一般情况下这一公式已经较精确了。

(6)泊松比 $v_{23}(v_{Tn})$ 泊松比 v_{23} 可仿照 v_{21} 式(11-18),并引进修正系数 k,得

$$v_{23} = k(v_{f23} V_f + v_m V_m) \tag{11-19}$$

式中

$$k = 1.905 + (0.8 - V_f)\left[0.27 + 0.23 \left(1 - \frac{E_{f2}}{E_{f1}} \right) \right] \tag{11-20}$$

3. 基本强度的预测

单向复合材料的强度预测精度远没有达到弹性常数的水平。其原因是强度对结构缺陷较敏感,与材料的破坏机理密切相关。而复合材料的破坏机理很复杂,对工艺过程特别敏感。目前除单向复合材料纵向拉伸强度预测相对较准外,其余强度的预测方法还不太成熟。

(1)纵向拉伸破坏模式和强度的预测

通常,复合材料的基体模量 E_m 小于纤维的模量 E_f,基体比纤维有更大的延性,即基体的断裂应变 ε_{mu} 大于纤维的断裂应变 ε_{fu}(图 11-5)。因此,单向复合材料承受纵向拉伸时,由于两相有相同的纵向应变,破坏首先由纤维断裂开始。当局部纤维在某一最薄弱截面断裂后,进一步的损伤扩展模式取决于基体和界面的性能。

如果是脆性基体和强界面,纤维断裂处的裂纹将沿裂纹面扩展,穿过基体,引起邻近纤维断裂,最后导致复合材料中裂纹沿横向截面迅速发展而发生脆性断裂,图 11-6(a)。如果是弱界面,纤维断端产生的应力集中可使断裂纤维界面产生脱粘而引起拔丝(纤维从基体中拔出),最后复合材料在给定横截面上分离,图 11-6(b)。在另一种情况下,复合材料在不同横截面的裂纹可以靠纤维沿长度方向脱粘或基体剪切破坏而联合起来,图 11-6(c)。实验表明,如果复合材料中孔隙体积分数略去不计,当纤维的体积分数 $V_f < 0.4$

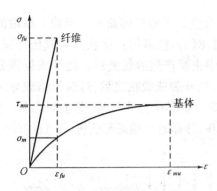

图 11-5 纤维和基体应力-应变
曲线示意图

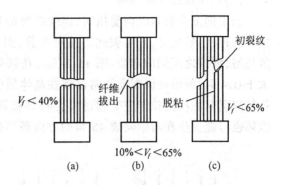

图 11-6 L 方向拉伸时的破坏模式

时,主要呈脆性破坏模式;中等纤维体积分数($0.4 < V_f < 0.65$)会呈现带抽丝的脆性破坏;高纤维体积分数($V_f > 0.65$)时,会呈现带脱粘或基体剪切的断裂。

讨论由图 11-5 所示组分相材料构成的单向复合材料的纵向拉伸强度,在某一纵向拉应力时纤维全部断裂,此时,可能有两种情况:

当 V_f 小于某一 V_{fmin} 时,在纤维全部断裂后,基体仍可承受较大的载荷,当复合材料的应变达到基体材料的破坏应变 ε_{mu} 时,复合材料断裂,这时复合材料的纵向拉伸强度 X_{Lt} 由基体控制

$$X_{Lt} = \sigma_{mu}(1 - V_f) \tag{11-21}$$

当 $V_f > V_{fmin}$ 时,纤维全部断裂后,基体虽然可继续变形,但承载能力急剧下降。材料的断裂应变等于纤维的断裂应变,即 $\varepsilon_L = \varepsilon_{fu}$,这时纵向强度由纤维控制

$$X_{Lt} = \sigma_{fu}V_f + \sigma_m^*(1 - V_f)(V_f > V_{fmin}) \tag{11-22}$$

式中 σ_m^* 是基体应变等于纤维断裂应变 ε_{fu} 时的基体应力。分别按式(11-21)和(11-22)作出 X_{Lt} 随纤维体积分数 V_f 变化的曲线为图 11-7 所示。由两直线交点确定 V_{fmin}。

由图 11-7 可见,纤维不一定起增强作用,这是由于当纤维太少时,纤维断裂后的载荷全都由基体承担,然而已破坏的纤维占去一部分基体体积,反而不如原来全部是基体材料时承载的能力大。因此,要使纤维能起到增强作用,应具有临界体积分数 V_{fcr},可由下式确定:

$$\sigma_{fu}V_{fcr} + \sigma_m^*(1 - V_{fcr}) = \sigma_{mu}$$

$$V_{fcr} = \frac{\sigma_{mu} - \sigma_m^*}{\sigma_{fu} - \sigma_m^*} \tag{11-23}$$

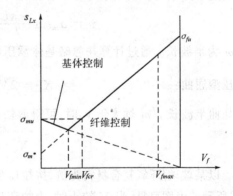

图 11-7 纵向拉伸强度随纤维发数的变化

还需指出的是,当 $V_f > 0.8$ 时,复合材料强度反而随 V_f 增加而下降,这是由于纤维体积分数太高时,工艺上不能保证基体和纤维均匀分布,以致有的纤维周围没有基体,形成空隙、裂纹等缺陷,导致强度下降。

(2)纵向压缩强度预测

当单向复合材料纵向受压时,连续纤维的行为像细长的杆体而产生屈曲。屈曲的形式有两种:①拉压型,纤维彼此间反向弯曲,图 11-8(a),使基体产生横向拉或压应变;②剪切型,纤维之间同向弯曲,图 11-8(b),在基体中主要产生剪切变形。当纤维体积分数大于 0.4 时,纤维的微屈曲通常出现在基体屈服、微开裂或脱粘之后,这时压缩破坏是泊松效应引起的横向拉伸应变超过复合材料极限横向变形能力而引起,图 11-8(c)。压缩破坏也可能发生在与轴向成 45°角的方向剪切破坏,伴随着纤维局部曲折,图 11-8(d)。

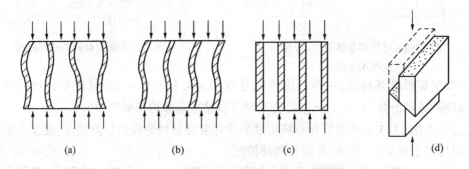

图 11-8　单向复合材料的纤维方向受压时的破坏模式

由于纤维屈曲模式更为常见,所以只介绍由纤维屈曲引起破坏的压缩强度公式。将单向纤维增强材料简化成由纤维和基体薄片相间粘结的纵向受压杆件。为计算方便,取纤维和基体薄片宽度之和为 1,则它们的宽度分别为 V_f 和 V_m,如图 11-9 所示。假定基体仅提供横向支持,载荷由纤维均摊。考虑到纤维剪切模量比基体的大得多,在计算中忽略剪切变形的影响。令纤维和基体在偏离状态时的应变能 δv_f 和 δv_m,及外力功为 δw。根据弹性力学中的能量原理

$$\delta w = \delta U_f + \delta U_m \tag{11-24}$$

来确定临界载荷。设纤维的屈曲形状为

$$v = a_m \sin \frac{m \pi L}{l} \quad (m = 1, 2, \cdots) \tag{11-25}$$

l/m 为半波长。通过计算并忽略基体承压时,可得下列临界应力公式

拉压型屈曲:

$$X_c = 2 V_f \sqrt{\frac{E_m E_f V_f}{3 V_m}} \tag{11-26}$$

当屈曲半波长 l/m 远大于 V_f 时,可得剪切型屈曲

$$X_c = \frac{G_m}{1 - V_f} \tag{11-27}$$

以某玻璃/环氧复合材料为例,按拉压型和剪切型公式绘出的 $X_c - V_f$ 曲线为图 11-9(c)所示。由图可见,当 V_f 较小时,由拉压型控制,而 V_f 较大时,由剪切型控制。

由于理论值一般高于实测值,有人建议在基本模量上乘以一修正系数 0.63,即在式(11-26)和(11-27)中用 $0.63E_m$ 和 $0.63G_m$ 代替 E_m 和 G_m。这样得到的结果和实测值基本符合。

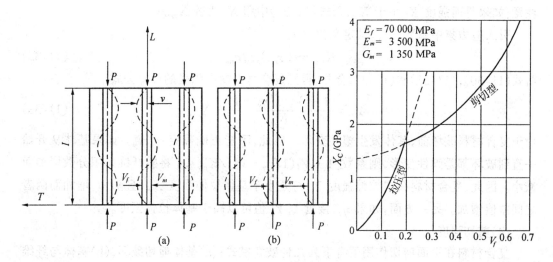

图 11-9 确定纵向压缩强度的模型

(a)拉压型 (b)剪切型 (c)X_c-V_f 曲线

(3)横向拉伸强度

根据基体性能和界面结合状况,单向复合材料横向拉伸破坏的模式如图 11-10 所示;
(1)基体拉伸破坏模式;(2)基体拉伸破坏和纤维-基体界面脱粘混合破坏模式;(3)纤维破坏模式。横向拉伸或压缩时,基体和纤维承受同一数量级的载荷。一般情况下,由于基体强度比纤维低得多,横向拉伸时基体首先破坏,随之复合材料完全破坏。复合材料应力与各组分的平均应力有关。复合材料横向强度可用下式计算

$$Y_t = \sigma_{fy} V_f + \sigma_{my} V_m \qquad (11\text{-}28)$$

式中,下标"y"表示横向。

基体横向强度和纤维横向强度与应力分配系数 η_y 有如下关系

$$\sigma_{my} = \eta_y \sigma_{fy} \qquad (11\text{-}29)$$

式中,$0 < \eta_y < 1$。

将式(11-29)代入式(11-28),则复合材料平均横向强度如下

$$Y_t = [1 + V_f(1/\eta_y - 1)]\sigma_{my} \qquad (11\text{-}30)$$

应力在基体内分布是不均匀的,在界面处基体应力最大$(\sigma_{my})_{max}$,所以,当$(\sigma_{my})_{max}$ 达到基体强度 X_m 时,复合材料产生破坏,即

$$(\sigma_{my})_{max} = X_m \qquad (11\text{-}31)$$

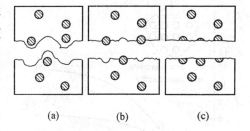

图 11-10 横向拉伸破坏模式

(a)基体破坏;(b)界石脱粘;(c)纤维破坏

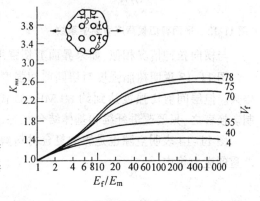

图 11-11 复合材料基体横向应力集中的系数

注意:如果界面强度 X_i 小于 X_m,则式(11-31)中用 X_i 代替 X_m。

引入应力集中系数 K_{my},其定义为

$$K_{my} = (\sigma_{my})_{max}/\sigma_{my} \tag{11-32}$$

将式(11-30),(11-31)和(11-32)合并,得到复合材料横向强度的计算公式

$$Y_t = \frac{1 + V_f(1/\eta_y - 1)}{K_{my}} \cdot X_m \tag{11-33}$$

由于复合材料破坏前,基体发生塑性变形。因此,不能正确确定 η_y 值。如果基体从开始一直到破坏都是弹性变形,则系数$[1 + V_f(1/\eta_y - 1)]/K_{my} < 1$ 将随纤维体积分数增加而减小。因此,复合材料横向拉伸强度 Y_t 总是小于基体拉伸强度 X_m,且随 v_f 增加而两者之间差值增加。另一方面,如果 η_y,接近 1,Y_t 值可以高于基体拉伸强度。

(4)剪切强度

复合材料在平面剪切作用下有下列几种破坏模式:(a)基体剪切破坏;(b)基体与纤维脱粘;(c)基体剪切破坏和基体与纤维脱粘。剪切破坏机制和横向拉伸机制相似,故可用类似于(11-33)式形式估算剪切强度占

$$S = \frac{1 + V_f(1/\eta_s - 1)}{K_{ms}} S_m \tag{11-34}$$

式中,S_m 为基体剪切强度;K_{ms} 为基体剪切应力集中系数,其结果如图 11-12 所示。

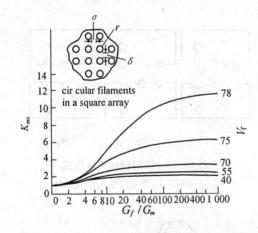

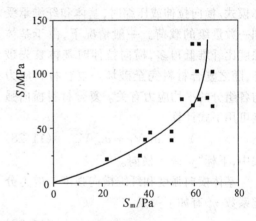

图 11-12　平面剪切载荷应力集中系数　　　　图 11-13　层间剪切强度与基体强度的关系

与横向拉伸情况相似,如果界面剪切强度 S_i 小于 S_m,则可以用 S_i 代替 S_m。

图 11-13 说明树脂强度对层间剪切强度的重要性。层间剪切强度随树脂强度增加而增大。但层间剪切强度达到约 80 MPa 后就不再增加。原因是受到界面结合强度的限制。换言之,只要改进纤维和基体结合状态,还能提高复合材料层间剪切强度。

图 11-14 表明空隙也是影响复合材料剪切强度的重要因素。因为空洞带来材料内部严重的应力集中。

11.2　复合材料层合板的力学性能

在工程结构中大量使用的是复合材料层合板,或叫多向层合板。层合板的结构特点使其力学性能具有许多各向同性材料所不具备的特征。这些特征在单向复合材料中还不能充分表现出来。层合板的力学性能不仅取决于单层板的性能和厚度,而且取决于铺层的方向、层数和顺序。了解了这些特征才能正确地认识复合材料的力学性能。

层合板的应力-应变关系式通常较为复杂。这些关系式的推导已在复合材料力学等课程中有过介绍,这里就不再重复了,本文将直接给出这些关系式,以便说明层合板力学性能的一些基本特征。

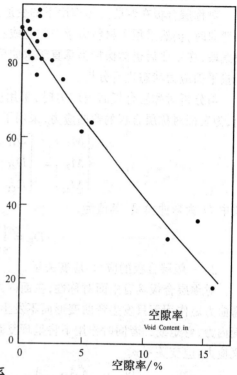

图 11-14　空隙对层间剪切强度的影响

11.2.1　复合材料层合板的应力-应变关系

1. 对称层合板的面内应力-应变关系

对称层合板是层合板的一种特殊形式,各铺层的方向相对于层板几何中面是镜面对称的。当外力的合力作用线位于对称层合板的几何中面时,由于层合板刚度的对称性,层合板只发生面内变形,不会发生弯曲变形。通常层合板的厚度与其长度、宽度相比是很小的,因此在厚度方向上的变形可以忽略。然而层合板各铺层的刚度 Q_{ij} 是不同的,所以,应力随着坐标 z 的变化而变化。因此,描述对称层合板面内应力-应变关系实际上采用如下的应力合力与面内应变的关系式

$$\begin{Bmatrix} N_1 \\ N_2 \\ N_{12} \end{Bmatrix} = \begin{bmatrix} A_{11} & A_{12} & A_{16} \\ A_{21} & A_{22} & A_{26} \\ A_{61} & A_{62} & A_{66} \end{bmatrix} \begin{Bmatrix} \varepsilon_1^0 \\ \varepsilon_2^0 \\ \gamma_{12}^0 \end{Bmatrix} \tag{11-35}$$

式中 A_{ij} 为对称层合板的等效面内模量,其值为

$$A_{ij} = \int_{-h/2}^{h/2} Q_{ij}^{(k)} \mathrm{d}z \tag{11-36}$$

式中 $i, j = 1, 2, 6$。面内模量的单位为 Pa·m 或 N/m。

在式(11-35)中我们再次看到了复合材料变形的一个特征,法向与剪切的耦合效应,即正应力可以引起切应变,切应力也可以引起正应变。这种耦合效应的大小,可通过改变铺层顺序来调节。例如,铺层顺序为 $[0_m/90_n]_s$ 的正交铺层层合板,其等效面内模量的剪切耦合项为零,则呈现正交各向异性。

2. 对称层合板的弯曲应力-应变关系

对称层合板在弯曲力矩作用下的变形是层合板变形的另一种基本形式。在讨论层合板弯曲时,仍然采用了材料力学中的直线法假设,即在弯曲前层合板内垂直于几何中面的直线段,在弯曲后仍然保持为垂直于弯曲后中面的直线,且直线段长度不变。而且各铺层仍按平面应力状态进行分析。

与分析对称层合板面内应力时,采用应力合力相类似,在分析对称层合板弯曲应力时,为表征对称层合板的弯曲应力,采用了合力矩与曲率的关系式

$$\begin{Bmatrix} M_1 \\ M_2 \\ M_{12} \end{Bmatrix} = \begin{bmatrix} D_{11} & D_{12} & D_{16} \\ D_{21} & D_{22} & D_{26} \\ D_{61} & D_{62} & D_{66} \end{bmatrix} \begin{Bmatrix} k_1 \\ k_2 \\ k_{12} \end{Bmatrix} \tag{11-37}$$

式中 D_{ij} 为弯曲模量,其值为

$$D_{ij} = \int_{-h/2}^{h/2} Q_{ij}^{(k)} z^2 \mathrm{d}z \tag{11-38}$$

3. 一般层合板的应力-应变关系

对称层合板具有中面对称性,在面内力作用下只发生面内变形而不发生弯曲变形;在弯曲力矩作用下只发生弯曲变形而不发生面内变形。一般层合板不具有中面对称性,在面内力、弯矩或二者同时作用下将呈现复杂的变形行为。因此,一般层合板具有如下的广义应力-应变关系式

$$\begin{Bmatrix} N_1 \\ N_2 \\ N_{12} \\ M_1 \\ M_2 \\ M_{12} \end{Bmatrix} = \begin{bmatrix} A_{11} & A_{12} & A_{16} & B_{11} & B_{12} & B_{16} \\ A_{21} & A_{22} & A_{26} & B_{21} & B_{22} & B_{26} \\ A_{61} & A_{62} & A_{66} & B_{61} & B_{62} & B_{66} \\ B_{11} & B_{12} & B_{16} & D_{11} & D_{12} & D_{16} \\ B_{21} & B_{22} & B_{26} & D_{21} & D_{22} & D_{26} \\ B_{61} & B_{62} & B_{66} & D_{61} & D_{62} & D_{66} \end{bmatrix} \begin{bmatrix} \varepsilon_1^0 \\ \varepsilon_2^0 \\ \gamma_{12}^0 \\ k_1 \\ k_2{}_{k_{12}} \end{bmatrix} \tag{11-39}$$

式中

$$A_{ij} = \int_{-h/2}^{h/2} Q_{ij}^{(k)} \mathrm{d}z$$

$$B_{ij} = \int_{-h/2}^{h/2} Q_{ij}^{(k)} z \mathrm{d}z \tag{11-40}$$

$$D_{ij} = \int_{-h/2}^{h/2} Q_{ij}^{(k)} z^2 \mathrm{d}z$$

$$i,j = 1,2,6$$

其中,A_{ij} 为层合板的面内模量,D_{ij} 为层合板的弯曲模量,B_{ij} 为层合板的耦合模量。

可见,一般的非对称层合板,在面内力作用下不仅产生面内变形,而且产生弯曲变形;而在弯矩作用下,不仅产生弯曲变形,还要产生面内变形。面内和弯曲的耦合效应是层合板变形的又一个重要特征。

总之,复合材料层合板具有三类耦合效应,即法向-剪切耦合效应(或简称拉-剪耦合)、弯曲-扭转耦合效应(或称弯-扭耦合)和面内-弯曲耦合效应(或称拉-弯耦合)。一

般层合板的高度耦合行为是各向同性材料所没有的。耦合效应的存在给层合板的性能分析带来了困难;但是耦合效应在一定范围内是可以控制的,因此,它又为设计和制造提供了独特的机会。

11.2.2 复合材料层合板强度分析

众所周知,主应力和主应变的概念对于各向同性材料的强度分析是十分重要的。主应力和主应变是在给定应力状态(或应变状态)下的应力(或应变)的极值,与材料性质无关;而材料强度则与应力方向无关。判断材料失效与否,必须用最大主应力(或最大主应变)与材料的强度(或断裂应变)相比较。

作为层合板基本结构单元的单层板是正交各向异性的:

X_t——纵向拉伸强度;

X_c——纵向压缩强度;

Y_t——横向拉伸强度;

Y_c——横向压缩强度;

S——面内剪切强度。

由于单层板强度和弹性的方向性以及主应力轴与主应变轴不一定相重合的特点,使主应力与主应变的概念在层合板的强度分析中失去了意义,从而使复合材料层合板的强度分析变得极为复杂,同时也显得极其重要。对于多向层合板,可以采用如下步骤进行铺层应力和铺层应变分析:

(1)根据载荷条件确定层合板的应力合力与合力矩;

(2)利用应力-应变关系式确定层合板面内应变和曲率;

(3)根据应变转换方程求得各个铺层的正轴应变;

(4)利用正轴应力-应变关系,确定各铺层的正轴应力。

由于复合材料强度和刚度呈各向异性,因此,石墨/环氧,硼/环氧,玻璃/环氧等纤维增强聚合物基复合材料静态和疲劳损伤机制非常复杂。各向同性脆性材料损伤以单一裂纹扩展为主,但复合材料损伤遍及试样各处,一般还伴有静态和疲劳破坏。多向层板基本破坏机制是基体开裂、层间脱粘、纤维断裂和界面脱粘。任何破坏机制的结合都会引起复合材料损伤,使复合材料强度和刚度下降。损伤程度取决于材料性能、成型工艺(包括铺层次序)和载荷的类型等。所以,一个能精确计算复合材料强度独特的破坏理论极其重要,但是分析复合材料强度时却需要更多适用的破坏理论。下面将讨论几种应用比较广泛的破坏理论。

1．破坏理论

(1)最大应力理论

最大应力理论假设:承受组合应力的结构,只要主应力中任何一个应力达到单轴拉伸或压缩强度,结构就破坏,即下列三个主应力中任一个达到单轴强度材料就破坏:

若 $\sigma_x > 0, \sigma_x = X_t$ 或如果 $\sigma_x < o, |\sigma_x| = X_c$

若 $\sigma_y > O, \sigma_y = Y_t$ 或如果 $\sigma_y < 0, |\sigma_y| = Y_c$

$$\sigma_s = S \qquad (11\text{-}41)$$

式中,X_t,X_c 为纵向拉伸强度,纵向压缩强度;Y_t,Y_c 为横向拉伸强度,横向压缩强度;S 为剪切强度。

(11-41)式中有五个独立强度参数。因为层板受多种应力相互作用,其破坏过程比单一应力作用复杂得多。因此,试验数据与理论计算相差较大。图 11-15 示出(11-41)式表达的两维最大应力理论。

(2)最大应变理论

最大应变理论和最大应力理论非常相似。假设结构承受组合应力,只要主应变中任意一个达到单轴向拉伸或压缩断裂应变(ε^*)时,结构立即破坏,即满足下列任一条件就认为材料失效

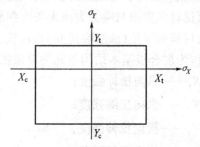

图 11-15　正交各向异性板在应力空间内最大应力判据

$$\varepsilon_x^* = \frac{X_t}{E_x} \text{ 或 } \varepsilon_x'^* = \frac{X_c}{E_x}$$

$$\varepsilon_y^* = \frac{Y_t}{E_y} \text{ 或 } \varepsilon_y'^* = \frac{Y_c}{E_y} \qquad (11\text{-}42)$$

$$\varepsilon_s^* = \frac{S}{E_s}$$

(3)最大畸变能理论

Hill 把 Mises 判据推广到正交各向异性材料

$$F(\sigma_y - \sigma_z)^2 + G(\sigma_z - \sigma_x)^2 + H(\sigma_x - \sigma_y)^2 +$$
$$+ 2L\sigma_{yz}^2 + 2M\sigma_{zx}^2 + 2N\sigma_{xy}^2 = 1 \qquad (11\text{-}43)$$

式中,F,G,H,L,M,N 是材料常数,即屈服强度。它们规定材料塑性流动性各向异性的程度。将材料常数 $F\cdots N$ 看做材料强度参数,则此判据就可用于复合材料,通过简单单轴加载试验就可确定强度参数 $F\cdots N$ 和实际强度X,Y 和 S 之间的关系为

$$G + H = 1/X^2 \qquad F + H = 1/Y^2$$
$$F + G = 1/Z^2 \qquad 2N = 1/S^2$$

式中,Z 是 z 轴方向极限强度。因此

$$2H = \frac{1}{X^2} + \frac{1}{H^2} - \frac{1}{Z^2}$$

$$2G = \frac{2}{X^2} + \frac{1}{Y^2} - \frac{1}{Z^2} \qquad (11\text{-}44)$$

$$2F = \frac{1}{X^2} + \frac{1}{Y^2} - \frac{1}{Z^2}$$

假设 $Y = Z$,即为平面应力状态 $\sigma_z = \sigma_{xz} = \sigma_{yz} = 0$),Tsai 将 Hill 判据修改如下

$$\frac{\sigma_x^2}{X^2} - \frac{\sigma_x \sigma_y}{X^2} + \frac{\sigma_y^2}{Y_2} + \frac{\sigma_{xy}^2}{S^2} \leqslant 1 \qquad (11\text{-}45)$$

式(11-45)称为 Tsai-Hill 破坏判据。理论计算与实验结果的比较如图 11-16 所示。它清楚地说明玻璃纤维增强塑料实验数据与 Tsai-Hill 破坏判据非常吻合。

（4）二次方程破坏理论

此破坏判据由 Tsai 和 Wu 提出。在应力空间中，非均质材料的 Tsai-Wu 破坏理论如下

$$F_{ij}\sigma_i\sigma_j + F_i\sigma_i = 1 \qquad (11\text{-}46)$$

式中，F_{ij} 和 F_i 为破坏理论有关的强度参数，σ_i，σ_j 为材料主轴方向应力分量。

对于平面应力状态的正交各向异性材料，将(11-43)式简化为下列形式

$$F_{xx}\sigma_x^2 + F_{yy}\sigma_y^2 + 2F_{xy}\sigma_x\sigma_y +$$
$$F_{ss}\sigma_s^2 + F_x\sigma_x + F_y\sigma_y + F_s\sigma_s = 1$$
$$(1\text{-}47)$$

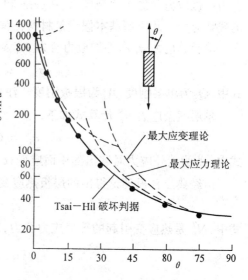

图 11-16 最大应力理论、最大应变理论和 Tsai－Hill 破坏判据的比较

由材料强度确定材料强度参数如下

$$F_{xx} = \frac{1}{X_t X_c}, \qquad F_x = \frac{1}{X_t} - \frac{1}{X_c}$$

$$F_{yy} = \frac{1}{Y_t Y_c} \qquad F_y = \frac{1}{Y_t} - \frac{1}{Y_c} \qquad (11\text{-}48)$$

$$F_{ss} = \frac{1}{SS'}, \quad F_s = \frac{1}{S} - \frac{1}{S'}$$

F_{xy} 称为正应力相互作用系数或相关系数。为了保证破坏面与每个应力轴相交，F_{xy} 应满足下列不等式

$$F_{xx}F_{yy} - F_{xy}^2 \geqslant 0 \qquad (11\text{-}49a)$$

由于通过实验确定 F_{xy} 很困难，Tsai 引入无量纲参数 F_{xy}^*

$$F_{xy}^* = \frac{F_{xy}}{\sqrt{F_{xy}F_{yy}}} \qquad (11\text{-}49b)$$

将 Mises 屈服判据广义化，Tsai 规定 $F_{xy}^* = -1/2$。二次方程破坏判据把各种应力之间相互作用数量化，并且运算方便，故它已得到广泛承认并应用于复合材料领域。图 11-17 表明二次方程破坏判据构成的破坏包络图。

（5）最先层破坏理论

由于复合材料固有的非均质性，比较薄弱的单层破坏总是使多向复合材料层板极限破坏提早发生，所谓最先层破坏（FPF）是承受载荷的层板内首先出现裂纹。发生 FPF 的外应力大小被单层的类型、单层组分性能、相邻层对它的约束以及单层内残余应力等所决定。应用破坏理论和计算各单层内各种应力，就可估算最先层破坏强度。各种应力可

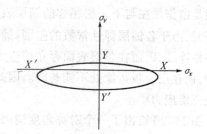

图 11-17 二次方程破坏判据构成的破坏包络图

分为机械应力和加工残余应力，Pagans 和 Hahn 提出的解析模型可计算因工艺过程带来的残余应力。此模型基本假设是材料在弹性范围内变化。

单层总应力 σ_i 和外加应力合力 N_i 及单层残余应力 σ_i^R 有关

$$\sigma_i = Q_{ij}A_{ij}^{-1}N_k + \sigma_i^R \tag{11-50}$$

式中，Q_{ij} 为单层刚度，A_{ij} 为层板刚度。注意上标"-1"是矩阵的逆阵。

单层残余应力 σ_i^R 计算式如下

$$\sigma_i^R = Q_{ij}(\varepsilon_j^0 - \varepsilon_j^T) \tag{11-51}$$

式中，ε_j^0 为无外应力时测出的中面应变；ε_j^T 为无外应力时测出的单层热应变。

由经典层合板理论得出的层板热应变 e_i^0 如下

$$e_i^0 = A_{ij}^{-1}N_i^T \tag{11-52}$$

式中，N_i^T 是热应变引起的等值应力合力，即

$$N_i^T = \int_{-h/2}^{h/2} Q_{ij}e_j^T \mathrm{d}z \tag{11-53}$$

式中，h 为层板厚度，z 为厚度方向坐标。

将(11-53)式代入(11-52)式，得到相应于单层残余应力为

$$\sigma_i^R = Q_{ij}A_{jk}^{-1}N_k^T - Q_{ij}e_j^T \tag{11-54}$$

用(11-53)式计算出总应力，然后计算出最先层破坏强度。

2. 自由边效应

前面讨论的层合板分析方法有一个前提条件，即假设层合板为平面应力状态。因此只考虑平面内应力 σ_x，σ_y 和 τ_{xy}（见图 11-18），而未考虑图中表示的层间应力 σ_z、τ_{zx} 和 τ_{zy}。按照经典的层合理论分析的结果，对于无限宽层板是完全适用的。然而对于有限宽度的层板，在其自由边上（例如层合板边缘、孔的周边或管状试样的两端），层间应力是不能忽视的。在这种情况下，经典层合理论就显得不够完善了。

例如图 11-18 中的层合板在 x 方向受轴向拉伸应力作用，则中平面的应变和层合板的曲率可利用广义应力-应变关系式得到，进而计算铺层应力。通常 σ_y 和 τ_{xy} 不等于零。根据层合板理论，即使在平行于 x 轴的自由边（$y = \pm b$）也是如此。事实上这是不可能的。图 1-19 示出了这个层合板各铺层的分离体。在自由边上和 τ_{xy} 必须等于零。这就意味着分离体的非自由边上的 τ_{xy} 所引起的力偶必定要有反应。为满足力矩平衡，反应力偶只能是由作用在与下一层相邻的铺层表面上的 τ_{xy} 引起的。此外，当施加平面应力于一层合板时，由于各铺层弹性常数的差别，铺层间会产生相对位移趋势。由于各铺层通过表面呈弹性连接，因而在各层表面存在切应力。上述这些层间应力在远离层板边缘处是可忽略的，而在层合板边缘处不能忽略。因此，在自由边附近的应力状态不是平面应力状态，而是三维应力状态。

图 11-20 绘出了一个对称角度铺层层板的应力沿层板厚度的变化。可见，在层板中部，应力值符合按经典层合理论计算的结果；但在接近层板边缘处 τ_{xy} 趋于零而 τ_{xz} 却急剧增大。在界面上产生的高层间剪切应变可能导致基体裂纹。这些裂纹随着外载的增加将扩展到层板内部。

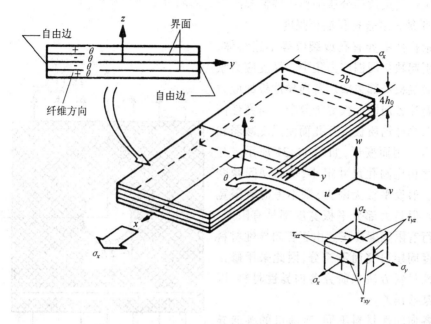

图 11-18　层合板的坐标和应力

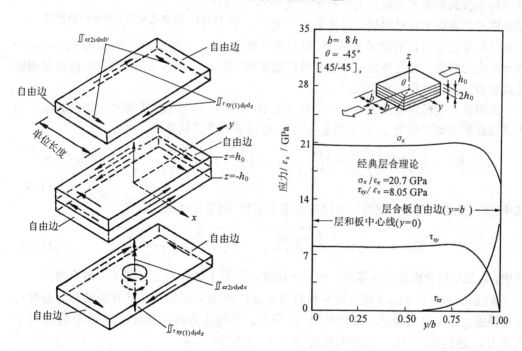

图 11-19　层合板铺层分离体　　　　图 11-20　应力沿层板厚度的变化

　　在层板中间部位 σ_z 趋于零,而在自由边处 σ_z 可能相当大。当某一铺层存在横向拉应力 σ_y 时,则意味着自由边上有拉应力 σ_z 存在,以平衡 σ_y 引起的力矩。σ_z 可能是正值,也可能为负值。层间拉伸正应力将引起层板边缘分层,使层板强度下降。在疲劳载荷下,导致层板最终失效的分层损伤扩展常起源于这样的自由边初始损伤。

3. 带缺口复合材料层板强度

层板构件中如有孔或裂纹等不连续体，缺口将引起缺口周围应力集中。高度应力集中将造成层板局部失效。各向异性板的应力集中问题比各向同性板更为复杂。研究任何形状各向异性均质板因开孔而使强度减弱和棱边受力作用而变形，如图 11-21 所示。与平板尺寸相比圆孔尺寸很小，从而使问题变得简单。假设平板无限大，则不考虑有限宽度效应。但是大部分平板宽度都是有限的，需要进行有限宽度修正。由于各向异性材料有限宽度问题研究尚不充分，因此采用修正各向同性材料方法来研究各向异性材料，因而带来某些误差。

和各向同性材料不同，带缺口的各向异性材料平板断裂强度与缺口大小有关。这个现象称之为各向异性材料缺口尺寸效应。研

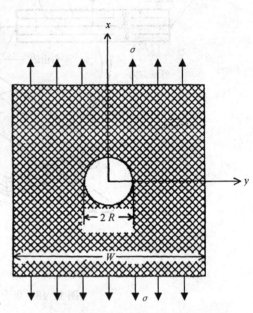

图 11-21　带圆孔平板受轴向拉伸作用

究缺口尺寸效应问题的途径有两种，即线弹性断裂力学（LEFM）和 Whitney 与 Nuismer 提出的应力判据。在先进复合材料领域广泛采用 Whitney 和 Nuismer 研究的模型预测带孔或直裂纹复合材料层板强度。

无限长正交各向异性板内有一个半径为 R 的圆孔，如图 11-21 所示。如果平行 x 轴无限远处施加均匀应力 σ，则 y 轴上应力 σ_x 可用下列公式估算

$$\sigma_x(y,0) = \frac{\sigma}{2}\left\{2 + \left(\frac{R}{y}\right)^2 + 3\left(\frac{R}{y}\right)^4 - (K_T^\infty - 3)\left[5\left(\frac{R}{y}\right)^6 - 7\left(\frac{R}{y}\right)^8\right]\right\}, y > R \tag{11-55}$$

式中，K_T^∞ 是无限宽板正交各向异性应力集中系数，用下式计算

$$K_T^\infty = 1 + \sqrt{\frac{2}{A_{11}}\left(\sqrt{A_{11}A_{22}} - A_{12} + \frac{A_{11}A_{22} - A_{12}^2}{2A_{66}}\right)} \tag{11-56}$$

式中，A_{ij} 是由层合板理论计算的面内层板刚度。下标 1，2 分别为 x 轴和 y 轴方向。

Whithney 与 Nuismer 提出的平均判据已被广泛地采纳并用于计算带缺口复合材料层板强度。平均应力判据理论如图 11-22 所示。平均应力判据假设：当离孔距离 a 内平均应力 σ_y 达到无缺口层板拉伸强度时，则发生破坏，即

$$\frac{1}{a_0}\int_R^{R+a_0} \sigma_x(y,0)\mathrm{d}y = \sigma_0 \tag{11-57}$$

将式（11-55）代入（11-57），得带缺口层板与无缺口层板强度比

$$\frac{\sigma_N^\infty}{\sigma_0} = \frac{2 - (1 - \xi_1)}{2 - \xi_1^2 - \xi_1^4 + (K_T^\infty - 3)(\xi_1^6 - \xi_1^8)} \tag{11-58}$$

式中，$\xi_1 = R/(R + a_0)$，σ_N^∞ 为带缺口无限宽层板强度。

如果缺口是中心裂纹，裂纹长 $2c$，Whitney 和 Nuismer 提出的强度比为

$$\frac{\sigma_N^\infty}{\sigma_0} = \sqrt{\frac{1 - \xi_2}{1 + \xi_2}} \qquad (11\text{-}59)$$

式中，$\xi_2 = c/(c + a_0)$

图 11-23 和图 11-24 是石墨/环氧准各向同性层板按式(11-58)和式(11-59)计算结果与实验数据的比较。图中实线是 $a_0 = 3.81$ 的理论预测值，

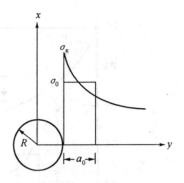

图 11-22　圆孔周围应力分布

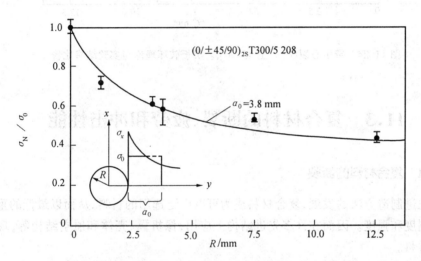

图 11-23　带圆孔$[0/\pm 45/90]_s$层板破坏理论与实验结果比较

黑点是实验数据。从实测的带缺口层板强度 σ_N，并用下列关系式可获得无限宽带缺口平板缺口强度下降量为

$$\sigma_N^\infty = \frac{K_T}{K_T^\infty} \sigma_N \qquad (11\text{-}60)$$

式中，K_T/K_N^∞ 为有限宽度修正系数，其近似计算公式如下：

$$\text{缺口为圆孔：} K_T/K_N^\infty = \frac{2 + (1 - R/w)^3}{3(1 - 2R/w)} \qquad (11\text{-}61)$$

$$\text{缺口为裂纹：} K_T/K_T^\infty = \sqrt{w/\pi \cdot c}\, \tan(\pi c/w) \qquad (11\text{-}62)$$

由(11-58)式和(11-59)式可预测层板实测强度的趋势。增大孔尺寸，则降低层板强度。它也清楚表明，如果一体系各种层板的特征距离 a_0 保持不变，则大大提高此模型的实用性。否则，它的实用性明显下降。Tais 和 Rim 发现只要层板主导破坏模式(纤维破坏为主，或者基体破坏为主)不变，通常特征距离 a_0 保持不变。

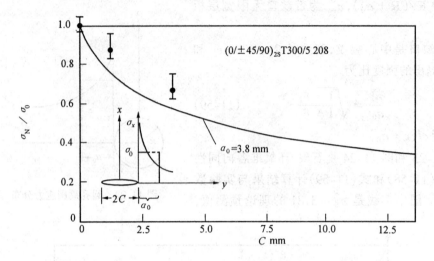

图 11-24　带中心裂纹 $[o/\pm 45/90]_s$ 层板破坏理论与实验结果比较

11.3　复合材料的断裂、疲劳和冲击性能

11.3.1　复合材料的断裂

随着先进制造方法的发展,复合材料成为可以广泛选用的材料,从而以最低的重量得到更高的刚度和强度。因而在许多先进结构上应用,像机翼、壳体和航空结构等,现在都使用复合材料。

虽然现代应用于检测复合材料中缺陷的无损检测技术(NDE)已经相当进步,但是仍然使用带有预置裂纹缺陷的材料进行检测,另一个复合材料结构令人关心的问题是使用引发损伤,即用低速、高硬度的冲击损伤特别重要。这种类型的损伤可能是由于飞机结构上工具的坠落,或者在起飞或降落时碰到石块和碎粒造成的。在复合材料中可能存在的许多损伤类型,他们主要是纤维断裂和脱粘、纤维拔出、基体微裂纹和平行于纤维的基体裂纹等因素引起的断裂过程。

在宏观水平上,损伤可分类为纤维断裂、平行于纤维的基体裂纹,剥离和内层裂纹,内层裂纹是指复合材料层板中层间的裂纹。断裂的剥离模式受到相当大的关注,因为剥离可能严重地造成复合材料结构承载能力的下降,并且在循环载荷作用下会迅速扩展。

对正交各向异性材料,裂纹平面与材料的一个对称平面相重合,三个断裂模式相互独立,其裂纹扩展能量释放率 G 与应力强度固子 K 之间有如下关系

$$G_{\mathrm{I}} = K_{\mathrm{I}}^2 \left(\frac{S_{11} S_{22}}{2} \right)^{1/2} \left[\frac{2S_{12} + S_{66}}{2S_{11}} \right]^{1/2} \tag{11-63a}$$

$$G_{\mathrm{II}} = K_{\mathrm{II}}^2 \frac{S_{11}}{\sqrt{2}} \left[\left(\frac{S_{22}}{S_{11}} \right)^{1/2} + \frac{2S_{12} + S_{66}}{2S_{11}} \right]^{1/2} \tag{11-63b}$$

$$G_{\text{III}} = \frac{K_{\text{III}}^2}{2(C_{44}C_{55})^{1/2}} \qquad (11\text{-}63c)$$

C_{44}和C_{55}是剪切刚度

$$\tau_{yz} = C_{44}\,\gamma_{yz} \qquad (11\text{-}64a)$$

$$\tau_{xz} = C_{55}\,\gamma_{xz} \qquad (11\text{-}64b)$$

公式(11-63a)和(11-63b)中的G_{I}和G_{II}定义为平面应力,对平面应变,可用计算出的b_{ij}代入公式(11-63)即可。

11.3.2 复合材料的疲劳

1.疲劳损伤机理

纤维增强聚合物基复合材料层合板在交变载荷作用下,呈现出非常复杂的破坏机理,可以发生遍及整个试样的四种疲劳损伤:基体开裂、分层、界面脱胶和纤维断裂。这四种疲劳损伤及其任何组合均可导致复合材料疲劳强度和疲劳刚度的下降。这些损伤的形式和程度与复合材料的材料性能、层合板的铺层以及疲劳载荷类型等因素直接相关。一般情况下,复合材料在疲劳载荷作用下损伤的种类及其扩展与静载荷作用下情况两者是类似的。

(1)疲劳损伤扩展特点

复合材料层合板疲劳损伤扩展是多种损伤累积过程。多种损伤及其组合,使复合材料的疲劳损伤扩展往往缺乏规律性,完全不像大多数金属材料那样能观察到明显的单一主裂纹扩展,正如图11-25所示,复合材料不仅初始缺陷/损伤大,而且在疲劳破坏发生之前,疲劳损伤已有了相当大的扩展。同时,复合材料的强度和刚度,在疲劳过程中也相应呈现出明显的下降趋势,如图11-26)。

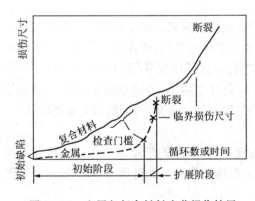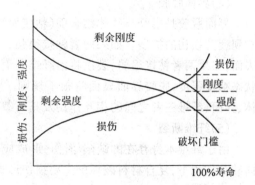

图 11-25 金属与复合材料疲劳损伤扩展　　图 11-26 复合材料损伤、刚度、强度与
寿命关系示意图

(2)基体开裂

基体开裂是指在面内载荷作用下,层合板单向纤维间基体产生的平行于纤维方向的裂纹。基体开裂通常是多向层合板最先出现的破坏损伤。例如$[0°/90°/\pm45°]_s$碳/环氧层合板,在轴向载荷作用下,基体开裂最先在90°层产生,然后扩展到$\pm45°$层,基体裂纹产

生的应力水平可以用分析方法预测。对 90°层基体开裂的分析结果与试验结果吻合相当好。对 ±45°则差异较大。静力载荷作用下,基体开裂的裂纹数目随载荷增加而增加。大多数情况下,在层合板破坏之前,基体开裂的裂纹数目会达到饱和情况。此后,载荷继续增加,直至层合板破坏,也不会再有新的基体开裂。单位长度内的基体裂纹数目称为裂纹浓度。主要一体开裂层(90°层)的厚度有关,而与层合板铺层方式关系不大,疲劳载荷作用下,基体开裂起始的应力水平远小于静力载荷时的应力水平;并且饱和裂纹数目也大于静力载荷情况。$[0°/90° \pm 45°]_s$ 层合板试验结果表明,大部分基体开裂裂纹(60% ~90%的基体裂纹)产生在疲劳寿命期的初始 20% 阶段。也就是说,达到该裂纹密度后,还保留有相当长的寿命期。另一个不同是,疲劳载荷作用下,在横向(90°)裂纹尖端和 ±45°层间剪应力作用下,可能导致分层和轴向裂纹(沿 0°纤维方向的裂纹)。

(3)分层

分层是指层间应力引起的层间分离形式的损伤,它是复合材料层合板特有的损伤形式。层合板在面内载荷作用下,层间应力发生在自由边边缘处,层间应力的大小和分布与支合板的铺层顺序、铺设角、组分材料的性能和加载形式有关。在轴向拉伸载荷作用下,$[0°/90°]_s$ 不会发生分层,而 $[\pm 30°/90°]_s$ 极易发生分层。$[0°/\pm 45°/90°]_s$ 层合板在轴向拉伸载荷作用下,边缘产生层间拉应力,引起分层;而 $[0°/90°/\pm 45°]_s$ 层合板则不产生分层。相反,在压缩载荷作用下,$[0°/45°/\pm 90°]_s$ 不产生边缘分层,而 $[0°/90°/\pm 45°]_s$ 却产生了边缘分层。这正是层间应力反向所致。疲劳载荷作用下,特别是拉-压疲劳载荷下,极易出现分层损伤。分层起始的应力水平值比静力载荷时的值低,并且发生在疲劳寿命的初期。除了层间拉伸应力外,横向裂纹和层间剪切开裂等破坏机理,对疲劳分层的起始和扩展也有重要的影响,但与层间拉伸应力相比,仍居次要地位。层间分层现象可以由分析方法评估。

(4)界面脱胶

界面脱胶是指纤与基体结合面(粘接面)的分离损伤形式。两者粘接的强弱将直接影响到疲劳损伤的扩展。如果两者粘接很强,裂纹在基体中扩展,形成光滑平面的基体裂纹表面;如果两者粘接很弱,裂纹将沿纤维表面扩展,形成纤维拉脱(拔出)断裂。对于中间状态粘接强度,脱胶界面表面将很不规则。疲劳载荷作用下,界面脱胶必须综合考虑基体、界面、纤维三者之间的相互作用及其对载荷的敏感性。通常,界面脱胶居次要位置。

(5)纤维断裂

由于纤维本身存在的缺陷/损伤,形成应力集中,而引起的纤维断裂。纤维断裂是轴向载荷作用下,复合材料破坏的主要损伤形式。纤维断裂的扩展过程与界面、基体性能密切相关,目前还难以预估。

2. 疲劳特性曲线

复合材料层合板疲劳特性和金属材料一样,通常以交变应力与疲劳寿命(破坏循环数)对应关系曲线(S-N 曲线)的形式给出。有时,也用交变应变-疲劳寿命曲线(ε-N 曲线)形式给出。通过 S-N 曲线,可以对疲劳特性的一些重要影响因素进行讨论。

11.3.3 影响复合材料疲劳特性的因素

复合材料的 S-N 曲线要受各种材料和试验参数的影响,例如:组分材料的性能;铺层方向和顺序;增强组分的体积分数;界面性质;载荷形式;平均应力和切口;频率;环境条件。

前四种是材料参数,后四种是试验参数。下面主要介绍一下材料参数对疲劳性能的影响,而试验参数对疲劳性能的影响参看前面有关章节的介绍。

1. 材料的影响

Boiler 研究了基体材料对玻璃纤维增强复合材料疲劳特性的影响(见图 11-27)。不同树脂基体均用 181 型 E 玻璃布增强。这种玻璃布经纬向是均衡的,其 E_L 近似等于 E_T。这些数据是 1955 年以前测定的,后来由于发展了偶联剂,一些复合材料的强度数值

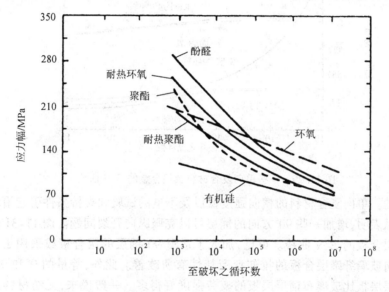

图 11-27 不同基体材料玻璃纤维层合板的疲劳特性

已有改进,但图 11-27 表明的趋势仍是正确的。通常用于玻璃纤维层合板的各种热固性树脂中,疲劳性能最好的要属环氧树脂。环氧树脂的优点是其特有的韧性和耐久性。机械强度高,固化收缩率低,且与纤维形成极好的粘合。

高模量纤维(诸如碳纤维、硼纤维和凯芙拉纤维)增强的复合材料,当在纤维方向上试验时,呈现极好的疲劳特性(见图 11-28 和图 11-29),因为这时材料性能受纤维控制。换句话说,虽然单向碳纤维复合材料横向拉伸疲劳抗力与玻璃纤维复合材料没有什么差别,但纵向疲劳抗力要高得多。高模量纤维复合材料优越的抗疲劳性是由于这些纤维的环境稳定性及其断裂应变低。当单向复合材料在纤维方向承受疲劳载荷时,高模量纤维保持基体中产生较低的应变。

2. 铺层方向与顺序的影响

纤维方向的影响是复杂的。单向复合材料的拉伸强度在纤维方向最大,因而能承受较高的拉伸疲劳载荷(见图 11-30)。然而,与多向层合板相比,单向复合材料的疲劳特性

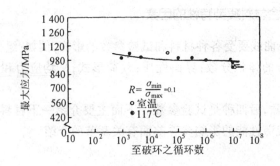

图 11-28　单向碳环氧复合材料的 S-N 曲线($R=0.1$)

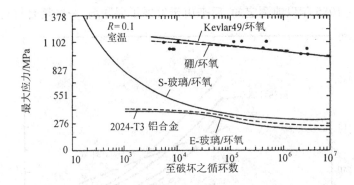

图 11-29　一些单向复合材料及铝合金的 S-N 曲线

就不是最佳的。单向复合材料的横向强度低以及不良的试验和夹持条件引起沿纤维方向的开裂。文献表明,增加一些 90°方向的铺层可以克服纵向开裂问题。图 11-31 所示为不同结构形式层合板的 S-N 曲线。可见,加入了适量 90°铺层的层合板或采用 ±5°对称铺层结构较单向玻璃纤维层合板的拉伸疲劳特性有所改善。此外,等量的 0°和 90°铺层构成的正交铺层层板比玻璃布铺层层板的疲劳强度好得多。一般说来,无纺材料在疲劳性能上优于编织材料。这是因为无纺材料中纤维是直而平行的,不像编织布中的纤维那样蜷曲,因而无纺材料具有好的静态和疲劳性能。

除铺层方向外,铺层顺序也影响疲劳寿命。Foye 和 Baker 观察到当$[15°/+45°]s$ 层合板中铺层顺序改变时,疲劳强度产生约 175MPa 的差异。Pagano 和 Pipes 通过对层间应力进行分析指出,由于铺层顺序改变使层板自由边的层间拉伸应力变为压缩应力,避免了边缘分层,提高了疲劳寿命。

3. 纤维含量的影响

图 11-32 表明玻璃纤维含量对复合材料层合板疲劳性能的影响。Amijima 等的研究结果表明,玻璃布-聚酯层合板在双轴疲劳试验时疲劳强度随纤维含量增大而增大。疲劳强度的增大是由于材料静强度随纤维体积分数增大而增加的结果。Boller 等早期进行的研究指出,当玻璃布-环氧复合材料的纤维含量在 63% ~80% 范围内变化时,疲劳强度受纤维含量影响不大。看来玻璃纤维织物增强的层合板,当纤维质量分数达到 70% 时会有最佳疲劳强度。

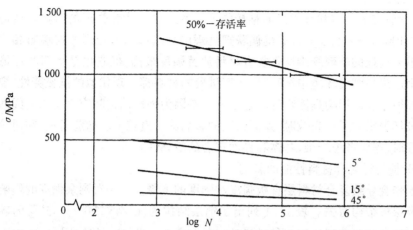

图 11-30 纤维方向对 T300/914℃碳环氧层板疲劳特性的影响($R=0.1$)

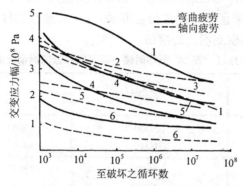

图 11-31 不同铺层结构玻璃纤维层合板的 S-N 曲线
1-无纺单向;2-无纺偏轴+5°;3-无纺 85% 单向;4-
正交铺层(50% ～50%);5-181 玻璃布;6-随机玻璃纤
维

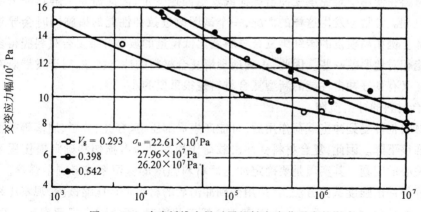

图 11-32 玻璃纤维含量对层板轴向疲劳强度的影响

4. 界面性质的影响

Hofer 等研究了基体和纤维界面粘接强度对复合材料疲劳强度的影响。他们用沃兰－A、A－1 100 和 S－550 有机硅烷偶联剂处理的玻璃布与未处理的玻璃布相比较。在干燥环境里未处理的玻璃纤维增强复合材料疲劳强度最高,但它也是受潮湿环境影响最严重的一个。当在潮湿环境中试验时,所有试验的材料都呈现相似的抗疲劳性,要用实验表明各种表面处理的影响是困难的。这部分地是因为铺层结构和应力状态的绳故。当出现以纤维破坏为主的层板失效时,界面强度的影响就被掩盖了。如前所述,在讨论层板疲劳破坏机理时,需要考虑纤维、基体和界面三者的敏感性。

5. 疲劳损伤对复合材料性能的影响

疲劳损伤会导致复合材料层合板强度和刚度的下降。损伤对剩余强度的影响程度与载荷形式及层板结构有关。表 11.1 列出了铺层结构为 $[0°/45°/90°/-45°]_{2s}$ 的碳—环氧层合板在不同疲劳载荷下经历 10^6 循环后的剩余强度。尽管初始静拉伸和压缩强度几乎相等,但剩余强度却是拉伸比压缩大得多。强度损失最大的是拉-拉疲劳,压-压疲劳强度损失最小。强度下降看来直接与损伤程度有关。拉-拉疲劳试样发生了大面积分层,而压-压疲劳试样中没有观察到明显的损伤。

表 11.1 在 10^6 循环时碳—环氧层合板的剩余强度

疲劳载荷形式	$\dfrac{(\sigma_{min}/\sigma_{max})}{MPa}$	剩余强度/MPa	
		拉　　伸	压　　缩
拉-拉	33/330	350	-200
	31/310	410	-227
压-压	$-310/31$	582	-576
	$-345/35$	572	-557
拉-压	$-190/190$	506	-428

11.3.4 复合材料的冲击

复合材料在使用中难免承受冲击载荷或发生高速变形,因此需要了解其冲击性能和能量吸收机理。常常会发生这样的情况,一个试图改进拉伸性能的措施同时会导致冲击性能的下降。例如高模量的碳纤维复合材料就比低模量的玻璃纤维复合材料脆得多。因而冲击性能相对地要差一些。因此,正确地理解复合材料的冲击特性,对于发展既有优越的拉伸性能又有良好冲击性能的新型复合材料是很重要的。

1. 复合材料的冲击损伤

复合材料构件受到冲击载荷作用后,可能产生局部压痕、穿孔、分层、崩落等类型的损伤使材料强度下降。因此,复合材料受冲击载荷作用后是否有损伤和确定损伤程度是工程上颇为关心的问题。其实质是要确定冲击后材料强度的保留率或者剩余强度。为此,设计了亚临界冲击强度试验方法,它是用受到冲击后的材料进行压缩试验,观察压缩强度保留率。试验发现,冲击能量有一个阈值 U_c,低于此值时,压缩强度保留率为 100%(图 11-33 中 OA 段);高于此值时,冲击后的材料强度急剧下降(AB 段);当冲击物整流其实一定量值足以击穿试样时,剩余强度和冲击能量无关(BC 段)。

当冲击速度低于穿透速度时,试样损伤程度取决于对试样施加的能量。剩余强度 σ_r 可由下式估计

$$\sigma_r = \sigma_0 \sqrt{\frac{W_s - k W_{KE}}{W_s}} \qquad (11\text{-}65)$$

式中,σ_0 为未损伤试样的静强度,W_s 为破坏单位体积试件所需的功,二者通过无裂纹试样静拉伸试验测定。W_{KE} 为施加在试样单位体积上的动能。k 为损伤系数,由下式确定

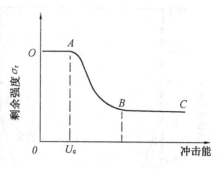

图 11-33　剩余强度与冲击能关系示意图

$$k = \frac{W_s - W_b}{W_{KE}} \qquad (11\text{-}66)$$

式中的 W_b 是破坏单位体积已损伤试样所需的功。

这样,通过测量无损伤试件静拉伸断裂功(W_s)和有损伤试样的拉伸断裂功(W_b),就可由式(11-66)求出 k 值。试验表明,试样宽度对 k 值影响较大,厚度影响较小。

2. 材料和试验参数对复合材料冲击性能的影响

聚合物基复合材料的冲击性能具有时间依赖性,即试验测量的冲击性能数值取决于冲锤的速度。除了冲击速度外,冲锤质量、试样尺寸等都是有明显影响的试验参数。在材料参数中最重要的当推纤维方向与界面强度。

当对不同纤维方向的单向复合材料进行 Chsrpy 冲击试验时,结果表明总冲击能随着纤维方向角 θ 的增大而降低。当 $\theta = 90°$ 时,总冲击能为最小值。Mallick 等对两种铺层结构的玻璃环氧复合材料进行了研究。一种铺层结构是 $[0°/90°/0_9/90°/0°]_T$,它的主要铺层是 $0°$ 铺层,只在接近表面层有两层 $90°$ 铺层,可称作准单向层合板。另一种铺层结构是 $[(0°/90°)_3/0°/(0°/90°)_3]_T$,即一种正交铺层层合板。图 11-34 绘出了这两种铺层结构的层合板在不同方位角 θ 下的落锤冲击能变化情况。前一种层合板冲击能的最低值出现在 $\theta = 60°$ 时,这是由于 $0°$ 和 $90°$ 铺层综合作用的结果。由于相同的原因,后一种层合板冲击能的最低值大约出现在 $\theta = 45°$ 时。图 11-34 还表明,在试样尺寸和落锤高度相同的条件下,除 $\theta = 0°$ 外,后一种层合板吸收的冲击能均比前一种层合板多。而在 $\theta = 0°$ 时,前一种层合板吸收的能量较大。

纤维与基体的界面强度强烈地影响复合材料的破坏模式,从而影响材料对冲击能的吸收。玻璃纤维与树脂基体的界面状况可以通过表面处理的方法来改变,并且可以用层合板表观层间剪切强度作为界面强度的量度。图 11-35 和 11-36 分别给出了玻璃 – 聚酯复合材料和玻璃 – 环氧复合材料单位横截面积吸收的冲击能与层合板表观层间剪切强度的关系。图中:$U_i = E_i/bh$;$U_p = E_p/bh$;$U_t = E_t/bh$。它们分别为按单位横断面计算的断裂引发能、断裂扩展能和总冲击能。其中,b 和 h 分别为试样的宽度和厚度。可以看到两种复合材料的引发能 U_i 均随剪切强度增大而增大。这反映出界面粘接良好使层间和

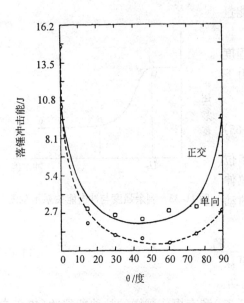

图 11-34　玻璃-环氧层合板的冲击能
与纤维方位的关系

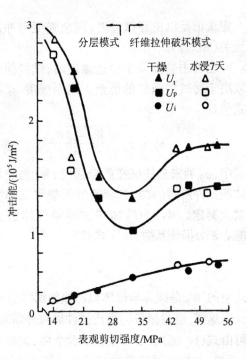

图 11-35　玻璃-聚酯复合材料的界面强度
对其冲击能的影响

层内强度均提高,层合板弯曲强度也随之提高。相比之下,环氧脂基复合材料的 U_i 比聚酯树脂基复合材料高得多。聚酯树脂基复合材料的断裂扩展能和总冲击能都有最小值,即存在一个层间剪切强度的极限值。在此值以上,总冲击能随剪切强度增加而增加;在此值以下,总冲击能随剪切强度增加而降低。这个临界值的出现是由于破坏模式的变化引起的。在临界值以下,主要的冲击破坏模式是分层;在临界值以上,主要破坏模式是纤维断裂。因此,对于聚酯树脂基复合材料可以通过减弱界面粘接达到较大能量吸收。应该注意,在界面粘接弱时引发分层所需要的能量小,而在分层扩展中达到总冲击能的最大值。在分层扩展阶段试样承受小载荷,但吸收较多能量。这是因为试样产生了大的挠曲。而环氧树脂基复合材料不存在这种情况。具有弱界面粘接的层合板吸收能量的能力强,对于利用复合材料做装甲材料有重要意义。装甲材料要求冲击韧性高。因此用降低界面强度来增加总吸收能,可能是有效的。

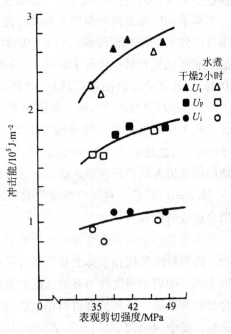

图 11-36　玻璃-环氧复合材料的界
面强对其冲击能的影响

3. 能量吸收机理

一个固体承受静载荷或冲击载荷时,它能以两种基本机理吸收能量,即材料变形和形成新的表面。在外载荷作用下材料首先发生形变。如外界提供的能量足够大,则能使裂纹萌生并且扩展。在裂纹扩展过程中,裂纹尖端前面又常存在着材料变形。在脆性材料(例如玻璃或陶瓷)中,裂尖前面产生的形变很小,伴随的能量吸收也小。因此,脆性材料吸收能量的能力较小。在韧性材料(例如塑料、金属材料)中,断裂过程常伴随产生大的塑性变形。因此韧性材料断裂时吸收的能量大。显然,材料的总吸能能力可以靠增加材料断裂过程中的裂纹路径和增大材料变形能力得以提高。对于复合材料,可以用吸收能量多的组分代替吸收能量少的组分来提高材料的冲击韧性。例如,把玻璃纤维或凯芙拉纤维引入碳纤维复合材料制成高韧性的混杂复合材料。然而,对于既定的纤维—基体体系,欲设计具有高冲击韧性的复合材料需要正确理解复合材料断裂过程及相关的能量吸收机理。图 11-37 所示的模型可用来描述裂纹扩展中的断裂过程。

(1)纤维断裂

当裂纹只能在垂直于纤维的方向扩展时,最终将发生纤维断裂,复合材料层合板也就完全破坏了。纤维断裂发生在应变达到其断裂应变值时。脆性纤维(如碳纤维)的断裂应变值较低,所以吸收能量的能力较小。需要指出,虽然纤维是使复合材料具有高强度的主要原因,但纤维断裂吸收的能量在材料断裂吸收的总能量中仅占一个很小的比例。实验表明,纤维断裂数目的多少,对总冲击能几乎没有什么影响。然而,纤维的存在非常显著地影响破坏模式,因而也影响了总冲击能。

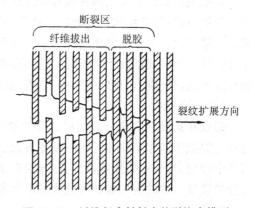

图 11-37　纤维复合材料中的裂纹尖模型

(2)基体变形和开裂

到复合材料完全断裂时,纤维周围的基体也不可能不断裂。热固性树脂,例如环氧树脂和聚酯树脂,是脆性材料。它们在断裂前只能经受住很小的变形。而金属材料和热塑性树脂能够承受较大的塑性变形。虽然基体的开裂和变形二者都吸收能量,但是塑性变形需要的能量比表面能大得多。因此金属和热塑性树脂基体对复合材料总冲击能的作用是明显的,而热固性树脂基体的作用相对地不那么明显。热固性树脂基体单位体积的塑性变形功很小,因而基体变形所需的能量在总冲击能中仅占很小的一部分。

基体开裂吸收的能量等于表面能与开裂形成的新表面面积的乘积。若裂纹仅沿一个方向扩展,产生的新表面面积很小,相应的断裂能也小。裂纹出现分支可以产生较大的开裂面积。例如,当基体裂纹在扩展中遇到垂直于裂纹扩展方向(或与之成大角度)的强纤维时,裂纹可能分支,转而平行于纤维扩展。在这种情况下,二次裂纹产生的表面积比平行于主裂纹的面积大得多,因而使断裂能增加许多倍。这可能是提高复合材料冲击韧性或断裂过程总吸收能的有效途径。

(3)纤维脱胶

在断裂过程中,由于裂纹平行于纤维扩展(脱胶裂纹),故纤维会与基体分离。这时在纤维和基体之间的粘附作用(包括化学键和次价键的粘附作用)遭到破坏。如果复合材料的纤维强而界面弱,就发生这类纤维脱胶现象。脱胶裂纹可在纤维——基体界面上扩展或是在邻近的基体中扩展,这要取决于它们的相对强度。在这两种情况下都形成新的表面。如果脱胶的范围大,则断裂能明显增长。

(4)纤维拔出

在脆性的或不连续的纤维和韧性基体构成的复合材料中会发生纤维拔出。纤维断裂发生在其本身较薄弱的横截面上。这个截面不一定与复合材料断裂面重合。纤维断裂在基体中引起的应力集中因基体屈服得以缓和,从而阻止了基体裂纹的扩展。这一裂纹可能参加到邻近的其他纤维断裂中去。在这种情况下,断裂以纤维从基体中拔出的方式进行,而不是纤维重新在复合材料断裂平面上断裂。

纤维脱胶和纤维拔出两种破坏模式的差别在于:当基体裂纹不能横断纤维而扩展时发生纤维脱胶;而纤维拔出是起始于纤维断裂的裂纹没有能力扩展到韧性基体中去的结果。纤维拔出通常伴随发生基体的伸长变形,而这种变形在纤维脱胶中是不存在的。由于这两种破坏模式都发生在纤维—基体界面,因此在现象上看来有些相似。发生纤维脱胶和纤维拔出分别有自己的条件。然而,这两种破坏现象都明显地提高断裂能。

(5)分层裂纹

裂纹在扩展中贯穿一个铺层。当裂纹尖端达于相邻铺层的纤维时,可能受到抑制。这有些类似于基体裂纹在纤维—基体界面上被抑制的情形。因为在裂纹尖端附近部位的基体中切应力很高,裂纹可能分支,开始在于行于铺层平面的界面上扩展。这样的裂纹叫做分层裂纹。这种裂纹能够吸收大量断裂能。当对复合材料层合板进行冲击试验时,经常发生分层裂纹。

基于上述讨沦,复合材料的吸能能力可以得到解释。但从讨论中也可看出,材料参数对复合材料的拉伸性能和冲击性能的影响可能是相互矛盾的。例如,降低界面强度对材料拉伸强度和剪切强度有害,但能导致冲击韧性的提高。高模量的碳纤维复合材料,由于纤维断裂应变低,因而断裂时比低模量的玻璃纤维复合材料吸收的能量小,且脆得多。用玻璃纤维和碳纤维造的混杂复合材料能够呈现出良好的综合性能。

11.4　短纤维复合材料(SFC)的力学性能

单向复合材料的特征是在纤维方向上具有较高的强度和模量,而在横向通常是很弱的。在应用复合材料时,如能准确地确定应力状态,则在制造层合板过程中,可以使单向铺层的强度与设计要求相匹配。若是应力状态不能预计或已知各个方向的应力近于相等,那么单向复合材料就显示不出优越性了。虽然可以用单向铺层制成准各向同性的层合板,使它在层合板平面内实际上是各向同性的,但是层间界面依然很弱,常常成为破坏的起源。特别当用于腐蚀环境中时,各向异性铺层不如各向同性铺层好。制造各向同性铺层的有效方法是使用随机取向的短纤维作为增强组分。短纤维复合材料的另一个优点是易于实现制造过程的自动化。采用模塑和注射成型可以大大提高生产率和产品精度，并降低成本。短纤维复合材料由于组分、制备方法、性能及应用各不相同，因此，可以分为以下六大类：

①热塑成型组合物；

②可热成型板材；

③颗粒状热固成型组合物；

④热固性片状模塑料；

⑤热固性块状模塑料；

⑥增强反应注射成型(RRIM)。

短纤维复合材料包括多种而广泛的材料，短纤维复合材料的力学行为有一些不同于连续纤维复合材料的特点。这里将主要集中讨论聚合物基短纤维复合材料。尽管不讨论金属、无机玻璃及陶瓷基的材料，但基本原理仍适用于这些无机材料体系。短纤维也常被称为非连续纤维。

当纤维是连续、排直的，并达到整个复合材料 50% 的体积分数时，则可达到较为理想的增强效果。但这些材料受到由片状或棒状原料成型的限制，成型较为困难；当增强纤维是非连续的时候，增强的效果将降低，但工艺上却能得以实现。由于采用相对较便宜的工艺便能得到形状复杂的制品，因此短纤维复合材料变得十分吸引人。

11.4.1　短纤维复合材料增强原理与性能

短纤维是怎样增强基体的呢？很明显，如果纤维被基体完全包围住，应力只有从基体传向纤维。当然只有在界面能够传递应力时，上述情况才可能发生。如果纤维与基体相结合，基体中的任何位移都将传递到纤维上，而纤维的刚度比基体大，则纤维将起约束作用，因此从表面上看材料的刚度上升了。在实际的材料中由于纤维与基体的结合不是理想的，因此纤维的约束作用取决于界面的性质。同样，如同连续纤维体系一样，增强效果也与纤维含量 V_f、纤维长径比和取向有关。

界面被认为是影响 SFC 性能的关键因素。根据复合材料中局部的应力状态，界面易被平行纤维方向的剪切应力或垂直于纤维轴向的拉伸应力所破坏，如图 11-38 所示。因此界面剪切强度和横向拉伸强度是十分重要的因素，在本质上结合可能是机械的、物理的或化学的。机械结合是由纤维表面粗糙度引起的。由于热收缩或固化时的体积变化等树脂基体的收缩引起的径向压应力也是导致机械结合的原因。当受到沿纤维方向的剪切力时，由于机械结合使得纤维和基体形成摩擦对。假如温度升高或者基体吸水，或者基体粘弹性松弛，则纯粹的摩擦结合将急剧减小。如果基体能较好地润湿纤维，或者摩擦"结合"能通过偶极相互作用而得以加强，则物理结合也将存在，且对剪切力和横向拉伸应力都将有效。由纤维和基体树脂之间化学键合而引起的化学结合是最有效的结合形式。玻璃纤维本身并不与聚合物发生化学键合，只有使用复杂的偶联剂，在纤维与基体之间搭桥才能实现化学结合。这些偶联剂一般都具有双重功能的硅烷为基础。在玻璃纤维增强塑料的体系中偶联剂和纤维表面涂油剂的工艺对复合材料的性能是至关重要的，而碳纤维与聚合物基体有较好的相容性,简单的表面氧化处理便能获得合适的界面结合。

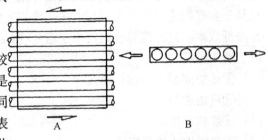

图11-38　受剪切载荷时　(a)界面受平行(及垂直)于轴向的剪切应力。受横向拉力时(b)垂直于轴向的拉应力的一个分力可致使界面破坏

1. 基体与纤维间的应力传递

假设一根刚性的短纤维完全埋在具有较大柔顺性的聚合物基体中,且圆柱状界面是理想结合,建立半径分别为 r 和 R 的两个同心圆柱模型。内圆柱代表纤维,外圆柱代表基体,r/R 根据所需的体积分数调整,因此 $V_f = (r/R)^2$。当受到沿纤维轴向的拉应力时,基体中将产生应变,由于纤维的刚度比基体大,因此在圆柱界面上存在着剪切应力。Cox采用剪滞理论进行了分析,并设沿圆柱界面纤维和基体的应变位移有差别。假设界面结合理想,忽略从纤维端部传来的应力,且纤维和基体均是弹性的。则纤维上的拉伸应力在端部为 0,然后逐渐上升至中部,达到 $E_f \varepsilon_f$。因此

$$\sigma_f = E_f \varepsilon_m \left\{ 1 - \frac{\cosh[\beta(R_a - x_r)]}{\cosh(\beta - R_a)} \right\} \quad (11\text{-}67)$$

式中,以参数 R_a(纤维长径比)和 V_f 代替长度和 r/R,ε_m 为基体的应变,G_m 为基体的剪切模量,τ 为界面剪切应力,x_r 为与纤维端部的距离,且以纤维的直径 d 为单位。根据

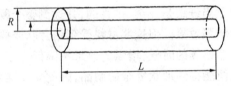

图11-39　以界面结合理想的一对同心圆柱体表示复合材料,中心圆柱代表纤维,并根据所需体积分数调整 r/R,纤维长径比为 $L/(2r)$

$$\tau = E_f \varepsilon_m \left[\frac{G_m}{2E_f \ln V_f^{-1/2}} \right]^{\frac{1}{2}} \frac{\sinh[\beta(R_a - x_r)]}{\cosh(\beta \cdot R_a)} \quad (11\text{-}68)$$

可知,沿界面的剪切应力在纤维端部最大,到纤维中部时降为 0。以上两式中的 β 为

$$\beta = \left[\frac{2G_m}{E_f r^2 \ln V_f^{-1/2}} \right]^{\frac{1}{2}} \quad (11\text{-}69)$$

由此表明,沿纤维的应力分布是基体剪切模量与纤维杨氏模量之比(G_m/E_f)和纤维体积分数(V_f)的函数。图 1-40(a)和(b)分别显示了在不同外加应变时纤维所受的拉伸应力和界面剪切应力,其中纤维的长径比为50,纤维模量 E_f 为 100 GPa,而其他参数参照典型的环氧树脂。当应变较大时,纤维中部的应力不能达到平台水平 $E_f \varepsilon$。当应变为 1% 时,预测纤维端部的剪切应力接近 60 MPa,这高于许多聚合物的剪切强度。纤维体积分数的影响如图 11-41 所示,由图可见纤维体积分数降低,纤维所受应力下降,因此其增强程度也下降。减小基体剪切模量 G_m 后的影响如图 11-42 所示,可见基体柔顺性越大,向纤维传递应力的效应越小。从 Cox 的分析中可得出的重要结论是纤维中的应力从端部到中部逐渐上升,当纤维长径比较大时,在纤维中部将出现一个应力不变的区域。在连续纤维体系中,整个纤维所受的载荷与上述纤维中部的相似,而对短纤维来说在纤维端部区域的

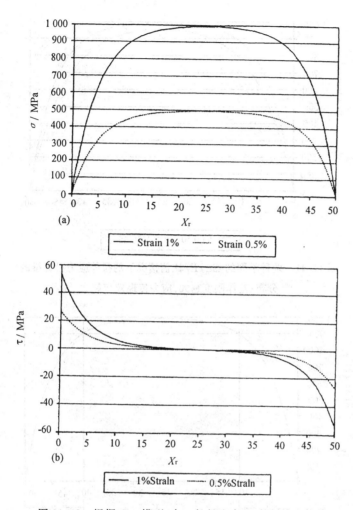

图 11-40 根据 Cox 模型,在一长径比为 50 的纤维上拉伸

(a)和剪切应力(b)的轴向分布。纤维模量为 $100\,GPa$,$V_t = 0.5$,基体剪切模量为 $2\,GPa$。两条曲线分别代表应变为 0.5% 和 1.0% 。当应变较大时,预测的界面的剪切应力超过了基体的剪切强度

载荷传递却不那么有效。将纤维中应力从零上升到 $0.9\,E_f\epsilon_c$ 的长度定义为载荷传递长度 R_t(以纤维直径为单位,即 $R_t = L_t/d$)(图 11-43)。如果 R_t 在 R_a 中占很大比例,则体系的增强效果将低于连续纤维体系。这可从图 11-43 中曲线下的面积与长方形 $E_f\epsilon_c*L$ 面积之比来估算。应指出的是,Rt 与应变无关,而最大界面剪切应力是随着应变增大而增大的。如果纤维很长($R_a \gg R_t$),则增强效果将与连续纤维相近。

Cox 分析的一个明显缺陷在于预测最大剪切应力发生在纤维端部,实际上在纤维顶端应为 0,另一个问题是没有考虑界面"强度"(假设理想弹性体和界面结合),其结果是预测的界面剪切应力超过了基体的屈服强度。在实际体系中基体或界面(比基体更弱)将屈服或脱粘,从而引起应力重新分配。尽管有这些限制,Cox 方法依然对主要的短纤维体系作出了实际的估计,虽然不是很精确。

2.SFC 的纤维长度分布

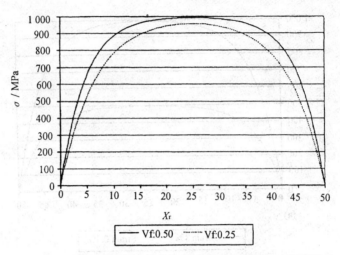

图 11-41　两种不同的 $G_{\rm m}/E_{\rm f}$ 比值情况下的拉伸应力沿纤维的
分布:基体刚度越大,应力传递效应越大

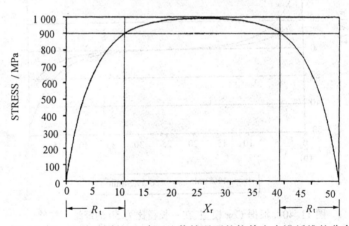

图 11-42　两种不同的 $G_{\rm m}/E_{\rm f}$ 比值情况下的拉伸应力沿纤维的分布:
基体刚度越大,应力传递效应越大

　　在讨论的模型假定体系中所有的纤维都平行于外加应力方向,且都是等长的,真实的情况并非如此。纤维原先均是由连续束状或粗纱状的单丝组成(例如以 5~15 $\mu{\rm m}$ 直径的 5000~20 000 根单丝组成的玻璃或碳纤维),在生产过程中纤维不断地被破碎、分散,因此在完成模型后纤维平均长度不超过 1 mm。纤维破碎是一个随机的过程,所以在最终的材料中能够找到各种长度的纤维。注射成型的热塑性塑料中 10 $\mu{\rm m}$ 直径的纤维的长度从 10 $\mu{\rm m}$ 到 10 mm 都有(差 3 个数量级),因此必须考虑纤维长度分布对复合材料性能的影响。

　　当其他因素不变时,低的纤维长径比将降低增强效率。一旦纤维长径比分布已知,就可计算有效的平均长径比以及根据 Cox 模型得到效率因子 η_1,效率因子为在相同外加应变下短纤维上的平均应力与连续纤维上的应力之比,即

$$E_{\rm c} = \eta_1 E_{\rm f} V_{\rm f} + E_{\rm m} V_{\rm m} \tag{11-70}$$

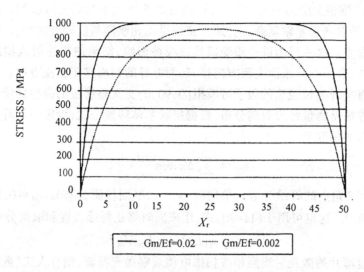

图 11-43 纤维上应力上升至 $0.9*E_f$(最大值的 90%)时的长度定义
为应力传递长度,在这里以纤维直径表示

对于 Cox 模型

$$\eta_1 = 1 - \frac{\tan h(\beta R_a/2)}{\beta R_a/2} \tag{11-71}$$

这一讨论是相对粗糙的,将分布中所有纤维长径比对刚度的贡献总和起来,则模型将更完善。这一过程由 Bader 和 Bowyer 完成,且同时指出短纤维的增强效率是外加应变的函数。Kelly-Tyson 模型的原理扩展后可在任一外加应变水平下定义临界长径比

$$R_{ac} = \frac{E_f \varepsilon_c}{\tau} \tag{11-72}$$

任一长径比的纤维可被定为是亚临界的或超临界的。如果 $R_a < R_{ac}$,则纤维是亚临界的;如果 $R_a > R_{ac}$,则纤维是超临界的

$$R_{a(\text{亚临界})} < R_{ac} < R_{a(\text{超临界})} \tag{11-73}$$

在亚临界和超临界纤维上的平均拉伸应力则为

$$\overline{\sigma}_{(\text{亚临界})} = \frac{R_a \tau}{2} \tag{11-74}$$

$$\overline{\sigma}_{(\text{亚临界})} = E_f \varepsilon_c \left(1 - \frac{E_f \varepsilon_c}{2R_a \tau}\right) \tag{11-75}$$

在低应变下,R_{ac} 很小,然后随着应变按比例升高,因此在非常低的应变下,最短的纤维也是超临界的。当应变提高,纤维长度分布中成为亚临界的比例不断上升,增强效率下降,这说明即使在准弹性阶段,应力-应变曲线也是非线性的。SFC 不同纤维长径比下的增强效率如果用长径比 R_{ac} 规范,则理想的 R_a 应为 5~10 倍的 R_{ac} 就能使增强效率达到 90% ~95%。在典型的玻璃纤维增强热塑性材料中,R_{ac} 经估算约 20~50(即纤维长度为 200 ~500 μm),因此 1~5 mm 长的纤维就符合要求了。

3.SFC 的纤维取向分布

在 SFC 中纤维很少沿同一方向排布,这是由制备过程中的流变造成的。这一过程非常复杂,使得纤维取向也非常复杂。会聚流变使得优先取向与流动方向平行,而发散流变则与流动方向垂直。这一行为进一步受模具或模壁影响,结果使得注射成型的构件薄壁处形成层状结构:表面的纤维沿主流方向排布,而芯部的则垂直于主流方向。采用相似的方法和合适的有关纤维长径比的因子可模拟[0,90,0]交叉叠层板的弹性性能。

更精确的方法是测量纤维取向分布,根据层状基体转换公式,设定一与纤维和主应力之间平均夹角有关的因子

$$\eta_0 = \sum \Delta a_f \cos^4 \frac{\theta}{a_f} \tag{11-76}$$

式中,a_f 是每个 θ 角上的纤维分数。单向时 $\eta_0 = 1$,平面任意分布时 $\eta_0 = 0.375$,三维任意分布时 $\eta_0 = 0.2$。这也可用于(11-70)式,用来同时修正纤维长度和取向分布

$$E_c = \eta_0 \eta_1 E_f V_f + E_m V_m \tag{11-77}$$

取向分布可通过薄片的微观射线照相或扫描电镜观察抛光截面,结合人工(数字模拟转换器)或计算机图像分析获得。若要完整的分布,需观察那些通过模料三条主对称轴相互垂直的截面。这是直接但却十分乏味的工作,需测量 2 或 3 个截面上 1000 根以上纤维才能得到样品中精确的分布。

4.SFC 的刚度

包含有非连续短纤维的复合材料刚度受到许多参数的影响,如纤维和基体的弹性常数、纤维体积分数、纤维长径比、纤维取向分布和纤维-基体界面应力传递效率等。没有一个模型包含了以上所有的参数。Cox 模型仅适用于纤维平行于主应力方向时的理想弹性行为,忽略了界面强度,边界条件不够理想。尽管如此,提出的应力分布与实验观察所得较接近。

Mittal 和 Gupta 及 Mittal 等提出了在界面剪切应力与复合材料平均外加应力之间的线性关系

$$\tau = K\sigma_c \tag{11-78}$$

并应用到 Kelly-Tyson 模型及 Bowyer 和 Bader 的分析中去。常数 K 从应力-应变曲线的斜率中得出。这一方法得出的临界长度的定义略有不同

$$L_c = \frac{E_f r_f \varepsilon_c}{K \sigma_c} \tag{1-79}$$

由上式可以看出,临界长度不是随外加应变而是随应力-应变曲线的斜率而成比例地下降。这是个较为实际的概念,且能较精确地模拟应力-应变曲线。Hill 在玻璃纤维/聚丙烯复合材料上进行拉伸试验,其中纤维长度和取向分布均按实验要求分布,界面强度由单根纤维断裂实验测定。同时假定界面剪切应力随外加应力的变化是非线性的,即

$$\tau = \tau_{max} (\sigma/\sigma_{ym})^n \tag{11-80}$$

式中,e 为外加应力,y_m 是当基体屈服时复合材料受的应力。当 $n = 0.35$ 时,符合得好。图 1-44 为预测的和实验的应力-应变曲线比较,可见符合得较好。这与 Bowyer 和 Bader 观察到的相似,但其符合得更好,尤其是高应变区。高应变区的偏离是因为当接近断裂应力时,逐渐破坏的作用越来越显著。

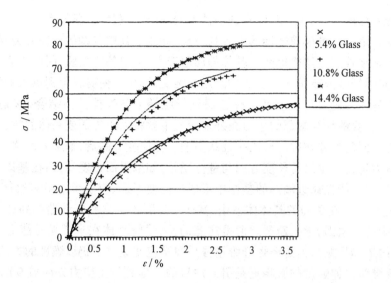

图 11-44　橡胶韧化玻璃纤维填充的聚丙烯材料应力-应变曲线预测值(线)与实验数据
　　(点)的比较。橡胶含量为 30% ,根据重量,玻璃纤维含量分别为 15% ,30% 和 40%

Halpm 和 Tsai 修正了混和准则,其中包括两个与纤维-基体交互作用有关的经验常数

$$E_c = E_m\left(\frac{1 + \xi\eta V_f}{1 - \eta V_f}\right) \qquad (11\text{-}81)$$

其中

$$\eta = \frac{(E_f/E_m) - 1}{(E_f/E_m) + \xi} \qquad (1\text{-}82)$$

该等式的优点在于通过选择合适的两个常数可预测 Voigt 的上限和 Reuss 的下限混和准则方程之间的任何一点。设 ξ 为无穷大时等式变得与 Voigt 的相似;设 ξ 为 0 时与 Reuss 的相似。当 η 为 1 时,代表硬的内含物,如纤维;η 为 0 时,代表空洞。

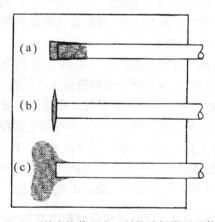

图 11-45　单向拉伸下由于纤维端部附近基体中的应力集中而引起的三种破坏过程:沿柱状界面脱粘造成的空隙(a),基体裂纹(b)和基体中的塑性流变(c)

6.SFC 的强度

　　上述 SFC 弹性行为的模型能较合理地预测出应力-应变曲线的形状,至少在低应变阶段(如小于 1% 应变)是较符合实际的,而且能适合于大多数实际体系的设计需要。强度预测则令人难以捉摸,主要是还不能完全了解其断裂过程。在连续纤维体系中部分纤维总是排布在主应力方向上,模拟强度时,这些纤维占主导地位,当这些纤维被拉断时,断裂开始了。因此在大多数复合材料体系中材料的断裂应变很接近于纤维的断裂应变。只有当纤维分数较低和高的局部应力场,如在缺口周围导致低应变破坏时复合材料和纤维的断裂应变差别才较大。在 SFC 中拉伸断裂时的应变比纤维断裂应变低得多,除非纤维分数很低而基体延性或弹性很好。一般来说,纤维分数越高,断裂应变越低,原因是纤维

像内部应力升高器一样,约束了基体中的塑性流变,并成为裂纹的萌发点。

基体内高含量的纤维就像坚硬的内含物一样,导致了其中复杂的三向应力状态,而基体中剪切流变则被抑制。这样提高了基体的屈服应力,但也使之变脆,因此断裂时应变值很低。另外,实际纤维分布是非常重要的。当纤维交叉时,可使材料得到更大的强化。

在纤维和基体间应力传递模型中往往假设纤维端部与基体并不结合,这是不对的。在拉伸载荷下,排直的纤维端部的应力在外加应变下就将大于界面或基体的抗拉强度(视两者中哪个更高而定),并在端部形成一柱状空洞。当应变升高后,如果界面强度较低,则端部周围的应力特使纤维沿着长度方向与基体脱粘;如果界面强度高,则在基体中形成一圆盘状裂纹,还有可能在靠近端部的基体中形成塑性变形区、应变带或微裂纹区。图11-45示出了上述情况。在更脆的基体体系中,基体中的裂纹从这些纤维端部的破坏区开始扩展,进而减少有效截面,导致断裂。值得注意的是,尽管基体在未增强时能显示出很高的延性(如聚丙烯和尼龙),但是经短纤维增强后在高应变速率下仍以脆性的方式断裂。

未排直纤维对拉伸强度的影响更是引人注目的。排成与主应力方向成90°左右的纤维在整个长度上脱粘。这些裂纹相对较大,并在基体中扩展,导致低延性破坏。

通过对断裂表面的研究表明,在基体中有强烈的塑性流变,但材料的断裂应变仍很低(典型的为1%~2%)。纤维周围的应力集中在基体中引起的塑变,仅限于关键截面上非常窄的宏观剪切带中,而在其他地方的塑变并不显著。这种局域性塑变意味着宏观的延性可忽略,对断裂过程无能量贡献。

从上述分析我们可以看出SFC的断裂过程是十分复杂的,受到纤维长度和取向分布、纤维-基体界面强度和基体本身延性、缺口敏感性等因素影响。基体中的微观破坏(裂纹、微裂纹、应变带)积累导致刚度的少量减小,最终在被急剧削弱的截面上发生断裂。开始时载荷是由纤维(一部分排列在主应力方向上)和基体共同承担,应变升高后,在主应力方向上纤维的端部以及不在此方向上的纤维表面开始破坏,并随着应变上升,破坏不断积累,使破坏的复合材料残余强度由连接破坏区的纤维决定,载荷不断地向那些连接纤维传递,直至在外加应力下最弱的截面开裂。

11.4.2 短纤维复合材料性能与特性的控制

短纤维复合材料的力学和物理性能受基体和增强体的组成、增强体几何尺寸、基体与增强体之间的界面性质等因素控制。在理想的体系中可以提出各种要求,但在实际体系中工艺要求及价格-性能比限定了较多的条件。

1. 基体的选择

聚合物基体的选择与制备过程密切相关。开始的任务是确定最合适的材料类型和工艺路径,在此基础上,确定聚合物还需考虑以下因素:工艺温度范围;力学性能要求;服役环境;制品的几何形状及制备过程选择;生产率;原料的可供应性及价格等。

基体对复合材料力学性能的影响表现在环境因素、服役温度限制、对潮湿和化学介质的抵抗及刚度、强度和韧性之间的平衡。延性好的基体常使得复合材料不易破坏,但刚度降低,尤其是纤维含量低的时候。

2. 增强材料

最常见的增强体是 E 玻璃,因为它价格低,易使用。与碳(石墨)纤维(230～350 GPa)或芳族聚酰胺纤维(100～200 GPa)相比,其刚度较低(70 GPa)。但前者比后者贵5倍。玻璃纤维持续暴露在潮湿环境中性能下降,尤其是在受力情况下,因此必须上胶或表面涂层保护。上胶可使原本不足的基体与纤维表面的粘结得以加强。同时,胶(表面油剂)中还含有偶联剂。通常是一种有双重功能的硅烷,其一端的分子与玻璃纤维表面结合,而另一端则与基体相容。偶联剂大大增强了基体与玻璃纤维的结合,且可以防止暴露在水气中时,尤其是高温下界面的削弱。有效的偶联剂在短纤维体系中也是必需的,并针对不同基体设计有不同的选择。

碳(石墨)纤维也广泛用于增强热塑性塑料,它们高的刚度扩展了可模压产品的力学性能范围,并获得非常高的刚度和强度。碳纤维的价格是 E 玻璃的5倍,在热塑性塑料中加入20%体积分数的碳纤维,整个材料的价格将乘以系数2.5或更大。因此需估计一下性能提高的相对价值。在碳纤维体系中界面控制不如玻璃纤维那样关键。制造商在纤维表面进行处理来增加结合,但不需针对不同聚合物体系特别设计。表面上胶(通常是环氧树脂)仅仅是为了在工艺的早期阶段中保持束状。碳纤维是导电的,因此加10%即可使混合物获得导电性。其热导性也是很高的。

芳族聚酰胺纤维在可模压体系中应用不广泛,其原因是纤维束很难切断,而且压力下纤维很脆弱。与玻璃纤维和碳纤维相比,该类纤维具有中等刚度且不导电。

3. 其他添加剂

基体的性能可使用增韧剂、填充剂和弹性相来改变。增韧剂的分子量相对较小,用来增加聚合物的延性,提高可加工性。但它们往往降低了刚度和玻璃化温度 T_g,有时还增加韧性。总的说来,它们的作用与纤维增强相反,因此对增强体系不利。

橡胶增韧被广泛应用于未增强的聚合物体系。分散良好的弹性粒子有助于提高韧性和延性,同时牺牲了刚度和 T_g,但在两者之间可找到平衡,且比单纯的增塑效果好。橡胶增韧的体系较稳定,而增塑剂则在长时间后会迁移或挥发而丧失。橡胶粒子在非晶态体系中会引发银纹或剪切带以及在半晶态塑料中加强"冷拉"作用。当粒子很小时(～$1\mu m$),同时又能与基体分子键合或接枝时弹性分散体最有效(即增韧较大但刚度和 T_g 下降较少),应选择那些能溶于树脂熔体或单体(热塑性)或热固性体系中尚未反应的单体组分的弹性体,则能使之达到与基体分子化学地连接或接枝的目的。

在纤维增强体系中使用弹性分散体与纤维的作用相反:刚度和强度下降而韧性和延性则有效提高。但同时使用弹性体和纤维可获得所需的刚度、强度、韧性、延性和环境行为的组合,且效果比单单使用纤维好

4. 短纤维复合材料的力学性能

短纤维增强塑料的力学性能受许多参数的影响,主要包括纤维的刚度及其强度、纤维体积分数、长径比和取向分布。当纤维含量低时,基体加入其他添加剂(如颗粒填充物、弹性分散体、增塑剂)后的性能也有一定的作用。界面的本质可决定增强效果及对环境的抗力,如在高温下以及化学侵蚀条件下的性能。

总的来说,加入短纤维后大大增加了刚度,显著提高了强度,延性却下降了,对韧性的影响更微妙一些,它受加载条件和测量方式的影响。短纤维体系显示出对冲击破坏较高

的抗力,其测得的断裂韧性较高。通常对高温强度和刚度及对环境的抗力也因纤维而增强。商用增强体系的最终性能需综合考虑,在刚度和强度与韧性、可加工性和其他因素间寻找一平衡点。这使得根据不同组元可有无限多种可能性。表 11.2 为一些增强的热塑性材料的重要性能。

表 11.2　短纤维增强热塑性材料的典型性能。由于数据来源众多,
故以 0.20 标准纤维体积分数为规范,这些值仅作参考,不能用于设计

聚合物	纤维	V_f	相对密度	$E^a = $ $\overline{GPa}$	$\dfrac{X_T}{MPa}$	夏比冲击 $\dfrac{}{kJ/m^2}$	HDT^c $\overline{℃}$	CTE$_d$ $10^{-5}/K^{-1}$
聚丙烯	无	0	0.91	1.9	39	2.7	60	15
聚丙烯	玻璃	0.20	1.14	7.5	110	8.0	155	2.7
尼龙 6.6	无	0	1.14	3.2	105	>25	100	8.5
尼龙 6.6	玻璃	0.20	1.46	10	230	40	250	2.5
尼龙 6.6	碳	0.20	1.28	20	250	10	255	1.9
聚碳酸酯	玻璃	0.20	1.45	9.0	135	40	160	2.3
聚甲撑氧	玻璃	0.20	1.58	9.0	140	9.0	165	3.5
聚苯撑硫	玻璃	0.20	1.65	11	155	20	263	2.7
聚苯撑硫	碳	0.20	1.45	17	185	20	263	1.1
聚醚醚酮	碳	0.20	1.45	16	215	—	310	—

＊杨氏模量;[b]X_T:拉伸强度;[c]HDT:热变形温度;[d]CTE:线性热膨胀系数。

(1)刚度

纤维增强最直接的效果是提高刚度。刚度的上限可通过假设纤维单向排列及理想的界面结合而计算出。利用混和准则可估计沿纤维方向和横向的刚度。更接近实际的估算需考虑纤维长度和取向分布。界面"强度"难以量化,但可认为基体的剪切屈服强度即为它的上限。

大多数未增强塑料的杨氏模量多在 $2.5\sim3.5\,GPa$ 左右,因此基体的选择对复合材料的刚度影响不大。主要因素是纤维刚度、体积分数和长度及取向分布。

纤维较短时 SFC 的应力-应变曲线是非线性的,因此在引用刚度值时应注意,随着应变增大,刚度下降。混和准则预测的是在零应变下的刚度,即零应变时的切线模量,而实际设计应用中采用的是 0.5% 或 1.0% 应变时的割线模量(图 11-46)。当温度升高时,刚度下降,非线性更明显。此外,在一些体系中粘弹性效应更显著,因此与时间有关的刚度是更合适的参数。

(2)延性

实质上所有聚合物体系在加入坚硬的填充物后,不管是颗粒还是纤维,均会引起拉伸延性的显著下降。大体积分数的坚硬填充物的存在阻止了基体中由剪切带和冷拉造成的流变,同时颗粒在基体中引起应力集中,使微裂纹更易萌发。流变被阻止后意味着裂纹将以更脆性的方式扩展。若纤维体积分数更

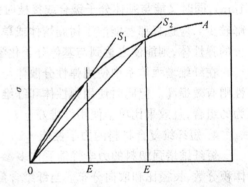

图 11-46　当应力-应变曲线(a)在整个长度均是非线性的时候,定义割线模量如图中所示。直线 OS_1 和 OS_2 分别是在任意应变 ε_1 和 ε_2 时的割线

高,刚度更大(如碳纤维),则这种效果越明显。延性下降对韧性、阻尼、抗拉强度都不利。

(3)强度

短纤维复合材料中加载路径总是要通过基体的,因此其强度必与增强了的基体有关,而不像连续纤维体系中主要考虑纤维分数。基体中由于加入了非连续纤维而强度提高,它们阻止了流变过程,从而提高了基体的屈服应力,并像障碍一样使得断裂途径在截面内沿一条长而又要避开纤维的途径发展。同时纤维又使内部应力升高,成为裂纹形成点,因此有两种相反的效应:一方面纤维阻碍流变,延长断裂途径;另一方面使基体变脆并引发裂纹。例如,玻璃纤维加入尼龙66热塑性塑料后刚度和强度不断上升,但又将延性降低到非常低的水平(2%)。为获得强度最大程度的升高,必须使纤维与基体结合良好,否则裂纹易在界面处形成,脆化作用更明显。当界面结合较弱时,刚度、强度、延性和冲击性能均下降。

此外,当纤维更长时,强度升高,因为纤维加长使得应力-应变曲线非线性降低,从而使得应变升高时刚度下降减小。在这样的体系中断裂途径更曲折,由纤维端部造成应力集中相对较少。所有这些效果综合起来提高了强度和韧性,但延性仍较低。

(4)韧性

模压塑料的韧性常用冲击实验来测量,而不像其他工程材料那样采用一些更硬的断裂方式。纤维增强的效果是非常复杂的,甚至是相互矛盾的。当纤维加入基体后,一个参数,如摆锤冲击能提高了,但另一个,如断裂能(G_c)却下降了。高应变速率和低应变速率情况相差很大。如橡胶增韧的玻璃纤维增强尼龙在高应变速率下韧性更好。这主要是断裂模式发生了变化。在低应变速率下纤维被"干净"地拔出,而高应变速率下,拔出纤维表面上有一层基体,纤维从基体中撕裂出来提供了额外的能量。一般来讲,纤维越长增韧效果越好。

纤维在加入基体后,在断裂过程中引入了附加的能量吸收方式,使得情况更为复杂,其中包括由于避开纤维而造成的断裂途径延长,纤维-基体界面脱粘和纤维拔出。这些过程可提高断裂过程中的能量吸收,但一般不升高断裂开始时所需的应力或能量。当界面结合良好时,在低纤维分数体系中由于纤维的内部缺口效应,冲击能和断裂韧性下降。而在高纤维体积分数体系中由于强度和刚度的提高,附加的能量吸收方式得以实现,因此这些性能均得以提高。

(5)短纤维复合材料的其他力学性能

纤维增强同时也提高了大多数热塑性体系的疲劳和蠕变性能。在疲劳中有许多相互作用的影响因素,一方面由于刚度的提高和微屈服过程受到阻碍使得疲劳强度升高,但也容易引起高的疲劳裂纹扩展速率,主要的破坏方式是平行于基体中纤维的方向或当纤维垂直于拉伸轴时界面区开裂,以及加载方向上纤维端部逐渐脱粘。这些现象均会逐渐降低刚度,并最终在严重破坏的截面上断裂。当疲劳应变振幅和加载频率较高时,内部将产生大量的热量并引起局部熔化和热失效。总体行为对纤维形貌和聚合物形貌均十分敏感,尤其是半结晶体系。

加入纤维后,尤其当它们结合良好时,热变形温度(HDT)明显升高,这提高了材料可使用的最高温度及蠕变性能。由于热膨胀系数减小,因此形状稳定性大大提高,同时也减小了在模具中的收缩,这使得制备精密尺寸构件变得简单。在许多情况下,尺寸稳定性也是选择纤维增强体系的重要参考指标。由于纤维取向分布造成各向异性及收缩应力的差异而引出的问题也需要引起我们密切的关注。

习　题

1. 单向复合材料有哪几个基本性能指标?其理论预测与试验结果是否一致?

2. 复合材料层合板共有几种耦合效应?试由应力-应变关系分析其产生的原因。

3. 为什么复合材料层合板的强度分析既复杂,又非常重要?

4. 复合材料承受静载和动载时的能量吸收机理主要表现在哪几方面?

5. 短纤维复合材料中的载荷传递长度的含义是什么?纤维的长径比与取向分布有何特点?对性能有何影响?

第十二章　聚合物的力学性能

聚合物具有很大的分子量,高分子化合物的分子运动远比低分子复杂,具有明显的松弛特征,对温度的依赖性很大,聚合物的力学性能不仅取决于分子结构,在更大程度上还取决于这些分子排列、堆砌的聚集态结构。聚合物材料的原料丰富,合成方便,易于加工。近年来按人们希望的性质来设计聚合物也取得突破性进展,使之成为结构材料。由于这些原因,聚合物材料发展迅速,在整个使用材料中,聚合物所占的比例不断增加。

12.1　聚合物的结构特点与力学状态

高分子材料可以是天然的,如纤维素、蛋白质、天然橡胶和天然树脂等;也可以是人工合成的,合成的种类更多,成为人们使用的主要材料之一。按聚合物的结构性能和用途,可概略地分为四类,热塑性塑料、橡胶、热固性塑料、纤维,其结构形状如图 12-1 所示。(a)(b)为热塑性塑料和纤维;(c)为橡胶;(d)为热固性塑料。实际上,塑料、纤维和橡胶之间并无严格的界限,有的聚合物既可制成纤维,也可用作塑料等。

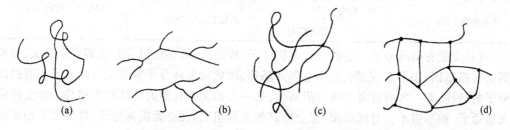

(a)　　　　　(b)　　　　　(c)　　　　　(d)

图 12-1　不同结构形状的聚合物分子示意图

12.1.1　结构单元

结构单元是组成聚合物的链节。根据高分子主链的结构,聚合物可分为三类:

(1)碳链高分子　主链由碳原子单种元素组成,如聚乙烯、聚丙烯等,主要的碳链聚合物见表 12.1,大多数碳链高分子的可塑性好,易于加工成型,但耐热性差,易老化,易燃烧。

(2)杂链高分子　主链中除碳原子外,还有氧、氮、硫等其他元素,如聚酰胺、聚酯等。杂链高分子具有较高的耐热性和机械强度,但因分子链带有极性基团,故易于水解。

表 12.1 碳链聚合物

聚合物(缩写符号)	结构式	聚合物(缩写符号)	结构式
聚乙烯(乙塑)(PE)	—CH₂—CH₂—	聚甲基丙烯酸甲脂 (PMMA)	—CH₂—C(CH₃)(COOCH₃)—
聚丙烯(丙纶)(PP)	—CH₂—CH(CH₃)—	聚丙烯腈(腈纶)(PAN)	—CH₂—CH(CN)—
聚异丁烯(PIB)	—CH₂—C(CH₃)(CH₃)—	聚醋酸乙烯醋(白胶水) (PVAC)	—CH₂—CH(COOCH₃)—
聚苯乙烯(苯塑)(PS)	—CH₂—CH(C₆H₅)—	聚乙烯醇(PVA)	—CH₂—CH(OH)—
聚氯乙烯(PVC)	—CH₂—CH(Cl)—	聚丁二烯(PB)	—CH₂—CH=CH—CH₂—
聚偏氯乙烯(PVDC)	—CH₂—C(Cl)(Cl)—	聚四氟乙烯(PTFE)	—CF₂—CF₂—
聚氟乙烯(PVF)	—CH₂—CH(F)—	聚三氟氯乙烯 (PCTEF)	—CF₂—CF(Cl)—
聚丙烯酸(PAA)	—CH₂—CH(COOH)—	聚异戊二烯(PIP)	—CH₂—C(CH₃)=CH—CH₂—
聚丙烯酸甲脂(PMA)	CH₂—CH(COOCH₃)	聚氯丁二烯(PCB)	—CH₃—C(Cl)=CH—CH₂—

(3)元素有机高分子　主链中没有碳原子,而由硅、氧、氮、铝、硼、钛等元素组成,侧基则为有机基团,如甲基、乙基、乙烯基和芳基等,因此元素高分子兼有无机高分子和有机高分子的特性,即一方面有高的耐热耐寒性,另一方面又有较高的弹性和可塑性。如主链中无碳原子,侧基也不含有机基团,完全由其他元素组成,便是无机高分子,这类元素的成链能力较弱,故聚合物分子量不高,且易水解。

主要的杂链及元素有机聚合物见表 12.2。

12.1.2　聚合度

聚合物的强度、熔点等和相对分子质量的大小有直接关系,因而需要一个参数表示相对分子质量的大小,通常选用聚合度 X,它是聚合物的相对分子质量 M 除以链节(聚合物中重复的结构单元)的相对分子质量 M_0,即分子中所含链节的数目:$X = M/M_0$。聚合过程中,由于所有的链节不可能增长到相同的长度,所以聚合物中分子量的分散性很大,呈现类似图 12-2 的分布。若设 N_i 为相对分子质量的 M_i 的分子占据总分子数的百分数,则按分子数分布的统计平均,或数均相对分子质量 M_c 为

表 12.2 杂链和元素有机聚合物

聚 合 物	结 构 式
聚甲醛	—O—CH₂—
聚环氧乙烷	—OCH₂—CH₂—
聚对苯二甲酸乙本脂(涤纶)	—O—CH₂CH₂—O—C(=O)—〈苯环〉—C(=O)—
环氧树脂	—〈苯环〉—C(CH₃)₂—〈苯环〉—O—CH₂CHCH₂—(OH)—
聚碳酸酯	—〈苯环〉—C(CH₃)₂—〈苯环〉—O—C(=O)—
双酚 A 聚砜(聚砜)	—〈苯环〉—C(CH₃)₂—〈苯环〉—O—〈苯环〉—S(=O)(=O)—〈苯环〉—
聚己内酰胺(尼龙 6)	—NH(CH₂)₅CO—
聚己二酰己二胺(尼龙 66)	—NH(CH₂)₆—CO(CH₂)cCO—
聚酰亚胺	〈酰亚胺结构式〉
聚氨酯(泡沫塑料)	—O(CH₂)₂OCNH(CH₂)₆NHC— (O,O双键)
脲醛树脂(电玉粉)	—NHCNH—CH₂— (O双键)

聚 合 物	结 构 式
酚醛树脂(电木)	〈苯环-OH, —CH₂—〉
聚硫橡胶	—CH₂CH₂—S—S—S—S— (S下挂)
硅橡胶	—O—Si(CH₃)(CH₃)—

$$M_c = \sum_{i=1}^{\infty} N_i M_i, \quad \sum_{i=1}^{\infty} = 1 \tag{12-1}$$

因此,平均聚合度为:$\overline{X} = M_c / M_0$。

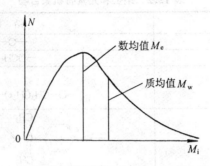

图 12-2　相对分子质量分布曲线

若令 W_i 是相对分子质量为 M_i 的分子所占质量百分数,则质均相对分子质量 M_w 为:

$$M_w = \sum W_i M_i ; \sum W_i = 1 \qquad (12-2)$$

质均值和数均值是不同的,两者均可由实验测定。

12.1.3　高分子的聚集态结构

聚合物内大分子间的排列构成聚集态结构。普通物质的聚集态可分为气体、液体和固体,但聚合物内分子很大,因而分子间作用力也大,很容易聚集成固体或高温熔体,进一步提高温度,聚合物便分解,不存在气体。

聚合物分为晶体和非晶体两类。无规聚合物通常难以结晶,在实际的冷却速度下进入非结晶的玻璃态;而规整聚合物易于结晶,只能通过速冷,使之成为"冻结"的过冷液体而进入玻璃态。一般情况下,规整聚合物由晶区和非晶区混杂组成。通过电子显微镜的研究,发现晶区是分子链结构有规则地来回折叠以薄片形式构成的晶体组成,通过高温退火或提高结晶温度都能使晶体尺寸增大。如聚乙烯晶体在 100 ℃时晶体厚度约 10 nm,而在 130 ℃加热几小时后,其厚度可增加到 40 nm,要把大分子链全部规则地排列起来是困难的,所以结晶聚合物都是部分结晶,同时存在晶区和非晶区(图 12-3)。晶区所占质量百分数称为结晶度,如涤纶、尼龙等结晶度为 10%～40%,一般讲来,具有对称或立构规整链的聚合物(如聚乙烯或等规立构聚丙烯)是可结晶的,而具有不规整主链或无规排列侧基的聚全哦(如丁二烯-苯乙烯或无规聚甲基丙烯酸甲酯)是不可结晶的。结晶聚合物的有序度(结晶度)视其可结晶性和加工历史而定。在非晶态聚合物中,分子链也不是完全无规则的,而是具有不同程度短程有序,即分子链中的一段是排列有序的。

晶区的分子排列较紧密,增强了分子间的作用力,因而使聚合物的强度、硬度、刚度、相对密度、熔点等性能提高,但与链运动相关的性能,如弹性、延伸率等下降。

聚合物晶体中也存在类似于其他晶体中存在的缺陷:点缺陷、位错以及其他缺陷。这类缺陷都与高分子链的性质有关,如点缺陷往往出现在链的端部、短的支链、链折叠处和分子链间缠结处等。

12.1.4 聚合物的力学状态与转变

在 $t=0$ 时给定阶跃应变 ε_0，然后在 t 秒时测量 $\sigma(t)$ 值，在不同温度 T 下重复上述试验，便得出 t 秒时的松弛模量 $E(t)=\sigma(t)/\varepsilon_0$ 对 T 的曲线。由于聚合物的力学性能是时间相关的，因此 t 取不同值时得到的 $E(t)$ 曲线也不同，通常取 $t=10$ s 或 5 s。图 12-4 表示非晶态聚合物的 $E(t)-T$ 曲线的一般特征。由图明显可见具有不同性质的五个区域。

（1）玻璃态 此时高分子链的整链和链段都被冻结，不能运动，只能发生高分子键角和键长的变化，在外力作用下的变形是瞬时的，$E(10$ s$)$ 随温度的下降很小，$E=E_g$，其值约为 $10^{9.5}$ N/m^2 的量级。普通塑料室温时便处于这种状态，可以保持一定的几何形状，且有一定的承载能力。

（2）玻璃—橡胶转变区 这一区域高分子链节的振幅加大，键的内旋转开始，这一转变区的宽度约 $5\,℃$ ～$20\,℃$，松弛模量可变化几个数量级，粘弹性的特征表现特别明显。这一转变的特征温度是玻璃化转变温度 T_g。这一转变区也用曲线的别点温度 T_i [$E(10$ s$)$ 约为 10^8 N/m^2 处] 和在该点的负斜率 $-\tan\theta$ 来表征，通过 T_i 和 T_g 仅相差几度。

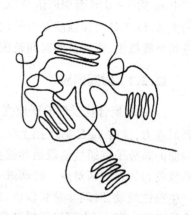

图 12-3 聚合物的晶区与非晶区示意图

（3）橡胶态（高弹态） 这一区域松弛模量下降到一新的平台，$E=E_r$，其值约为 $10^{5.5}$ N/m^2 量级。此时高分子键的内旋转正常进行，链段发生运动，使构象发生变化，短程扩散运动远比观察时间为快，但整个分子链的长程运动还未开始。在此区域内材料具有高弹性，受力后伸长率可达 100% ～1 000%，卸载后可恢复，正常使用的橡胶便处于这种状态。

（4）橡胶-流动转变区 模量再次下降，约为 $10^{4.5}$ N/m^2 量级，分子链段的运动规模加大，致使整个分子链开始运动。这一转变

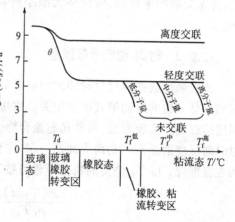

图 12-4 聚合物的 10 s 模量曲线

的特征温度是粘流温度 T_f。随着分子量的增大，T_f 值升高；分子量分散性增大时，转变区亦增宽。

（5）粘流态 此时整个分子链产生运动，分子链间的阻力再也不能阻止流动。粘流态适合于聚合物的加工成形。

有些非晶态聚合物的分解温度低于 T_f，如纤维和聚丙烯腈等，所以没有粘流态。而

有些热固性塑料,如酚醛树脂,由于交联程度很高,只存在玻璃态。

12.2 聚合物的时间效应和时-温等效原理

聚合物的力学性质是温度和时间的函数,在一维松弛试验中有

$$\sigma(T,t) = E(T,t)\varepsilon_0 \tag{12-3}$$

式中 ε_0 为 $t=0$ 时施加的阶跃应变,$E(T,t)$ 为松弛模量。本节将讨论固定 T 时 E 和 t 的关系,以及时间和温度对力学性能影响的等效性原理。由于聚合物不同状态下的 E 值差几个数量级,所涉及的时间范围很宽,所以实际作图常采用 $\log E$-$\log t$ 曲线。

12.2.1 时间响应

$t=0$ 时聚合物受到阶跃应变 ε_0 作用,高分子键内的键角和键长立即发生变化,引起瞬时应力,这时 $\log E$-$\log t$ 图上的曲线和 $\log E$-T 曲线上的玻璃态对应。经过一段时间后,卷曲的高分子链通过链段运动逐步舒张,高弹变形逐步增加,应力不断下降,这和玻璃态到橡胶态的转变区对应。时间进一步增长后,高分子链间发生相互滑移,整链发生运动,产生粘性流动,时间非常长以后,由于粘性流动,应力可降到零,这对应于粘流态。如果聚合物存在交联,应力可以不松弛到零,这对应于不发生粘流态的情形。

在动态应力下,高应变率对应于玻璃态,低应变率对应于橡胶态,中应变率对应转变区,对无交联的聚合物,应变率无限小时对应于粘流态。中应变率时粘弹性效应最为明显。

12.2.2 时间-温度等效原理

比较聚合物的模量对时间的响应和对温度的响应,发现两者存在对应关系,因为两者都和高分子链的运动形式密切相关。缩短实验时间或提高频率对模量的影响相当于降低温度的影响。实验发现,对非晶态聚合物,在各种温度下所得到的模量松弛数据,都可通过时间标度的适当移动而叠加在一起,这种普遍的现象称为时温等效原理。这一理论认为在温度 T_1 和 T_2 测得的松弛模量可按下式转换

$$\frac{E(T_1,t)}{\rho_1 T_1} = \frac{E(T_2,t/a_t)}{\rho_2 T_2} \tag{12-4}$$

式中 T_1 和 T_2 是热力学温度;ρ_1 和 ρ_2 分别为 T_1 和 T_2 时的密度,当 T_1 和 T_2 相差不太大时,$\rho_1 T_1$ 和 $\rho_2 T_2$ 的差别是不大的;a_t 为时间移动因子,只是温度的函数,它代表在 $\log t$ 坐标轴上的位移:令 $t_2 = t_1/a_t$,则

$$\log(t_2) - \log(t_1) = -\log a_t \tag{12-5}$$

因此,如要绘制某一温度下的长时期的模量-时间曲线时,我们可选用该温度为参照温度 T_0,然后在许多温度 T 下作短期试验,测得相应 $E(T,t)$,便可采用式(12-5)换算

$$E(T_0,t) = (\rho_0 T_0/\rho T)E(T,t/a_t) \tag{2-6}$$

Williams、Landel 和 Ferry 发现,上式的 a_t 可表成下列 WLF 方程

$$\log a_t = \frac{-C_1(T - T_0)}{C_2 + (T - T_0)} \tag{2-7}$$

实用上常取 T_g 或室温为 T_0。取 T_g 时某些聚合物的 C_1 和 C_2 值示于表 12.3。选其他温度为 T_0 时,C_1 和 C_2 取其他的值,可由实验确定。

表 12.3　WLF 方程中的参数（T_g 为参照温度）

聚合物	$\dfrac{T_g}{K}$	C_1	C_2	备注
聚苯乙烯	373	13.7	50.0	
聚异丁烯	205	16.6	104.4	
天然橡胶	200	16.8	53.6	
聚 1,4-丁二烯	161	11.3	60	顺/反/乙烯基
丁苯橡胶	210	20.3	25.6	=96.5/1.9/1.6
聚甲基丙烯酸甲酯(无规立构)	381	34.0	80	苯乙烯/丁二烯
聚乙基丙烯酸甲酸	335	17.6	65.5	=23.5/76.5(重)
"普适"常数		17.44	51.6	

12.3　聚合物的力学性能

1960 年以前,聚合物的屈服现象未引起人们的重视,把屈服看成是由于材料局部变形引起温升而产生的软化现象;20 世纪 60 年代以来,人们认识到屈服是聚合物的一种力学行为,可应用现有经典的塑性理论来处理;同时,观察到聚合物的"滑移带"和"缠结带",以及和金属不相同的屈服现象。聚合物的应力-应变曲线依赖于时间和温度,还依赖于其他因素,由于试验条件的不同,可以表现出不同的力学性能。

12.3.1　拉伸应力-应变曲线

图 12-5(a)表示两种非晶态聚合物聚氯乙烯和聚苯乙烯的拉伸应力-应变曲线,图 12-5(b)表示三种晶态聚合物聚四氟乙烯、聚乙烯和聚三氟氯乙烯的拉伸应力-应变曲线。从这两张图可以见到几种变形方式:

(1)聚苯乙烯是一种硬而脆的材料,具有高的模量和强度,断裂伸长率很低,没有明显的屈服。

(2)聚氯乙烯、聚四氟乙烯和聚三氟氯乙烯,属于强而韧的材料,这是处于玻璃态的塑料在某一段温度和速度范围内典型的弹塑性变形应力应变曲线。图 12-5 中的 P 点称为弹性极限,S 点为屈服强度,极限强度图中未画。在 P 之前,应力和应变是线性关系,变形是由于分子链中的键长和键角的变化引起的可恢复的弹性变形。从 P 点到 S 点的变

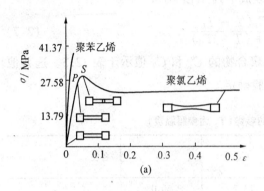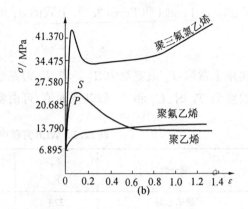

图 12-5　(a)非晶态聚合物 PS、PVC 的拉伸曲线;(试验温度:室温;拉伸速度:2.5 mm/min)
　　　　(b)晶态聚合物 PE、PTFE 和 PCTFE 的拉伸曲线;(试验温度:室温;拉伸速度:2.5 mm/min

形属强迫高弹变形,因此时外力足够大,能克服分子链段运动的垫垒,发生链段的强迫运动;除去外力后,链段不能运动,因而高弹形变被固定下来,成为永久变形。聚合物在 T_g 温度以下,随着温度的降低,链段间的相互作用力增强,因而产生强迫高弹性变形的应力也要增加。但是当温度降到脆化温度 T_β 值以下,强迫高弹形变所需的应力便超过了聚合物的断裂强度,此时外力使聚合物断裂,而不能产生高弹形变。所以实际上强迫高弹形变只能在 T_g 和 T_β 之间产生,T_β 是塑料可使用的最低温度。在 S 点之后,链段沿外力方向运动的同时,发生分子链间的的滑动,此时外力几乎不增加而应变增加很快,材料处于塑性区。材料应力在到达屈服应力 σ_s 之前,变一菜是均匀的,达到 σ_s 后,开始出现不均匀形变,沿试样的某些特殊点上开始颈缩。随后,颈缩区的局部变形增加,非晶态区的链构象发生变化和明显的再取向,颈缩区的强度和刚度增加,如取向强化而增加的屈服应力超过因面积减小而增加的应力,则颈缩区的截面积停止缩小,且以比初始直径稍小的直径稳定下来,以不变的名义应力继续变形过程,这一名义应力称为屈服下限应力或冷拉应力,颈缩便沿试样的长度方向传播,这一细颈伸展的过程称为冷拉。但如取向强化导致的屈服应力升高不足以抵消颈缩区因面积减小而增加的应力,那末颈缩区的截面积将进一步减小,最终形成局部断裂。

　　虽然非晶态和晶态聚合物的拉伸曲线外形相似,但存在重要差别。首先非晶态聚合物拉伸只发生分子链的取向变化,而晶态聚合物却包含结晶的破坏、取向和再结晶等过程,其次,非晶态的冷拉区在 $T_g \sim T_\beta$ 之间,而晶态的冷拉区却在 $T_g \sim T_m$ 之间。

　　(3)聚四氟乙烯的拉伸曲线,没有局部颈缩,变形过程中横截面均匀地减小。

　　上面的三点简单地讨论了聚合物的四种变形方式,其中的屈服点是很难给以确切定义的,如拉伸曲线上应力不出现极大值,则定义 2%应变处的应力为屈服应力。聚合物断裂时的伸长率可以从某种聚苯乙烯的 1.5%变化到某种聚乙烯的 500%或更大。

　　随着试验条件的改变,聚合物试样可表现出不同的变形方式。图 12-6 表示试验温度对聚甲基丙烯酸甲酯(PMMA)应力-应变曲线的影响。低温时硬而脆,40 ℃出现颈缩局部断裂,60 ℃出现冷拉现象,等等。图 12-7 表示变形速度对聚氯乙烯(PVC)应力-应变曲线的影响,变形速度愈快,断裂应变愈小,愈呈现脆性性质。

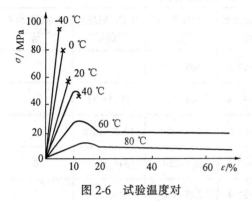

图 2-6　试验温度对聚甲基丙烯酸甲脂应力-应变曲线的影响

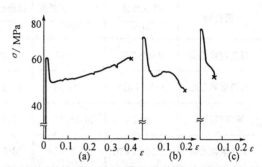

图 2-7　拉伸速度对聚氯乙烯应力-应变曲线的影响(a)0.5 mm/min　(b)50 mm/min　(c)100 mm/min(试验温度20℃)

12.3.2　压缩应力-应变曲线

图 12-8 表示两种典型的非晶态聚合物 PVC 和乙酸纤维素和两种典型的结晶聚合物聚四氟乙烯(PTFE)和聚三氟氯乙烯的压缩应力-应变曲线。两种非晶态聚合物应力有极大值,此即屈服应力,且显示了真正的软化;反之,两种晶态聚合物应力并无明显的极大值,因而以 2% 应变处的应力为屈服应力。对同一聚合物,比较一下拉伸和压缩屈服应力可知,一般讲,压缩屈服应力比拉伸屈服应力要高 20% 左右,即拉压屈强度是不同的,这就表明流体静应力对屈服强度的影响。

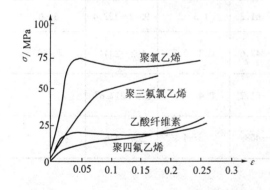

图 12-8　几种聚合物的压缩应力-应变曲线

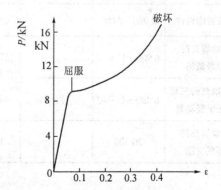

图 12-9　酚醛树脂的压缩应力-应变曲线

还需指出,在拉伸时表现为脆性的一些热固性塑料,在压缩时却有相当大的塑性流动。图 12-9 表示酚醛树脂铸件压缩时的应力-应变曲线,图中有一屈服点,断裂应变可达 40% 左右;而在拉伸情况下,应变约为 2% 时便断裂,且无明显的屈服点。

12.3.3　拉伸和压缩时的力学性能数据

目前有如此众多的均聚物、带添加剂的均聚物、共聚物、嵌段共聚物、增强的聚合物等,以致很难用一张简单的表格来评价这些材料。然而,了解室温下按测试标准测得的聚合物的力学性能范围,对了解哪些结构特征能增加强度、刚度和韧性是有益的。

表 12.4 某些塑料的拉伸和压缩力学性能

聚合物	弹性模量 MPa	拉伸屈服强度 MPa	拉伸极限强度 MPa	拉伸断裂伸长 %	压缩屈服应力 MPa	压缩屈服应变 %
低密度聚乙烯	138~276	6.8~13.6	10.2~17.2	400~700		
高密度聚乙烯	414~1 035	17~34	17.2~37.4	100~600	20.4~34	
聚四氟乙烯	414	10.2~13.6	13.6~27.2	100~350	10.2~13.6	
聚三氟氯乙烯	1 035~2 070	27.2~34	30.6~40.8	80~250	34~54.4	8
聚丙烯	1 035~1 552	20.4~27.2	23.8~37.4	200~600	34~54.4	
尼龙-66	1 242~2 760	57.8~78.2	61.2~81.6	60~300	54.4~88.4	4~20
聚碳酸酯	2 415	54.4~68	54.4~68	60~120	68~81.6	
聚甲基丙烯酸甲脂	2 415~3 450	47.6~61.2	47.6~68	2~10	74.8~95.2	5~10
聚甲醛	2 760	47.6~54.4	61.2~68	20~80	68~108.8	
聚苯乙烯	2 760~3 450		37.4~54.4	1~2.5	74.8~108.8	4~6
硬聚氯乙烯	2 070~4 140	54.4~68	40.8~74.8	5~60	68~74.8	5~6
酚醛树脂铸件	2 760~3450		40.8~61.2	1.5~2	95.2~122.4	4~6
矿物填充的酚醛塑料	6 900~13 800		27.2~47.6	0.2~0.5	102~204*	4~6*
纤维填充的三聚氰胺甲醛塑料	8 280~11 040		40.8~61.2	0.4~0.6	170~217.6*	
玻璃填充的环氧树脂	20 700		102~408	3~4	204~476*	

表 12.4 给出某些塑料的拉、压力学性能数据,由于压缩试验难以做到断裂,故取用屈服应变作指标,而拉伸则用断裂应变。从表中大体可以看出:

①对非极性聚合物,如聚乙烯和聚四氟乙烯的弹性模量值较低,但韧性较好。聚丙烯中由于结构单元中甲基的存在增加了位阻,因而强度和刚度要高些。

②像在聚氯乙烯中用氯取代氢一样,聚三氟氯乙烯中用氯取代氟,增强了极性力,因而强度和模量都有较大的提高。而像尼龙、聚甲醛和聚碳酸酯等强极性聚合物,则具有良好的刚度、强度和韧性。

③像聚苯乙烯和聚甲基丙烯酸甲酯等非晶态聚合物,庞大的极性的侧基使分子的刚

性较大,因而强度和刚度较高,但韧性较差。

④在热固性料中增加合适的填料或加入玻璃纤维等组成复合材料,可得高强度和高模量的材料。

12.3.4 复杂应力状态下的屈服

前面已详细提及聚合物的拉伸和压缩屈服应力是不相同的。Whitney 和 Andrews 研究了聚苯乙烯、聚甲基丙烯酸甲酯、聚碳酸酯和聚乙烯醇缩甲醛的屈服行为(图 12-10)。由图可知,采用适合普通金属的 Mises 或 Tresca 准则是不合适的,可选用 Mohr-Coulomb 准则。Mohr-Coulomb 准则可简单地写成

$$\frac{1}{2}(\sigma_1 - \sigma_2) + \frac{1}{2}(\sigma_1 + \sigma_2)\sin\varphi = \tau_c\cos\varphi \tag{12-8}$$

式中,φ 和 τ_c 由实验确定。设 σ_t 和 σ_c 分别为拉伸和压缩时屈服应力的绝对值,由上式知

$$\sin\varphi = (\sigma_c - \sigma_T)/(\sigma_c + \sigma_T), \tau_c = \sqrt{\sigma_T\sigma_c/2}$$

另一可选用的准则是修正的 Mises 准则,它是 Mohr-Coulomb 不对称六角形的外接椭圆,即

$$\sigma_1^2 + \sigma_3^2 - \sigma_1\sigma_3 + (\sigma_1 + \sigma_3)(\sigma_c - \sigma_T) = \sigma_c\sigma_T \tag{12-9}$$

实验表明,修正的 Mises 准则和实验符合得更好。

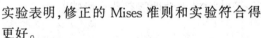

图 12-10 聚苯乙烯在 $\sigma_1\sigma_3$ 平面内的屈服
①单轴拉伸;②单轴压缩;③扭转;④双轴拉伸;⑤双轴压缩

对于取向聚合物,力学性质是各向异性的,需要采各向异性体的屈服理论。

12.3.5 疲劳

由于聚合物是粘弹性材料,在循环载荷下将产生可观的能量耗散,同时因聚合物是热的不良导体,所以在裂尖处产生显著的温升;例如有试验报导,在应力强度因子变化范围 $\Delta K_I = 3.2\,\mathrm{MPa}\sqrt{\mathrm{m}}$ 作用下,高抗冲尼龙裂纹尖端温度上升约 $100\,\mathrm{℃}$,这就影响到材料的变形方式。

在疲劳断口上通常出现两种条纹形态。一种是疲劳纹,纹间间距约 $10\,\mu\mathrm{m}$,对应每一周期交变应力作用的疲劳纹的扩展,在周期应力达极大值的瞬间,裂纹尖端银纹根部张开位移最大,产生断裂,随后裂纹和银纹以相同的速度向前扩展一个疲劳纹间距,这一间距通常小于银纹区长度。另一种是斑纹,纹间间距约 $50\,\mu\mathrm{m}$;在交变应力周期数达到一定值时,裂纹会产生一次突跃而形成斑纹结构,例如有实验指出,在 $0.6\,\mathrm{Hz}$ 的低频作用下,聚氯乙烯试样大约需 370 周后才突跃一次。实验表明,低相对分子质量和低应力水平有利于形成斑纹,而高相对分子质量和高应力水平有利于一形成疲劳纹。

聚合物疲劳裂纹扩展速率 $\mathrm{d}a/\mathrm{d}N$ 和应力强度因子幅 ΔK_{I} 的关系,一般服从 Paris 公式

$$\mathrm{d}a/\mathrm{d}N = A\Delta K_{\mathrm{I}}^{n} \tag{12-10}$$

式中,A 和 n 是依赖于温度、加载频率和平均应力等的材料常数。图 12-11 给出部分聚合物 $\mathrm{d}a/\mathrm{d}N \sim \Delta K_{\mathrm{I}}$ 的关系曲线。

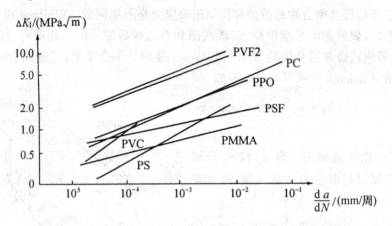

图 12-11 部分聚合物疲劳裂纹扩展速率 $\mathrm{d}a/\mathrm{d}N$ 与 ΔK_{I} 的关系

习 题

1. 聚合物存在哪几种力学状态? 为什么在不同温度范围内会产生力学状态的转变?
2. 什么是时-温等效原理? 试根据高聚物的结构特点,分析其产生的原因。
3. 聚合物的力学性能都有哪些特点? 其分子结构对力学性能有什么影响?

第十三章 陶瓷材料的力学性能

陶瓷材料的化学键大都为离子键和共价键,键合牢固并有明显的方向性,同一般的金属相比,其晶体结构复杂而表面能小,因此,它的强度、硬度、弹性模量、耐磨性、耐蚀性及耐热性比金属优越,但塑性、韧性、可加工性、抗热震性及使用可靠性却不如金属,因此了解陶瓷的性能特点及其控制因素,不论是对研究开发,还是使用、设计都是十分重要的。

13.1 陶瓷材料的弹性性能

13.1.1 陶瓷材料的弹性模量

陶瓷材料为脆性材料,在室温下承载时几乎不能产生塑性变形,而在弹性变形范围内就产生断裂破坏,因此,其弹性性质就显得尤为重要。与其他固体材料一样,陶瓷的弹性变形可用虎克定律来描述。

陶瓷的弹性变形实际上是在外力的作用下原子间距由平衡位产生了很小位移的结果。这个原子间微小的位移所允许的临界值很小,超过此值,就会产生键的断裂(室温下的陶瓷)或产生原子面滑移塑性变形(高温下的陶瓷)。弹性模量反映的是原子间距的微小变化所需外力的大小。影响弹性模量的重要因素是原子间结合力,即化学键。表 13.1 给出一些陶瓷在室温下的弹性模量。

表 13.1 陶瓷的弹性模量数据

材料	E/GPa	材料	E/GPa	材料	E/GPa
金刚石	1 000	玻璃	35～45	SiO_2	94
WC	400～650	C_f	250～450	NaCl,LiF	15～68
TaC	310～550	AlN	310～350	$MgAl_2O_3$	240
WC-Co	400～530	$MgO \cdot SiO_2$	90	BN	84
NbC	340～520	Al_2O_3	390	MgO	250
SiC	450	BeO	380	多日石墨	10
ZrO_2	160～241	TiC	379	TiO_2	29
莫来石	145	Si_3N_4	220～320	$MgAl_2O_4$	240

13.1.2 弹性模量的影响因素

1.温度对弹性模量的影响

由于原子间距及结合力随温度的变化而变化,所以弹性模量对温度变化很敏感。当温度升高时,原子间距增大,由 d_0 变为 d_t(如图 13-1),而 d_t 处曲线的斜率变缓,即弹性模量降低。因此,固体的弹性模量一般均随温度的升高而降低。图 13-2 给出一些陶瓷的弹性模量随温度的变化情况,一般来说,热膨胀系数小的物质,往往具有较高的弹性模量。

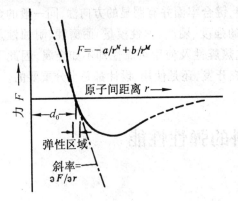

图 13-1 原子结合力示意图

2.弹性模量与熔点的关系

物质熔点的高低反映其原子间结合力的大小,一般来说,弹性模量与熔点成正比例关系。例如,在 300 K 下,弹性模量 E 与熔点 T_m 之间满足如下关系

$$E = \frac{100\,kT_m}{V_a} \qquad (13\text{-}1)$$

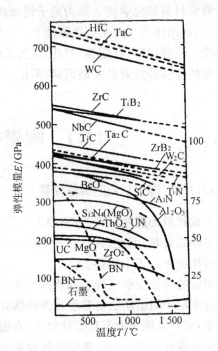

图 13-2 温度对弹性模量的影响

式中,V_a 为原子体积或分子体积。图 13-3 为由 Frost 与 Ashby 总结出的 E 与 kT_m/V_a 之间的关系图,可以看出,它们符合良好的线性关系。不同种类的陶瓷材料弹性模量之间大体上有如下关系:氧化物<氮化物≈硼化物<碳化物。

3.弹性模量与材料致密度的关系

陶瓷材料的致密度对其弹性模量影响很大,弹性模量 E 与气孔率 p 之间满足下面关系式

$$E = E_0(1 - f_1 p + f_2 p^2) \qquad (13\text{-}2)$$

式中,E_0 为气孔率为 0 时的弹性模量,f_1 及 f_2 为由气孔形状决定的常数。Mackenzie 求出当气孔为球形时,$f_1 = 1.9$,$f_2 = 0.9$。图 13-4 给出 Al_2O_3 陶瓷的弹性模量随气孔率的变化及某些理论计算值的比较。Frost 指出,弹性模量与气孔率之间符合指数关系。

$$E = E_0 \exp(-Bp) \qquad (13\text{-}3)$$

式中，B 为常数。

总之，随着气孔率的增加，陶瓷的弹性模量急剧下降。

13.1.3 复合材料的弹性模量

由于弹性模量决定于原子间结合力，即与原子种类及化学键类型有关，所以弹性模量对显微组织并不敏感，一旦材料种类确定，则通过热处理等工艺来改变弹性模量是极为有限的。但对由不同组元构成的复合材料的弹性模量来说，由于各组元的弹性模量不同，因而，复合材料的弹性模量随各组元的含量不同而改变。在二相系统中，总的模量可以用混合定律来描述。图 13-5 给出两相层片相间的复合材料三明治结构模型图。Voigt 模型假定两相应变相同即平行层面拉伸时，复合材料的模量为

$$E_L = E_1 \varphi_1 + E_2 \varphi_2 \qquad (13-4)$$

式中，φ_2 为模量为 E_2 的相的体积分数，E_1 为另一相的模量。对其他的模量(G,K)，也可以写出类似的关系式。在这种情况下，大部分作用应力由高模量相承担。

Reuss 模型假定各相的应力相同，即垂于层面拉伸时，给出复合材料模量 E_T 的表达式

$$E_T = \frac{E_1 E_2}{E_1 \varphi_2 + E_2 \varphi_1} \qquad (13-5)$$

对其他模量同样也可以写出类似的关系式。符号 E_L 和 E_T 分别表示复合材料弹性模量的上限和下限值。Hashin 和 Shtrikma 也曾确定出二相复合材料模量的上下限，而且比上述两个界限之间范围窄得多，且不包括关于相的几何形状的任何特殊假设。图 13-6 给出了 Voigt 及 Reuss 表达式的计算值与 Hashin 及 Shtrikman 的上下限值及其与 WC-Co 系统试验数据的比较。图中的数据是经归一化处理的，从中可看出，Hashin-Shtrikman 界限比 Voigt 与 Reuss 表达式更符合试验数据。实际上用混合定律是不能准确描述复合材料的弹性模量的。其原因在于，等应力与等应变的假定是不完全合理的。而实际复合材料是处在二者之间的状态，所以试验数据落在这两个界限之间。

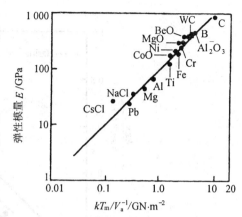

图 13-3　弹性模量与 kT_m/V_a 之间的关系

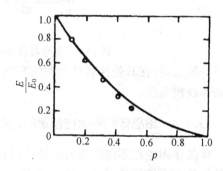

图 13-4　气孔率对弹性模量的影响

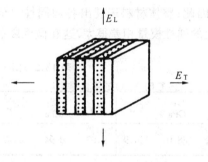

图 13-5　三明治结构复合材料示意图

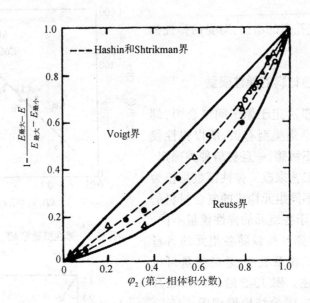

图 13-6　复合材料弹性模量计算值与试验值的对比

一般来讲,在其他性能允许的情况下,可以通过在一定范围内调整两相比例来获得所需的弹性模量值。

13.1.4　单晶体陶瓷弹性模量的各向异性

单晶体陶瓷在不同的晶向上往往具有不同的弹性模量。表 13.2 给出 MgO 及石墨的弹性模量各向异性的例子。表中 S 为弹性柔度系数,C 为刚度系数。表 13.3 给出各向同性材料各弹性模量及泊松比之间的关系。一般的陶瓷材料都是由很小的晶粒组成的多晶体,因此,整体材料表现出各向同性。但像 MgO 这种对称性高的晶体,其不同晶体学方向上的弹性模量相差很大,这在微观断裂力学分析时是要特别注意的。

表 13.2　MgO 与石墨的弹性常数

25 ℃时 MgO 的弹性常数

C_{11}	C_{12} GPa	C_{44}	S_{11}	$-S_{12}$ MPa	S_{44}
289.2	88.0	154.9	4.03	0.94	6.47

25 ℃时 MgO 弹性常数的各向异性

结晶方位	E/GPa	G/GPa
⟨100⟩	248.2	154.6
⟨110⟩	316.4	121.9
⟨111⟩	348.9	113.8

石墨单晶的弹性常数

刚度系数/GPa	柔度系数/10^{-3}GPa^{-1}
$C_{11} = 1\,060 \pm 20$	$S_{11} = 0.98 \pm 0.03$
$C_{12} = 180 \pm 20$	$S_{12} = -0.16 \pm 0.06$
$C_{13} = 15 \pm 5$	$S_{13} = -0.33 \pm 0.08$
$C_{33} = 36.5 \pm 1.0$	$S_{33} = 27.5 \pm 1.0$
$C_{44} = 4.5$	$S_{44} = 240$

表 13.3　各向同性物质弹性常数之间的关系

	E, ν	G, ν	E, G	G, K
拉伸弹性模量 E	E	$2(1+\nu)G$	E	$\dfrac{9KG}{3K+G}$
剪切弹性模量 G	$\dfrac{E}{2(1+\nu)}$	G	G	G
体积弹性模量 K	$\dfrac{E}{3(1-2\nu)}$	$\dfrac{2G(1+\nu)}{3(1-2\nu)}$	$\dfrac{G \cdot E}{3(3G-E)}$	K
泊松比 ν	ν	ν	$\dfrac{E}{2G}-1$	$\dfrac{3K-2G}{6K+2G}$

13.2 陶瓷材料的强度及其影响因素

陶瓷材料在室温下几乎不能产生滑移或位错运动,因而很难产生塑性变形,因此其破坏方式为脆性断裂。一般陶瓷材料在室温下的应力-应变曲线如图 13-7 中 1 曲线的所示,即在断裂前几乎没有塑性变形。因此陶瓷材料室温强度测定只能获得一个断裂强度 σ_f 值。而金属材料则可获得屈服强度 σ_s 或 $\sigma_{0.2}$ 和极限强度 σ_b(见图 13-7 中 2,3 曲线)。

由此可知,陶瓷材料的室温强度是弹性变形抗力,即当弹性变形达到极限程度而发生断裂时的应力可采用金属材料的断裂强度计算公式进行计算。强度与弹性模量及硬度一样,是材料本身的物理参数,它决定于材料的成分及组织结构,同时也随外界条件(如温度、应力状态等)的变化而变化。

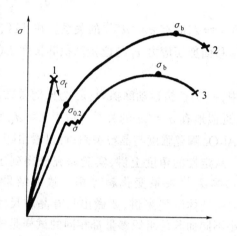

图 13-7 陶瓷与金属的应力-应变曲线类型

13.2.1 影响强度的因素

陶瓷材料本身的脆性来自于其化学键的种类,实际陶瓷晶体中大都以方向性较强的离子键和共价键为主,多数晶体的结构复杂,平均原子间距大,因而表面能小。因此,同金属材料相比,在室温下开动的滑移系几乎没有,位错的滑移、增殖很难发生。因此很容易由表面或内部存在的缺陷引起应力集中而产生脆性破坏。这是陶瓷材料脆性的原因所在,也是其强度值分散性较大的原因所在。

1.气孔率对强度的影响

气孔是绝大多数陶瓷的主要组织缺陷之一,气孔明显地降低了载荷作用横截面积,同时气孔也是引起应力集中的地方(对于孤立的球形气孔,应力增加一倍)。有关气孔率与强度的关系式有多种提案,其中最常用的是 Ryskewitsch 提出的经验公式

$$\sigma = \sigma_0 \exp(-\alpha p) \qquad (13\text{-}6)$$

式中,p 为气孔率,σ_0 为 $p = 0$ 时的强度,α 为常数,其值在 $4 \sim 7$ 之间,许多试验数据与此式接近。根据此关系式可推断出当 $p = 10\%$ 时,陶瓷的强度就下降到无气孔时的一半。硬瓷的气孔率约为 3%,陶器的气孔率约为 $10\% \sim 15\%$。当材料成分相同,气孔率的

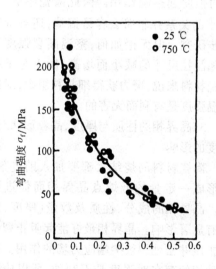

图 13-8 Al_2O_3 的强度与气孔率的关系

不同将引起强度的显著差异。图 13-8 示出 Al_2O_3 陶瓷的弯曲强度与气孔率之间的关系。可以看出,试验与理论值符合较好。由上述可知,为了获得高强度,应制备接近理论密度的无气孔陶瓷材料。

2.晶粒尺寸对强度的影响

陶瓷材料的强度与晶粒尺寸的关系与金属有类似的规律,也符合 Hall-Petch 关系式

$$\sigma_f = \sigma_0 + kd^{-1/2} \tag{13-7}$$

式中,σ_0 为无限大单晶的强度,k 为系数,d 为晶粒直径。如图所示,σ_f 与 $d^{-1/2}$ 的关系曲线分为两个区域,但在两区域内都成直线关系。在 I 区,符合式(13-10)的关系,即

$$\sigma_f = \frac{1}{Y}\sqrt{2E\gamma^*/c} \tag{13-8}$$

此时 $c \approx d$,故有 $\sigma_f \propto d^{-1/2}$ 的关系。在 II 区,符合由金属中位错塞积(pile-up)模型推导出的滑移面剪切应力 τ_i 与位错塞积群长度 L(与晶粒 d 大小有关)之间的关系式

$$\tau_i = \tau_0 + k_s L^{-1/2} \tag{13-9}$$

式中,τ_0 为位错运动摩擦力;k_s 为比例常数,它与裂纹形成时的表面能有关,对多晶体来说,近似地有 $\sigma_i = 2\tau$ 的关系。由于 $L \propto d$,所以有 $\sigma_f \propto d^{-1/2}$ 的比例关系。图 13-9 给出多晶 Al_2O_3 陶瓷强度与晶粒关系;可以看出随 d 的减小强度均显著提高。

从定性的角度上讲,实验研究已得到了与 $\sigma_f \propto d^{-1/2}$ 关系变化趋势相一致的结果。但对烧结体陶瓷来讲,要做出只有晶粒尺寸大小不同而其他组织参量都相同的试样是非常困难的,因此往往其他因素与晶粒尺寸同时对强度起影响作用。因此陶瓷中的 σ_f 与 $d^{-1/2}$ 的关系并非那么容易搞清,还有待于进一步研究。但无论如何,室温断裂强度无疑地随晶粒尺寸的减小而增高,所以对于结构陶瓷材料来说,努力获得细晶粒组织,对提高室温强度是有利而无害的。

3.晶界相的性质与厚度、晶粒形状对强度的影响

陶瓷材料的烧结大都要加入助烧剂,因此形成一定的低熔点晶界相而促进致密化。晶界相的成分、性质及数量(厚度)对强度有显著影响。晶界相最好能起阻止裂纹过界扩展并松弛裂纹尖端应力场的作用。晶界玻璃相的存在对强度是不利的,所以应通过热处理使其晶化。对单相多晶陶瓷材料,晶粒形状最好为均匀的等轴晶粒,这样承载时变形均匀而不易引起应力集中,从而使强度得到充分发挥。

综上所述,高强度单相多晶陶瓷的显微组织应符合如下要求:①晶粒尺寸小,晶体缺

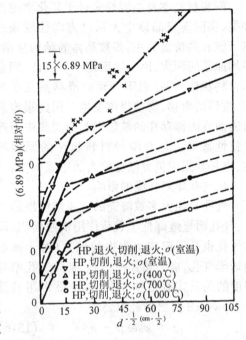

图 13-9 多晶 Al_2O_3 强度与晶粒尺寸之间的关系

陷少;②晶粒尺寸均匀、等轴,不易在晶界处引起应力集中;③晶界相含量适当,并尽量减少脆性玻璃相含量,应能阻止晶内裂纹过界扩展,并能松弛裂纹尖端应力集中;④减小气孔率,使其尽量接近理论密度。

4. 温度对强度的影响

陶瓷材料的一个最大的特点就是高温强度比金属高得多。未来汽车用燃气发动机的预计温度为 1 370 ℃,这样的工作温度,N$_i$、Cr、Co 系的超耐热合金已无法承受,但 Si$_3$N$_4$、SiC 陶瓷却大有希望。

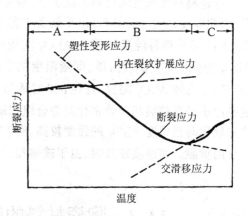

图 13-10 陶瓷的断裂应力与温度的依赖关系示意图

当温度 $T < 0.5 T_m$(T_m 为熔点)时,陶瓷材料的强度基本保持不变,当温度高于 $0.5 T_m$ 时才出现明显的降低。Brown 等人提出图 13-10 所示的强度的变化曲线,可以看出整个曲线可分为三个区域。在低温 A 区,断裂前无塑性变形,陶瓷的断裂主要决定于试样内部既存缺陷(裂纹、气孔等)引起裂纹的扩展,为脆性断裂,其断裂应力为

$$\sigma_f = \frac{1}{Y} \sqrt{2E' \gamma^* / c} \qquad\qquad (13-10)$$

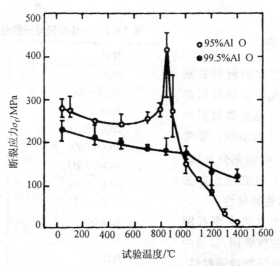

图 13-11 两种纯度的 Al$_2$O$_3$ 的强度随温度的变化

式中,E、γ^* 及 c 等参数对温度不敏感,所以在 A 区 σ_f 随温度升高变化不大;在中间温度 B 区,由于断裂前产生塑性变形,因而强度对既存缺陷的敏感性降低,断裂受塑性变形控制,σ_f 随温度的上升而有明显的降低。此时的断裂应力受位错塞积机制控制,即 $\sigma_f = \sigma_0 + kd^{-1/2}$;当温度进一步升高时(C 区),二维滑移系开动,位错塞积群中的一部分位错产生

错的交叉滑移随温度的升高而变得活跃,由此而产生的对位昏塞积群前端应力的松弛作用就越发明显。所以在此区域内,断裂应力有随温度的升高而上升的趋势。图 13-10 给出的是陶瓷材料的强度随温度变化关系的一般趋势。并非对所有的陶瓷材料都符合很好,也并非对所有陶瓷材料 A、B、C 三个区都出现。

陶瓷材料的强度随材料的纯度、微观组织结构因素及表面状态(粗糙度)的变化而变化,因此即使是同一种材料,由于制备工艺不同,其 σ_f 及其随温度的变化关系也有差异。图 13-11 示出两种纯度不同的 Al_2O_3 陶瓷的强度随温度的变化关系曲。可以看出高纯 Al_2O_3 的强度变化比较简单,即随温度的升高单调下降。而低纯 Al_2O_3 陶瓷的强度在低温下高于高纯 Al_2O_3 陶瓷,且在 800 ℃ 附近出现峰值,温度在 800 ℃ 以上强度急剧下降。这是由于晶界玻璃相对致密化及愈合组织缺陷产生有利作用,因此在较低温度下玻璃相尚未软化时低纯度 Al_2O_3 的强度较高,800 ℃ 时出现的强度峰值是由于晶界玻璃相产生晶化的贡献。当温度较高时,由于玻璃相软化而使强度急剧下降。

13.3　陶瓷材料的断裂韧性与热抗震性

如前所述,陶瓷材料在室温下甚至在 $T/T_m \leqslant 0.5$ 的温度范围很难产生塑性变形,因此其断裂方式为脆性断裂,所以陶瓷材料的裂纹敏感性很强。基于陶瓷的这种特性可知,断裂力学性能是评价陶瓷材料力学性能的重要指标,同时也正是由于这种特性,其断裂行为非常适合于用线弹性断裂力学来描述。常用来评价陶瓷材料韧性的断裂力学参数就是断裂韧性(K_{IC})。

13.3.1　断裂韧性

表 13.4 给出一些陶瓷材料的断裂韧性值,并附常用几种金属材料的断裂韧性以作对比,可见金属材料的 K_{IC} 值比陶瓷的高一个数量级。要考虑使陶瓷材料的特长得到充分发挥,扩大在实际中的应用,就必须想办法大幅度提高和改善陶瓷的韧性。

改善陶瓷韧性的方法主要有两种:一是增加陶瓷中的玻璃相,以缓冲裂纹的扩展速率;二是添加增强材料,如颗粒增强材料和纤维增强材料等,以阻止裂纹的扩展。在实际应用中经常采用的是第二种方法,特别是晶须增强陶瓷材料的应用最为广泛。

表 13.4　一些陶瓷与一些金属断裂韧性值的比较

材料	$K_{IC}/(MPa \cdot m^{\frac{1}{2}})$
Al_2O_3	4~4.5
$Al_2O_3-ZrO_2$	4~4.5
ZrO_2	1~2
$ZrO_2-Y_2O_3$	6~15
ZrO_2-CaO	8~10
ZrO_2-MgO	5~6
ZrO_2-CeO_2	~35
Si_3N_4	5~6
SiAlON	5~7
SiC	3.5~6
B_4C	5~7
马氏体时效钢	100
Ni-Cr-Mo 钢	45
Ti6Al4V	40
7075 铝合金	50

13.3.2 陶瓷材料的抗热震性

大多数结构陶瓷材料在生产和使用过程中都处于高温状态。因此,不可避免地受到温度变化的影响。材料经受温度聚变而不致破坏的能力称之为抗热震性或热稳定性。热震破坏分两大类:一类是瞬时断裂,称为热冲击断裂;另一类是在势冲击循环作用下,材料首先出现开裂、剥落,然后碎裂或变质,最后整体损坏,称为势震损伤,这里包含逐步退化过程。

陶瓷材料的抗热震能力是其力学性能和热学性能对应于各种受热条件的综合表现。材料的力学参数,如强度、断裂韧性等表征对热震破坏的抗力,而各种热环境下引起的热应力是热震破坏的动力。目前有两种观点来评价陶瓷的抗热震性:一种是基于热弹性理论,当热震温差引起的热应力超过材料的断裂应力时,导致材料瞬时断裂;另一种是基于断裂力学的概念,当热应力引起的储存于材料中的应变能足以支付裂纹扩展所需的新生表面能时,裂纹就扩展。

下面,我们以陶瓷材料的热应力和断裂强度之间的平衡为判据,分析材料在变温过程中所允许的最大温差和变温速率,简要说明在各种热震条件下,表征陶瓷材料的抗热震参数。在受热或冷却过程中,陶瓷材料出现温度梯度。在一般情况下,最大热应力 σ_{Hmax} 是多种参数的函数

$$\sigma_{Hmax} = f(m)\varphi(H)\psi(S)P(T) \tag{13-11}$$

其中,m 为材料特征参数,诸如力学、热学性能;H 为热处理条件,如气、液环境介质;S 为试样几何因子;T 为与温度有关的参数,如温度、变温速率、热通量、辐射温度等。对于几何形状和热处理条件相同的热震试验,$\varphi(H)$ 和 $\psi(S)$ 可视为常数,于是上式简化为

$$\sigma_{Hmax} = f(m)P(T) \tag{13-12}$$

当 σ_{Hmax} 随温度函数 $P(T)$ 的变化而达到材料的断裂强度 σ_f 时,相应的温度函数称为临界温度涵数 $P(T)_c$。由上式得

$$P(T)_c = \sigma_f/f(m) \text{ 或 } P(T)_c = F(m)\sigma_f \tag{13-13}$$

临界温度函数是陶瓷材料抗热震断裂的量度。它借助于材料的力学和热学性能参数来描述,称之为抗热震参数 R。在急剧受热或冷却条件下,临界温度函数 $P(T)_c$ 就是引起临界热应力的临界温度差 ΔT_c,当一均匀试样从高温 T_1 状态下立即抛入低温 T_0 的介质中时,其表面瞬时收缩率为 $\alpha(T_0 - T_1)$。然而,由于保持原温度的内层并未收缩,于是表面层受到来自内层的张力为 $-E\alpha(T_0 - T_1)/(1-\nu)$,其中泊松比项 $(1-\nu)$ 的引入是考虑多向应变导致的热应力。由此可得在急剧受热或冷却条件下,热震参数 R 为

$$R = \Delta T_c = \frac{1-\nu}{E\alpha}\sigma_f \tag{13-14}$$

在缓慢受热或冷却条件下,构件越接近外层则受热或冷却速率越快,而中心较小,这取决于构件的几何形状和热处理条件。在某一瞬间,构件内任一点应力取决于该点温度与构件内平均温度的差值。这时,热震参数也是临界温度差,可表示为

$$R' = \Delta T_c = \frac{Ak(1-\nu)}{E\alpha}\sigma_f = AkR \tag{13-15}$$

其中，A 是与构件几何形状和热处理条件相关的常数；k 为热传导率。

当构件表面以恒定速率 $\varphi = \mathrm{d}T/\mathrm{d}t$ 进行加热或冷却时，对于一些简单构件的表面应力可用下式表示

$$\sigma_H = \frac{E\alpha}{1-\nu} \frac{\varphi \gamma_m^2}{n(k/\rho C_p)} \tag{13-16}$$

其中，ρ 为材料密度；C_p 为比热容；$k/\rho C_p$ 为导温系数，表征在温度变化过程中材料内部各点趋于均匀的能力；n 是构件几何形状相关参数；γ_m 是结构尺寸参数。在恒速受热或冷却条件下，热震参数是临界变温速率 φ_c，即

$$R' = \varphi_c = \frac{Ak}{\rho C_p} R \tag{13-17}$$

总之，根据热震条件不同，用以表征材料抗热震的参数亦不同。上述抗热震参数的共同特点是，随材料强度和热传导率的提高而增大，随着弹性模量和热膨胀系数的增加而降低。此外，提高材料的密度和比热容亦削弱材料的抗热震能力。表 13.5 列出一些陶瓷材料的力学及热学性能及其相应的抗热震参数 R 和 R'。

从陶瓷的生产工艺出发，人们更关心的是材料所能容忍的最大升温和冷却速率，由式 (13-16) 可得临界变温速率表达式为

$$\varphi_c = \frac{1-\nu}{\alpha E}\left(\frac{k}{\rho C_p}\right)\left(\frac{\eta}{\gamma_m^2}\right)\sigma_f \tag{13-18}$$

表 13.5　某些陶瓷材料的抗热震参数 R 和 R'

材料	抗弯强度 σ_f $\dfrac{}{MN \cdot m^2}$	弹性模量 E $\dfrac{}{GN \cdot m^2}$	热膨胀系数 α $\times 10^{-6} K^{-1}$	泊松比	热导率 (500℃) $\dfrac{}{(kW \cdot m^{-1} \cdot K^{-1})}$	$R = \dfrac{1-\nu}{E\alpha}\sigma_f$ $\dfrac{}{K}$	$R' = \dfrac{Ak(1-\nu)}{E\alpha}\sigma_f$ $\dfrac{}{(kW \cdot m^{-1})}$
热压 Si_3N_4	850	310	3.2	0.27	17	625	11
反应烧结 Si_3N_4	240	220	3.2	0.27	15	250	3.7
反应烧结 SiC	500	410	463	0.24	84	215	18
热压 Al_2O_3	500	400	9.0	0.27	8	100	0.8
热压 BeO	200	400	8.5	0.34	63	40	2.4
烧结 WC($6w\%$ CO)	1 400	600	4.9	0.26	86	350	30

由此可见，当构件几何尺寸 γ_m 较大时，为保证升、降温过程中的安全，须用较小的变温速率。

习　题

1. 陶瓷材料的熔点和致密度对弹性模量有什么影响？
2. 陶瓷材料为什么具有较大的脆性和强度分散性？试分析影响其强度的主要因素。
3. 为什么要对陶瓷材料进行增韧？应从哪两个方面入手？有哪两个主要途径？
4. 什么是陶瓷材料的抗热震性？产生热震破坏的动力是什么？破坏形式有哪几类？

第十四章　混凝土的力学性能

混凝土是以水泥为主要胶结材料,拌合一定比例的砂、石和水,有时还加入少量的各种添加剂,经过搅拌、注模、振捣、养护等程序后,逐渐凝固硬化而成的人工混合材料。各组成材料的成分、性质和相互比例,以及制备和硬化过程中的各种条件和环境因素,都对混凝土的力学性能有不同程度的影响。所以,混凝土比其他单一性结构材料(如钢、木等)具有更为复杂多变的力学性能。

14.1　一般受力破坏机理

混凝土在结构中主要用作受压材料,最简单的单轴受压状态下的破坏过程最有代表性。详细地了解其破坏机理对于理解混凝土质量和结构性能等都有重要意义。

混凝土一直被认为是"脆性"材料,无论是受压还是受拉状态,它的破坏过程都是短暂、急骤,肉眼不可能仔细地观察到其内部的破坏过程。现代科学技术的高度发展,为材料和结构试验提供了先进的加载和量测手段。现在已经可以比较容易地获得混凝土受压和受拉的应力-应变全曲线,还可采用超声波检测仪、X光摄影仪、电子显微镜等多种精密测试仪器,对混凝土的微观构造在受力过程中的变化情况加以详尽的研究。

一些试验观测证明,结构混凝土在承受荷载或外应力之前,内部就已经存在少量分散的微型缝,其宽度一般为$(2\sim5)\times10^{-3}$ mm,最大长度达 $1\sim2$ mm。其主要原因是在混凝土的凝固过程中,粗骨料和水泥砂浆的收缩差和不均匀温湿度场所产生的微观应力场,由于水泥砂浆和粗骨料表面的粘结强度只及该砂浆抗拉强度的 35% ~65%,而粗骨料本身的抗拉强度远超过水泥砂浆的强度。故当混凝土内微观拉应力较大时,首先在粗骨料的界面出现微裂缝,称界面粘结裂缝。

混凝土受力之后直到破坏,其内部微裂缝的发展过程也可在试验过程中清楚地观察到,图 14-4 就是一组试件在不同荷载阶段时的观测结果。该试验采用方形板式试件(127 mm×127 mm×12.7 mm),既接近理想的平面应力状态,又便于在加载过程中直接获得裂缝的 X 光信息。试件用两种材料制作。理想试件用 3 种不同直径的圆形骨料(厚 12.7 mm)随机地埋入水泥砂浆(见图),另一种为真实混凝土试件。两种试件的受力过程和观测结果相同,前者更具典型性。

试验证实了混凝土在受力前就存在初始微裂缝,且都出现在较大粗骨料的界面。开始受力后直到极限荷载(σ_{max}),混凝土的微裂缝逐渐增多和扩展的过程,可以分作 3 个阶段。

(1)微裂缝相对稳定期(σ/σ_{max}<0.3~0.5)

这时混凝土的压应力较小,虽然有些微裂缝的尖端因应力集中而沿界面略有发展,也有些微裂缝和间隙因受压而有些闭合,对混凝土的宏观变形性能无明显变化。即使荷载的多次重复作用或者持续较长时间,微裂缝也不会有大的发展,残余变形很小。

(2)稳定裂缝发展期(σ/σ_{max}<0.75~0.9)

混凝土的应力增大后,原有的粗骨料界面裂缝逐渐延伸和增宽,其他骨料界面又出现新的粘结裂缝。一些界面裂缝的伸展,渐次地进入水泥砂浆,或者水泥浆中原有的缝隙处的应力集力将砂浆拉断,产生少量微裂缝。这一阶段,混凝土内微裂缝发展较多,变形增长较大。但是,当荷载不再增大,微裂缝的发展亦将停滞,裂缝形态保持基本稳定。故荷载长期作用下,混凝土的变形将增大,但不会提前破坏。

(3)不稳定裂缝发展期(σ/σ_{max}>0.75~0.9)

混凝土在更高的应力作用下,粗骨料的界面裂缝突然加宽和延伸,大量地进入水泥砂浆;水泥砂浆中的已有裂缝也加快发展,并和相邻的粗骨料界面裂缝相连。这些裂缝逐个连通,构成大致平行于压应力方向的连续裂缝,或称纵向劈裂裂缝。若混凝土中部分粗骨料的强度较低,或有缺陷,也可能在高应力下发生骨料劈裂。这一阶段的应力增量不大,而裂缝和变形迅速增大。即使应力维持常值,裂缝仍将继续发展。纵向的通缝将试件分隔成数个小柱体,导致承载力下降而使混凝土最终破坏。

从对混凝土受压过程的微观现象的分析,其破坏机理可以概括为:首先是水泥砂浆沿粗骨料的界面和砂浆内部形成微裂缝;应力增大后这些微裂缝逐渐地延伸和扩展,并连通成为宏观裂缝;砂浆的损伤不断积累,切断了和骨料的联系,混凝土的整体性遭受破坏而逐渐地丧失承载力。混凝土在其他应力状态,如受拉和多轴应力状态下的破坏过程也与此相似。

混凝土的强度远低于粗骨料本身的强度,当混凝土破坏后,其中的粗骨料一般无破坏的迹象,裂缝和破碎都发生在水泥砂浆内部。所以,混凝土的强度和变形性能在很大程度上取决于水泥砂浆的质量和密实性。任何改进和提高水泥砂浆质量的措施都能提高混凝土强度和改善结构的性能。

14.2 基本力学性能

14.2.1 抗压强度与变形

1. 立方体抗压强度

我国的国家标准规定标准试件为边长 150 mm 的立方体,试件的破坏荷载除以承压面积,即为混凝土的标准立方体抗压强度(f_{cu},N/mm²)。

试验机通过钢垫板对试件施加压力。由于垫板的刚度有限,以及试件内部和表层的受力状态和材料性能有差别,致使试件承压面上的竖向压应力分布不均匀(图 14-1(a))。同时,钢垫板和试件混凝土的弹性模量(E_s,E_c)和泊松比(ν_s,ν_c)值不等,在相同应力(σ)

作用下的横向应变不等($\nu_s\sigma/E_s < \nu_c\sigma/E$)。故垫板约束了试件的横向变形,在试件的承压面上作用着水平摩擦力(图14-1(b))。

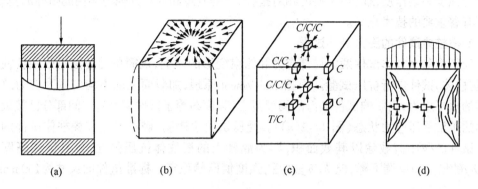

图14-1 立方体试件受压后的应力和变形
(a)承压面压应力分布 (b)横向变形和端面约束 (c)各点应力状态 (d)破坏形态

试件在承压面上这些竖向和水平力作用下,其内部必产生不均匀的三维应力场:垂直中轴线上各点为明显的三轴受压,四条垂直楞边接近单轴受压,竖向表面上各点为二轴受压或二轴压/拉,内部各点则为三轴受压或三轴压/拉应力状态(图14-1(c))。注意这里还是将试件看作是等向的匀质材料,若计及混凝土组成和材性的随机分布,试件的应力状态将更复杂,且不对称。

试件加载后,竖向发生压缩变形,水平向为伸长变形。试件的上、下端因受加载垫板的约束而横向变形小,中部的横向膨胀变形最大(图14-1(b))。随着荷载或者试件应力的增大,试件的变形逐渐加快增长。试件接近破坏前,首先在试件高度的中央、靠近侧表面的位置上出现竖向裂缝,然后往上和往下延伸,逐渐转向试样的角部,形成正倒相连的八字形裂缝(图14-1(d))。继续增加荷载,新的八字形缝由表层向内部扩展,中部混凝土向外膨胀,开始剥落,最终成为正倒相接的四角锥破坏形态。

当采用的试件形状和尺寸不同时,如边长100 mm或200 mm的立方体,$H/D = 2$的圆柱体,混凝土的破坏过程和形态虽然相同,但得到的抗压强度值因试件受力条件不同和尺寸效应而有所差别。对比试验给出的不同试件抗压强度的换算关系如表14.1所示。

表14.1 不同形状和尺寸试件的混凝土抗压强度相对值

混凝土试件	立方体			圆柱体($H = 300$ mm, $D = 150$ mm)				
	边长/mm			强度等级				
	200	150	100	C20 ~ C40	C50	C60	C70	C80
抗压强度相对值	0.95	1	1.05	0.80	0.83	0.86	0.875	0.89

混凝土立方试件的应力和变形状况,以及其破坏过程和破坏形态均表明,标准试验方法并未在试件中建立起均匀的单轴受压应力状态,由此测定的也不是理想的混凝土单轴抗压强度。当然,它更不能代表实际结构中应力状态和环境条件变化很大的混凝土真实

抗压强度。

虽然如此,混凝土的标准立方体抗压强度仍是确定混凝土的强度等级、评定和比较混凝土的强度和制作质量的最主要的相对指标,又是判定和计算其他力学性能指标的基础,因而有着重要的技术意义。

2.棱柱体试件的受力破坏过程

为了消除立方体试件两端局部应力和约束变形的影响,最简单的办法是改用棱柱体(或圆柱体)试件进行抗压试验。根据 San Vinent 原理,加载面上的不均匀垂直应力总和为零的水平应力,只影响试件端部的局部范围(高度约等于试件宽度),中间部分已接近于均匀的单轴受压应力状态(图 14-2(a))。受压试验也表明,破坏发生在棱柱体试件的中部。试件的破坏荷载除以其截面积,即为混凝土的棱柱体抗压强度,且随试件高度比(h/b)的增大而单调下降,但 $h/b \geqslant 3$ 后,强度值已趋稳定。标准试件的尺寸为150 mm × 150 mm × 300 mm。

在混凝土棱柱体试件的受压试验过程中量测试件的纵向和横向应变($\varepsilon, \varepsilon'$),就可以绘制受压应力-应变($\sigma$-$\varepsilon$)全曲线、割线或切线泊松比($\nu_s = \varepsilon'/\varepsilon$,$\nu_t = d\varepsilon'/d\varepsilon$)和体积应变($\varepsilon_v = \varepsilon - 2\varepsilon'$)曲线,其典型的变化规律如图 14-3。试验过程中还可以仔细地观察到试件的表面宏观裂缝的出现和发展过程,以及最终的破坏形态。

必须指出,混凝土棱柱体受压试件发生宏观斜裂缝破坏现象,只能在应力-应变曲线的下降段,且在应变超过峰值应变约二倍($\varepsilon > 2\varepsilon_p$)之后,属后期破坏形态。它只影响混凝土的残余强度和变形状况,对棱柱体强度 f_c 和应力-应变曲线的上升段不起作用。混凝土达到棱柱体抗压强度时,试件内部主要存在纵向裂缝或称劈裂裂缝,它们将试件分隔成离散的小柱体而控制其承载力。

3.主要抗压性能指标值

混凝土棱柱体试验是国内外进行最多的混凝土基本材性试验,发表的试验结果也最多。由于混凝土的原材料和组成的差异,以及试验量测方法的差异,给出的试验结果有一

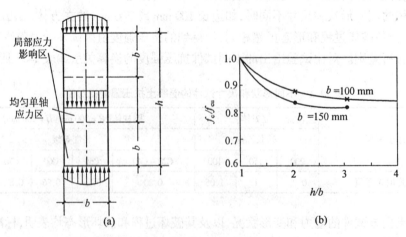

图 14-2　棱柱的抗压试验
(a)试件的应力区　　(b)试件高厚比的影响

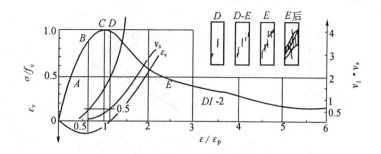

图 14-3　混凝土的受压变形和破坏过程

定的离散度。

（1）抗压强度

混凝土的棱柱体抗压强度随立方体强度单调增长,其比值的变化范围为

$$\frac{f_c}{f_{cu}} = 0.70 \sim 0.92 \tag{14-1}$$

强度等级(f_c)高者比值偏大。各研究人员给出多种计算式,例如表14.2,或者给出一个定值,一般在 $f_c/f_{cu} = 0.78$ 至 0.88 之间。各国设计规范中,出于结构安全度的考虑,一般取用偏低的值。例如,我国的设计规范给出的设计强度为 $f_c = 0.76 f_{cu}$。

表14.2　混凝土棱柱体抗压强度计算式

建议者	计 算 式	建议者	计 算 式	建议者	计 算 式
德国 Graf	$f_c = \left(0.85 - \dfrac{f_{cu}}{172}\right) f_{cu}$	前苏联 Гвоздев	$f_c = \dfrac{130 + f_{cu}}{145 + 3f_{cu}} f_{cu}$	中国	$f_c = 0.84 f_{cu} - 1.62$
					$f_c = 0.80 f_{cu}$

（2）极限应变

棱柱体试件达到极限强度 f_c 时的相应峰值应变 ε_p,虽然有稍大的离散度,但是随混凝土强度(f_c 或 f_{cu})而单调增长的规律十分明显(图14-4)。各国研究人员建议了多种经验计算式,如表14.3所示。当混凝土强度 $f_c = 20 \sim 100 \ N/mm^2$ 时,给出的关系式为

$$\varepsilon_p = \left(700 + 171.9 \sqrt{f_c}\right) \times 10^{-6} \tag{14-2}$$

式中,混凝土棱柱体抗压强度 f_c 的单位为 N/mm^2。

（3）弹性模量

弹性模量是材料变形性能的主要指标。混凝土的受压应力-应变曲线为非线性,弹性模量(或称变形模量)随应力或应变而连续地变化。在确定了应力-应变的曲线方程后,很容易计算所需的割线模量 $E_{c,s} = \sigma/\varepsilon$ 或切线模量 $E_{c,t} = d\sigma/d\varepsilon$。

有时,为了比较混凝土的变形性能,以及进行构件变形计算和引用弹性模量比作其他分析时,需要有一个标定的混凝土弹性模量值(E_c)。一般取为相当于结构使用阶段的工作应力 $\sigma = (0.4 \sim 0.5) f_c$ 时的割线模量值。

混凝土的弹性模量随其强度(f_{cu} 或 f_c)而单调增长,但离散度较大。弹性模量值的经

验计算式有多种(表 14.4),可供参考。

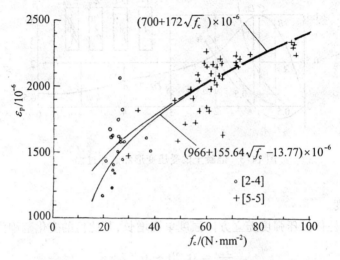

$(700+172\sqrt{f_c})\times10^{-6}$

$(966+155.64\sqrt{f_c}-13.77)\times10^{-6}$

○ [2-4]
+ [5-5]

图 14-4　峰值应变与棱柱体强度

表 14.3　混凝土受压峰值应变计算式

建议者	计算式 $\varepsilon_p/10^{-3}$
Ros	$\varepsilon_p = 0.546 + 0.002\ 291 f_{cu}$
Emperger	$\varepsilon_p = 0.232\sqrt{f_{cu}}$
Brandtzaeg	$\varepsilon_p = \dfrac{f_{cu}}{5.97 + 0.26 f_{cu}}$
匈牙利	$\varepsilon_p = \dfrac{f_{cu}}{7.9 + 0.395 f_{cu}}$
Saenz	$\varepsilon_p = (1.028 - 0.108\sqrt[3]{f_{cu}})\sqrt[4]{f_{cu}}$
林-王	$\varepsilon_p = 0.833 + 0.121\sqrt{f_{cu}}$

表 14.4　混凝土弹性模量的计算式

建议者	计算式 $E_c/\text{N/mm}^2$
CEB-FIP MC90	$E_c = \sqrt[3]{0.1 f_{cu} + 0.8} \times 2.15 \times 10^4$
ACI 318-77	$E_c = 4789\sqrt{f_{cu}}$
前苏联	$E_c = \dfrac{10^5}{1.7 + 3/f_{cu}}$
中国	$E_c = \dfrac{10^5}{2.2 + 33/f_{cu}}$

(4)泊松比

在开始受力阶段,泊松比值约为

$$\nu_s = \nu_t = 0.16 \sim 0.23 \tag{14-3}$$

一般取作 0.20。混凝土内部形成非稳定裂缝($\sigma > 0.8 f_c$)后,泊松比值飞速增长,且 $\nu_t > \nu_s$。

4. 偏心受压

在实际结构工程中,理想的轴心受压构件很少。即使是按轴心受压设计的构件,也会因偶然的横向荷载,支座条件不理想或施工制作的偏差等情况而出现截面弯矩。因此,一般构件均为偏心受压状态,压应力(应变)沿截面分布不均匀,或称存在应变(应力)梯度。显然,弯矩越大、或荷载偏心距越大,以及截面高度越小,则截面的应变梯度越大。

(1)试验方法

应变梯度对混凝土的强度和变形性能的影响,国内外设计了多种棱柱体的偏心受压试验加以研究。试验按照控制截面应变方法的不同分作三类(图 14-5):

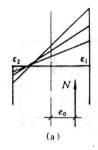 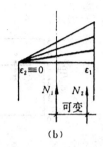 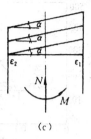

（a） （b） （c）

图 14-5 偏心受压试验的不同方法

(a)$e_0 = \text{const}$ (b)$\varepsilon_2 = 0$ (c)$\varepsilon_1 - \varepsilon_2 = \text{const}$

①等偏心距试验($e_0 = \text{const}$)

按预定偏心距确定荷载位置,一次加载直至试件破坏为止。试件的截面应变随荷载的增大而变化,应变梯度逐渐增大,中和轴因混凝土受压的塑性变形等原因而向荷载方向有少量移动。

②全截面受压,一侧应变为零($\varepsilon_2 \equiv 0$)

截面中心的主要压力(N_1)由试验机施加。偏心压力(N_2)由液压千斤顶施加,数值中调,使一侧应变为零。截面应分布始终成三角形,但应变梯度渐增。

③等应变梯度加载($\varepsilon_1 - \varepsilon_2 = \text{const}$)

试件由试验机施加轴力 N,在横向有千斤顶施加弯矩 M。试验时按预定应变梯度同时控制 N 和 M,使截面应变平行地增大,应变梯度保持为一常值。

(2)主要性能

上述试验给出的结果基本一致。今以试验量最多的等偏心距试验为例说明混凝土偏心受压的主要性能和一般规律。

极限承载力(N_p)和相应的最大应变(ε_{1p})　试件破坏时的极限承载力随荷载偏心距(e_0)的增大而降低(图 14-6(a)),但是均明显高出按线性应力图(弹性)计算的承载力

$$N_e = \frac{f_c bh}{1 + 6e_0/h} \tag{14-4}$$

上式表明混凝土塑性变形产生的截面非线性应力分布,有利于承载力的提高。

在极限荷载下,试件截面的最大压应变(ε_{1p})达 $3.0 \times 10^{-3} \sim 3.5 \times 10^{-3}$(图 14-6(b)),且随偏心距的变化并不大。此应变显著大于混凝土轴心受压的峰值应变 ε_p,说明此时的试件最外层已进入应力-应变曲线的下降段。

破坏形态　偏心距较小($e_0 < 0.15h$)的试件,当荷载达$(0.9 \sim 1)N_p$时,首先在最大受压区出现纵向裂缝。荷载超过峰值 N_p 进入下降段后,纵向裂缝不断延伸和扩展,并出现新的裂缝,形成一个三角形裂缝区。另一侧若是受拉,将出现横向受拉裂缝。对试件继续加载,在受压裂缝区的上部和下部出现斜向主裂缝。横向拉裂缝的延伸,减小了压区面积,当和压区裂缝汇合后,试件的上、下部发生相对转动和滑移,最后的破坏形态如图 14-7(b)。

偏心距较大($e_0 > 0.2h$)的试件,一开始加载,截面上就有拉应力区。当拉应变超过

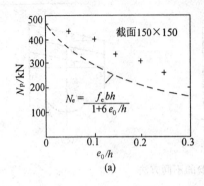
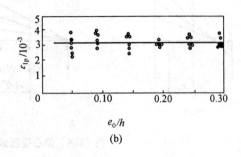

(a)   (b)

图 14-6   棱柱体偏心受压的试验结果

(a)极限承载力   (b)截面最大应变

混凝土的极限值,试件首先出现横向拉裂缝,并随荷载的增大而向压区延伸。接近限荷载时,靠近最大受压侧出现纵向裂缝。荷载进入下降段后,横向拉裂缝继续扩张和延伸,纵向受压裂缝也有较大扩展。最终,试件因压区面积缩小,破裂加剧,也发生上、下部的相对转动和滑移而破坏(图 14-7(c))。

所有试件的三角形受压破坏区,纵向长度约为横向宽度的二倍。压碎区的长度和面(体)积均随偏心距的增大、截面压区高度的减小而逐渐减小。

截面应变   试验中量测的荷载与截面外侧应变(ε_1 和 ε_2)的全曲线如图 14-8。荷载

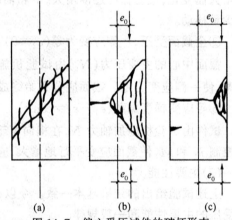

(a)   (b)   (c)

图 14-7   偏心受压试件的破坏形态

(a)中心受压   (b)$e_0 < 0.15h$ (c)$e_0 > 0.2h$

一侧压应变 ε_1 的全曲线与轴心受压试件的应力-应变全曲线形状相同。荷载对侧应变 ε_2 的变化则随试件的偏心距而异。$e_0 < 0.15h$ 的试件,ε_2 自始至终为受拉,其全曲线形状也与轴心受压应力-应变全曲线相似。

试验过程中,沿截面高度布置了变形传感器(标距长度大于试件截面高的二倍),量测到试件的平均应变,可绘制各级荷载作用下的截面应变分布图。几乎所有的试验结果都证明,无论荷载偏心距的大小,还是截面上是否有受拉区,从开始加载直至试件破坏,截面平均应变都符合平截面变形的条件。

中和轴位置的变化   由截面应变分布图很容易确定偏心受压试件的中和轴位置。刚开始加载,混凝土的应力很低时,截面中和轴位置接近于弹性计算的结果

$$\frac{x_e}{h} = 0.5 + \frac{h}{12e_0} \tag{14-5}$$

荷载增大($e_0 = \mathrm{const}$)后,混凝土的塑性菜和微裂缝逐渐发展,截面应力发生非线性重分布,中和轴向荷载一侧慢慢地漂移,压区面积减小。至极限荷载 N_p 时,中和轴移动

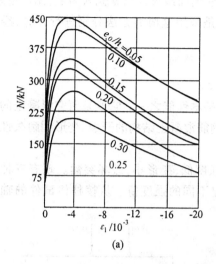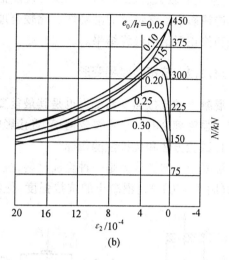

(a)　　　　　　　　　　　　　　　　(b)

图 14-8　偏心受压试件的荷载-应变全曲线[2-19]

(a)荷载一侧的压应变　　　(b)荷载对侧压应变

和距离可达 $(0.25 \sim 0.4)h$,如图 14-9。

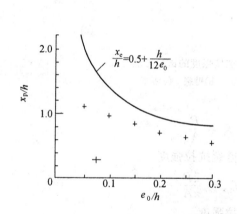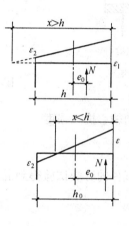

图 14-9　偏心受压试件的中和轴位置

　　在混凝土棱柱体的偏心受压试验中,虽然可以准确地确定荷载的数值和位置,并量测到截面的应变值和分布,但由于混凝土应力-应变的非线性关系,截面的应力分布和数值仍不得而知。故偏心受压情况下的混凝土应力-应变全曲线不能直接用试验数据绘制。

　　应力-应变曲线　为了求得混凝土的偏心受压应力-应变全曲线,只能采取一些假定,推导基本计算公式,并引入试验数据进行大量的运算。现有计算方法有两类:

　　①增量方程计算法。将加载过程划分成多个微段,用各荷载段的数据增量代入基本公式计算——对应的应力和应变关系,作图相连得应力-应变全曲线;

　　②给定全曲线方程,拟合参数值。首先选定合理的全曲线数学方程,用最小二乘法作回归分析,确定式中的参数值。

　　这两类方法各有优缺点。增量法不必预先设定曲线方程,但计算得到的原始曲线不光滑,甚至有较大波折,尚需作光滑处理。拟合法的曲线形式已是先入为主,无可更改,初始的选择影响最终结果的准确性。比较合理的是采用这两类方法分别进行计算,经互相映证和修正后给出最终结果。

14.2.2 抗拉强度和变形

混凝土的抗拉强度和变形也是其最重要的基本性能之一。它既是研究混凝土的破坏机理和强度理论的一个主要依据,又直接影响钢筋混凝土结构的开裂、变形和耐久性。

1.试验方法和抗拉性能指标

混凝土一向被认为是一种脆性材料,抗拉强度低,变形小,破坏突然。现有三种试验方法(图 14-10)测定混凝土的抗拉强度,但给出不同的强度值。从棱柱体试件的轴心受

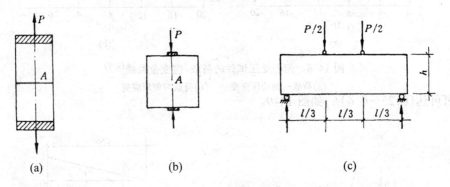

图 14-10 抗拉强度的试验方法
(a)轴心受拉 (b)劈裂 (c)抗折

拉试验得到轴心抗拉强度

$$f_t = \frac{P}{A} \tag{14-6}$$

从立方体试件的劈裂试验得到混凝土的劈裂抗拉强度

$$f_{t,s} = \frac{2P}{\pi A} \tag{14-7}$$

从棱柱体试件的抗折试验给出弯(曲抗)拉强度

$$f_{t,f} = \frac{6M}{bh^2} = \frac{Pl}{bh^2} \tag{14-8}$$

式中,P 为试件的破坏荷载;A 为试件的拉断或劈裂面积。

若要量测混凝土的受拉应力-应变曲线,就必须采用轴心受拉试验方法,其试件的横截面上有明确而均匀分布的拉应力,又便于设置应变传感器。至于要获得混凝土受拉应力-应变全曲线的下降段,就要有电液伺服阀控制的刚性试验机,或者采取措施增强试验装置的总体刚度。有关文献介绍了一种简便实用的方法(图 14-11),设计一个由横梁和拉杆组成的刚性钢框架,与混凝土棱柱体试件平行受力,用普通液压式试验机成功地量测到受拉应力-应变全曲线。

我国根据混凝土抗拉性能的大量试验,给出的主要性能指标如下:

轴心抗拉强度 混凝土的轴心抗拉强度随其立方强度单调增长,但增长幅度渐减(图

14-12)。经回归分析后得经验公式

$$f_t = 0.26 f_{cu}^{2/3} \qquad (14\text{-}9)$$

模式规范 CEB-FIP MC90 给出与此相近的计算式

$$f_t = 1.4(f_c'/10)^{2/3} \qquad (14\text{-}10)$$

式中，f_{cu} 和 f_c' 分别为混凝土的立方体和圆柱体抗压强度，N/mm^2。

试验结果还表明，试件尺寸较小者，实测抗拉强度偏高，尺寸较大者强度偏低，一般称为尺寸效应。

劈拉强度 劈拉试验简单易行，又采用相同的标准立方体试件，成为最普通的测定手段。试验给出的混凝土劈拉强度与立方体抗压强度的关系如图 14-13，经验回归公式为

$$f_{t,s} = 0.19 f_{cu}^{3/4} \qquad (14\text{-}11)$$

需注意，根据我国的试验结果和计算式的比较，混凝土的轴心抗拉强度稍高于劈拉强度：$f_t/f_{t,s} = 1.368 f_{cu}^{0.083} = 1.09 \sim 1.0$（当 $f_{cu} = 15 \sim 43\ N/mm^2$）。国外的同类试验却给出了相反的结论：$f_t = 0.9 f_{t,s}$。两者的差异可能出自试验方法的不同。我国采用立方体

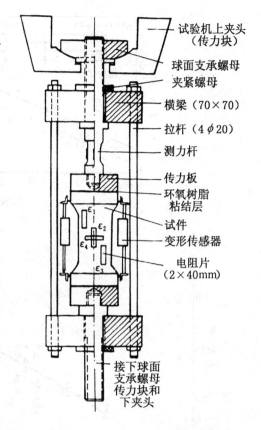

图 14-11　受拉应力-应变全曲线的试验示意图

（右侧标注，从上到下）

试验机上夹头（传力块）
球面支承螺母
夹紧螺母
横梁（70×70）
拉杆（4ϕ20）
测力杆
传力板
环氧树脂粘结层
试件
变形传感器
电阻片（2×40mm）

接下球面支承螺母传力块和下夹头

（图中应变标注）ε_1　ε_2　ε_4　ε_3

试件，加载垫条是钢制的；而国外采用圆柱体试件，垫条的材质较软（如胶水）。

峰值应变 混凝土试件达到轴心抗拉强度 f_t 时的应变（即应力-应变全曲线上的峰值应变 $\varepsilon_{t,p}$）。随抗拉强度而增大（图 14-14），回归计算式为

$$\varepsilon_{t,p} = 65 \times 10^{-6} f_t^{0.54} \qquad (4\text{-}12a)$$

将式(14-9)代入得混凝土受拉峰值应变与立方体抗压强度（f_{cu}，N/mm^2）的关系为

$$\varepsilon_{t,p} = 3.14 \times 10^{-6} f_{cu}^{0.36} \qquad (4\text{-}12b)$$

弹性模量 混凝土受拉弹性模量（E_t）的标定值，取为应力 $\sigma = 0.5 f_t$ 时的割线模量。其值约与相同混凝土的受压弹性模量相等。试验结果如图 14-15 所示，计算公式如下

$$E_t = (1.45 + 0.628 f_t) \times 10^3 \qquad (14\text{-}13)$$

混凝土受拉弹性模量与峰值割线模量（$E_{t,p} = f_t/\varepsilon_{t,p}$）的比值在 1.04 至 1.38 之间，平均为

$$E_t/E_{t,p} = 1.20 \qquad (14\text{-}14)$$

泊松比 根据试验中量测的试件横向应变计算混凝土的受拉泊松比，其割线值和切线值在应力上升段近似相等

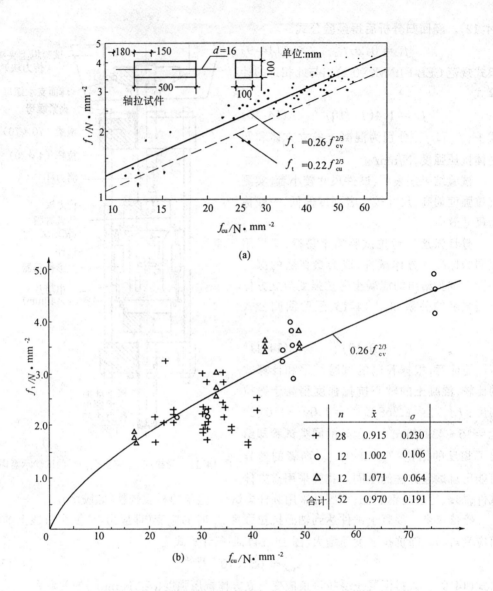

图 14-12 轴心抗拉强度与立方体抗压强度

$$\nu_{t,s} = \nu_{t,t} = 0.17 \sim 0.23 \qquad (14\text{-}15)$$

也可取为 0.20，即与应力较低时的受压泊松比值相等。

但是，当拉应力接近抗拉强度时，试件的纵向拉应变加快增长，而横向压缩变形使材料更紧密，增长速度减慢，故泊松比值逐渐减小。这与混凝土的受压泊松比随应力增加而增长的趋势恰好相反。

2. 破坏特征

试验中量的试件平均应力和变形 Δl（或平均应变 $\Delta l/l$）全曲线如图 14-16(a)，若按试件上各个电阻片的实测应变值作图则如图 14-16(b)。在应力上升段，各电阻片的应变与平均应变一致;接近曲线峰点并进入下降段后,各电阻片有不同的应变曲线。与裂缝相交的电阻片的应变剧增而拉断,其余电阻片的变变则随试件的卸载而减小,即变形恢复。

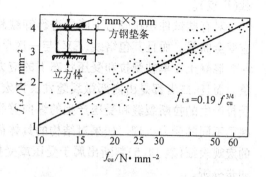

图 14-13 劈拉强度与立方体抗压强度

混凝土受拉应力-应变全曲线上的四个特征点 A、C、E 和 F(对照图 14-3 的受压曲线)标志着受拉性能的不同阶段。

试件开始加载后,当应力 $\sigma < (0.4 \sim 0.6)f_t$($A$ 点)时,混凝土的变形约按比例增

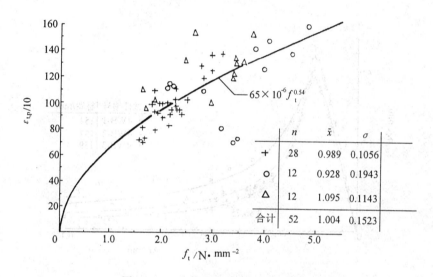

图 14-14 峰值应变与抗拉强度的关系

大。此后混凝土出现少量塑性变形,应变增长稍快,曲线微凸。当平均应变达 $\varepsilon_{t,p} = (70 \sim 140) \times 10^{-6}$ 时,曲线的切线水平,得抗拉强度 f_t。随后,试件的承载力很快下降,形成一陡峭的尖峰(C 点)。

肉眼观察到试件表面上的裂缝时,曲线已进入下降段(E 点),平均应变约 $\geqslant 2\varepsilon_{t,p}$。裂缝为横向,细而短,缝宽约为 $0.04 \sim 0.08$ mm。此时的试件残余应力约为 $(0.2 \sim 0.3)$

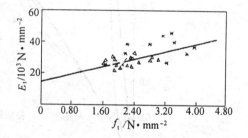

图 14-15 受拉弹性模量与抗拉强度的关系

f_t。此后,裂缝迅速延伸和发展,荷载慢慢下降,曲线渐趋平缓。

当试件的表面裂缝沿截中边贯通时,裂缝宽度约为 $0.1 \sim 0.2$ mm。此时截面中央沿残留未开裂面积和裂缝面的骨料咬合作用,试件仍有少量残余承载力约 $(0.1 \sim 0.15)f_t$。最后,当试件的总变形或表面裂缝宽度约达 0.4 mm 后,裂缝贯穿全截面,试件拉断成两

载(F点)。

对有些试件还在应力下降段进行卸载和再加载试验(图14-17),仍得到稳定的应力-应变全曲线。而且其包络线(EV)与一次单调加载试验的全曲线相一致。

混凝土在单轴受拉和受压状态下的应力-应变全曲线都是不对称的单峰曲线,形状相象。而且,二者都是由内部微裂缝发展为宏观的表面裂缝,导致最终破坏。但是,混凝土受拉产生的拉断裂缝和受压产生的纵向劈裂裂缝在宏观表征上有巨大差别(表14.5),反映了不同的受力机理。如果对结构的具体荷载状况、内力分布等知之不详,也可根据裂缝的宏观表征(表14.5)判断出属于受压或受拉类裂缝,并对结构的安全性和补强措施作出初步分析。

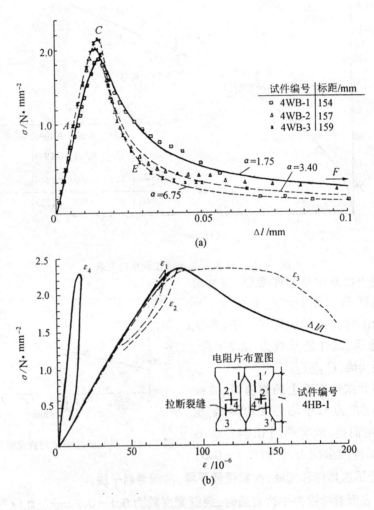

图14-16 受拉应力-应变(变形)全曲线
(a)应力-变形(平均应变) (b)应力-应变(电阻片量测)

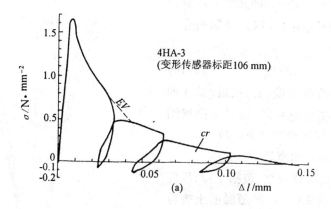

图 14-17　加卸载试验的应力-应变曲线

表 14.5　混凝土受压和受拉破坏裂缝的宏观表征比较

裂缝图	（受压）	（受拉）
基本特征	纵出压劈	横向拉断
方向	平行于主压应力,后期出现斜裂缝	垂直于主拉应力
数量	多条平行裂缝,间距小	一般只有一条
裂缝形状	中间宽,两端窄	不规则
发展过程	较缓慢,逐渐增多,延伸、加宽	很快,突然开展、延伸
裂缝面	裂缝面有分叉、碎片、无定形	界面清晰、整齐
两旁混凝土	疏松,易剥落	坚实,稳定
破坏区长度	与截面尺寸同一数量级	限于一截面

14.2.3　抗剪强度和破坏特征

1.抗剪强度

通过对不同强度等级的混凝土进行抗剪试验,量测得试件的主拉、压应变的典型曲线如图 14-18。从开始加载直至约 60% 的极限荷载(或 V_p),混凝土的主拉、压应变和剪应变都与剪应力约成比例增长。继续增大荷载,当 $V=(0.6\sim0.8)V_p$ 时,试件的应变增长稍快,曲线微凸。再增大荷载,可听到混凝土内部开裂的声响,接近极限荷载(V_p)时,试件中部"纯剪"段出现斜裂缝,与梁轴线约成 45°夹角。随后,裂缝两端沿斜上、下延伸,穿过变截面区后,裂缝斜角变陡,当裂缝到达梁顶和梁底部,已接近垂直方向。裂缝贯通这件全截面后,将试件"剪切"成两段。

混凝土的抗剪强度(τ_p)随其立方体抗压强度(f_{cu})单调增长(图 14-19),经回归分析得计算式

$$\tau_p = 0.39 f_{cu}^{0.57} \qquad (14\text{-}16)$$

这与混凝土轴心抗拉强度(f_t)拉近,试件的破坏形态和裂缝特征也相同,而且与薄壁圆筒受扭和二轴拉/压试验的结果一致。

2. 剪切变形和剪切模量

试件破坏时的峰值应变,包括主拉、压应变(ε_{1p}, ε_{3p})和剪应变(γ_p),都随混凝土抗剪强度(τ_p)(或强度等级 f_{cu})单调增长(图 14-20),回归分析得到的峰值应变计算式为

$$\left.\begin{array}{l} \varepsilon_{1p} = (156.90 + 33.28\tau_p) \times 10^{-6} \\ \varepsilon_{3p} = -(19.90 + 5.28\tau_p) \times 10^{-6} \\ \gamma_p = (176.80 + 83.56\tau_p) \times 10^{-6} \end{array}\right\}$$

$$(14\text{-}17)$$

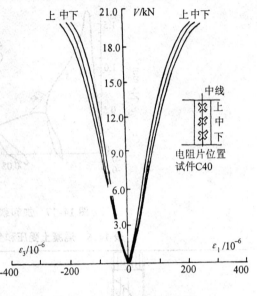

图 14-18 剪力-主应变曲线

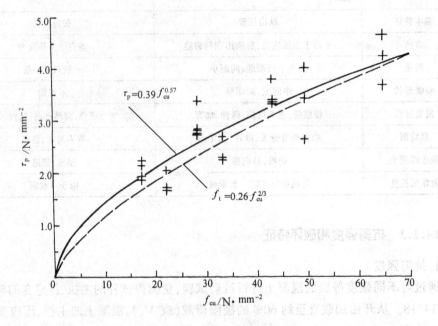

图 14-19 抗剪强度和立方体抗压强度的关系

式中,τ_p 为混凝土的抗剪强度,N/mm²。

混凝土剪切破坏时的主拉应变和主压应变分别大于相同应力($\sigma = \tau_p$)下混凝土的单轴受拉应变)和单轴受压应变。其主要原因是纯剪应力状态等效于一轴受拉和一轴受压的二维应力状态,两向应力的相互横向变形效应(泊松比)增大了应变值。而且两向应力

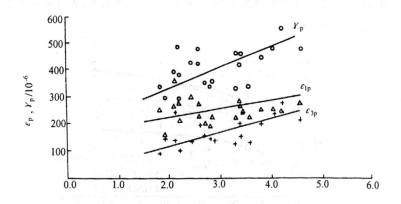

图 14-20　峰值主应变和剪切应变

的共同作用使试件在垂直于主拉应力方向更早地出现微裂缝,发展更快,接近峰值应力时,两方向的塑性变形有较大发展。因此,尽管混凝土的抗剪强度与抗拉强度值相近,但是混凝土的剪应变,特别是峰值剪应变远大于轴心受拉的相应应变,也大于相同应力下单轴受拉和受压应变之和。

混凝土的剪应力-剪变变(τ-γ)曲线形状处于单轴受压和单轴受拉曲线之间,用四次多项式拟合曲线的上升段

$$\gamma = 1.9x - 1.7x^3 + 0.8x^4$$

(14-18)

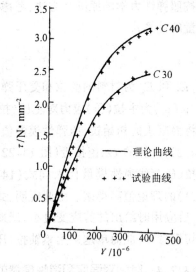

图 4-21　τ-γ 理论曲线

式中　　　$x = \gamma/\gamma_p, \gamma = \tau/\tau_p$　　(14-19)

理论曲线与试验结果的对比见图 14-21。

混凝土的剪切模量可直接从剪应力-剪应变曲线方程推导求得。有限元分析中要求使用的割线剪切模量(G_s)或切线剪切模量(G_t)分别为

$$G_s = \frac{\tau}{\gamma} = G_{sp}\left[1.9 - 1.7\left(\frac{\gamma}{\gamma_p}\right)^2 + 0.8\left(\frac{\gamma}{\gamma_p}\right)^3\right]$$

(14-20a)

$$G_t = \frac{d\tau}{d\gamma} = G_{sp}\left[1.9 - 5.1\left(\frac{\gamma}{\gamma_p}\right)^2 + 3.2\left(\frac{\gamma}{\gamma_p}\right)^3\right]$$

(14-20b)

式中,混凝土的峰值割线剪切模量由式(14-17)得出

$$G_{sp} = \frac{\tau_p}{\gamma_p} = \frac{10^6}{83.56 + 176.8/\tau_p}$$

(14-21)

而初始切线剪切模量则为

$$G_{to} = 1.9G_{sp}$$

(4-22)

混凝土的初始剪切模量和峰值割线剪切模量都随混凝土的强度(f_{cu})单调增长,理论曲线与试验结果的比较如图 14-22。

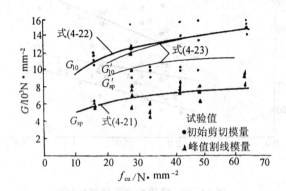

图 14-22　剪切模量和立方体抗压强度的关系

按照弹性力学的原则和方法,考虑材料的受拉和受压弹性模量不相等,也可推导得剪切模量的计算式

$$G' = \frac{E_t E_c}{E_t + E_c + \nu_c E_t + \nu_t E_c} \tag{14-23}$$

式中,E_t 和 E_c 为材料的受拉和受压弹性模量;

$\nu_t(\nu_c)$ 为主拉(压)应力对主压(拉)应力方向变形的影响系数(泊松比)。

将混凝土的初始拉、压弹性模量值代入公式(14-23)计算得的初始剪切模量 G'_{to} 与按式(14-22)计算的 G_{to} 值接近(图 14-22)。然而,以应力等于混凝土抗剪强度($\sigma = \tau_p$)时的单轴拉、压割线弹性模量代入同式(14-23)得到的割线剪切模量 G'_{sp},要比试验值和式(14-21)的理论值高得多。由此说明,式(14-22)只适用于混凝土应力较低的阶段,当 $\tau >$ $0.5\tau_p$ 后应用时给出的剪应变过小,误差很大。所以,在非线性有限元分析中所需的混凝土剪切模量,不能简单地采用单轴拉、压关系推导的公式或数值计算。

14.2.4　时间对强度和弹性模量的影响

混凝土中的主要胶结材料是水泥。水泥颗粒的水化作用从表层逐渐深入内部,是一个长达数十年的缓慢过程。所以,随着混凝土龄期的增长,水泥的水化作用日渐充分,混凝土的成熟度不断提高,其强度和弹性模量继续增长。

钢筋混凝土结构设计规范一般都取龄期 $t = 28$ 天作为标定混凝土强度和其他性能指标的标准。如果结构早期受力(包括施加预应力),应按实际龄期内混凝土达到的性能指标进行验算。对于龄期超过 28 天后才承受全部荷载的结构,一般将混凝土的后期强度作为结构的附加安全贮备而不加利用。某些工程,确因施工期很长,全部使用荷载施加上的时间很晚,或者某些特殊(如抗爆)结构,才考虑采用混凝土的后期强度(如龄期 $t = 90$ 天的强度)作为设计标准。

混凝土的强度和弹性模量等随其龄期的变化规律和增长幅度受到许多因素的影响。如水泥的品种和成分、水泥的质量、外加剂、养护条件、环境的温度和湿度及其变化等。此外,裸露在空气中的混凝土结构表面,因混凝土与二氧化碳作用,使表层碳化,削弱了混凝土的耐久性。

(1)抗压强度

混凝土的抗压强度在一般情况下随龄期单调增长,但增长速度渐减并趋向收敛。两种主要水泥制作的混凝土试件,经过普通湿养护后,在不同龄期的强度变化如表 14.6。

表 14.6　混凝土抗压强度随龄期的变化

龄期/天		3	7	28	90	360
$f_c/(\mathrm{N \cdot mm^{-2}})$	普通硅酸盐水泥	0.40	0.65	1	1.20	1.35
	快硬早强硅酸盐水泥	0.55	0.75	1	1.15	1.20

混凝土抗压强度随龄期变化的数学描述,曾有多种经验公式,例如

$$\left. \begin{array}{l} f_c(t) = \dfrac{\lg t}{\lg n} f_c(n) \\[2mm] f_c(t) = \dfrac{t}{a + bt} f_c(28) \end{array} \right\} \tag{14-24}$$

式中,$f_c(t)$、$f_c(n)$ 和 $f_c(28)$ 分别为龄期 t,n 和 28 天的混凝土抗压强度;a、b 为取决于水泥品种和养护条件的参数。

模式规范 CEB-FIP MC 90 中,混凝土抗压强度随龄期增长的计算式为

$$f_c(t) = \beta_t f_c \tag{14-25a}$$
$$\beta_t = e^{s(1-\sqrt{28/t})} \tag{14-25b}$$

式中,s 取决于水泥种类,普通水泥和快硬水泥取为 0.25,快硬高强水泥取为 0.20。

理论曲线见图 14-23,给出的混凝土后期强度一般偏低,适合工程中应用。

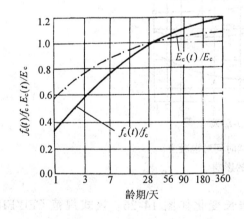

图 14-23　抗压强度和弹性模量
随龄期的变化

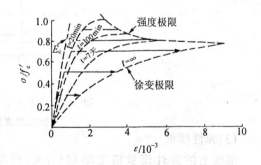

图 14-24　应力水平和作用时间
对混凝土强度和变形的影响

(2)持续荷载下的抗压强度

混凝土在压应力的持续作用下,应变将随时间而增长,称为徐变。当试件的应力水平较低($\sigma < 0.8 f_c$)时,经过很长时间后变形的增长趋收敛,达一极限值。若应力水平很高

$(\sigma \geqslant 0.8 f_c)$，混凝土进入了不稳定裂缝发展期，试件的变形增长不再收敛，在应力持续一定时间后发生破坏，得到强度极限线(图 14-24)。可见，应力水平越低，发生破坏的应力持续时间越长。荷载长期持续作用，而混凝土不会破坏的最高应力，称为长期抗压强度，一般取为 $0.80 f_c$。

长期使用的结构混凝土，一方面随龄期增加而提高强度，另一方面又因荷载(应力)的持续作用而削弱强度。二者并存，使混凝土强度的变化更加复杂。模式规范 CEB-FIP MC90 建议用两个系数(β_t 和 β_1)分别考虑，在龄期 t(天)时的混凝土抗压强度按下式计算

$$f_c(t_0, t) = \beta_t \beta_1 f_c \tag{14-26a}$$

和
$$\beta_1 = 0.96 - 0.12 \sqrt[4]{\ln[72(t - t_0)]} \tag{14-26b}$$

式中 t_0 为加载时的混凝土龄期，天；

$t - t_0$ 为荷载(应力)持续时间，天；

β_t 同式(14-25a)。

应力持续作用下的混凝土抗压强度 $f_c(t_0, t)$ 的变化如图 14-25。当荷载作用后，混凝土将出现一个最低强度值。此强度极值和达到此值的应力持续时间($t - t_0$)，都随加载时龄期(t_0)而增加。例如加载龄期为 $t_0 = 28$ 天，将在持续 $t - t_0 = 2.8$ 天后出现最低强度，其值为 $f_c(28, 30.8) = 0.78 f_c$。当加载龄期 $t_0 < 28$ 天时，最低强度值更小。

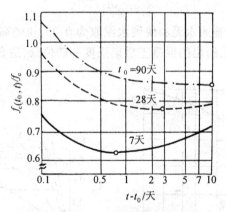

图 14-25 应力持续时间对混凝土
抗压强度的影响

(3)弹性模量

混凝土的弹性模量值随龄期(t/天)的增长变化如图 14-26。模式规范 CEB-FIP MC90 采用了一个简单的计算式

$$E_c(t) = E_c \sqrt{\beta_t} \tag{14-27}$$

式中，E_c 为龄期 $t = 28$ 天时的混凝土弹性模量；系数 β_t 见式(14-25a)。

弹性模量 $E_c(t)$ 在早期($t < 28$ 天)的增长速度较快，在后期($t > 28$ 天)增加幅度较小。主要原因是混凝土中粗骨料的性能稳定。

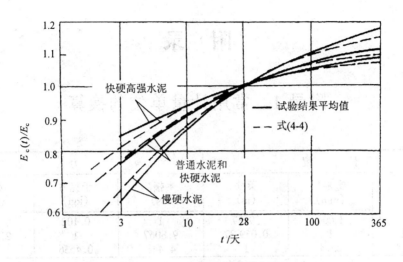

图 14-26　弹性模量随时间的发展

习 题

1.混凝土开始受力后直至破坏,其微裂缝的增加与扩展历经哪几个阶段?

2.在混凝土抗压性能试验中,为什么要进行棱柱体抗压试验? 混凝土的抗压性能指标有哪些? 我国是如何计算的?

3.为什么混凝土剪切破坏时的主拉应变和主压应变分别大于相同应力下的单轴受拉应变和单轴受压应变?

4.时间对混凝土的强度和弹性模量有何影响?

附　录

附录1　常用计量单位的换算

长　度			力		
米* (m)	毫米* (mm)	英寸 (in)	牛顿* (N)	千克力 (kgf)	磅力 (Lbf)
1	1 000	39.37	1	0.102	0.224 8
0.001	1	0.039 37	9.8067	1	2.204 6
0.025 4	25.4	1	4.448	0.4536	1
应　力			功		
帕* (Pa)	千克力/毫米^2 (kgf/mm^2)	磅力/英寸^2 (Lbf/in^2)	牛顿·米* (N·m)	千克力·米 (kgfm)	磅力·英尺 (Lbf·ft)
1	1.02×10^{-7}	14.5×10^{-5}	1	0.102	0.737 6
98.07×10^5	1	1422	9.807	1	7.233
689 4.8	7.03×10^{-4}	1	1.356	0.138 3	1
冲　击　值			应力强度因子		
牛顿·米/米^2* (N·m/m^2)	千克力·米/厘米^2 (kgf·m/cm^2)	磅力·英尺/英寸^2 (Lbf·ft/in^2)	兆牛顿/米$^{3/2}$* (MN/m$^{3/2}$)	千克力/毫米$^{3/2}$ (kgf/mm$^{3/2}$)	千磅力/英寸$^{3/2}$ kLbf/in$^{3/2}$
1	0.102×10^{-4}	4.75×10^{-3}	1	3.23	0.910
980 67	1	46.65	0.310	1	0.282
210 2.9	0.021	1	1.10	3.544	1
能量释放率			温　度		
牛顿/米* (N/m)	千克力/毫米 (kgf/mm)	磅力/英寸 (Lbf/in)	摄氏度* (℃)	华氏度 (℉)	开尔文* K
1	0.102×10^{-3}	0.57×10^{-2}	℃	$\frac{9}{5}$℃ + 32	℃ + 273.15
980 7	1	55.0	$\frac{5}{9}$(℉ - 32)	℉	$\frac{5}{9}$(℉ + 459.67)
175.5	0.017 86	1	K - 273.15	$\frac{9}{5}$K-459.67	K

注：* 为法定计量单位，其他为非法定计量单位。

附录2　常用应力强度因子 K_{I}

1.“无限大”平板中的贯穿裂纹(见图附2.1)

$$K_{\mathrm{I}} = \sigma \sqrt{\pi a}$$

(附2.1)

2.有限宽板的贯穿裂纹(见图附2.2)

$$K_I = F \cdot \sigma \sqrt{\pi a} \qquad \text{(附2.2)}$$

修正系数 F 有如下几种经验公式：

(1)取无限板具有周期性裂纹的解作近似解

$$F = \sqrt{\frac{2b}{\pi a} \tan \frac{\pi a}{2b}} \qquad \text{(附2.2a)}$$

(2)对 Isida 公式的最小二乘法拟合

$$F = 1 + 0.128(a/b) - 0.288(a/b)^2 + 1.525(a/b)^3 \qquad \text{(附2.2b)}$$

(3)修正的 Feddersen 公式

$$F = \left[1 - 0.025(\frac{a}{b})^2 + 0.06(\frac{a}{b})^4\right] \sqrt{\sec \frac{\pi a}{2b}} \qquad \text{(附2.2c)}$$

3.有限宽板单边直裂纹(见图附2.3)

$$K_I = F \cdot \sigma \sqrt{\pi a} \qquad \text{(附2.3)}$$

修正系数 F 的经验公式有：

(1) $F = 1.12 - 0.231(a/b) + 10.55(a/b)^2 - 21.72(a/b)^3 + 30.39(a/b)^4$

$$\text{(附2.3a)}$$

(2) $\displaystyle F = \sqrt{\frac{2b}{\pi a} \tan \frac{\pi a}{2b}} \cdot \frac{0.752 + 2.02(\frac{a}{b}) + 0.37(1 - \sin \frac{\pi a}{2b})^3}{\cos \frac{\pi a}{2b}}$ (附2.3b)

4.有限宽受弯单边裂纹梁(见图附2.4)

$$K_I = F \cdot \sigma \sqrt{\pi a} \qquad \text{(附2.4)}$$

$$\sigma = 6M/b^2, \text{厚度 } t = 1$$

修正系数 F 的经验公式有：

(1) $F = 1.122 - 1.40(a/b) + 7.33(a/b)^2 - 13.08(a/b)^3 + 14.0(a/b)^4$

$$\text{(附2.4a)}$$

(2) $\displaystyle F = \sqrt{\frac{2b}{\pi a} \tan \frac{\pi a}{2b}} \cdot \frac{0.923 + 0.199(1 - \sin \frac{\pi a}{2b})^4}{\cos \frac{\pi a}{2b}}$ (附2.4b)

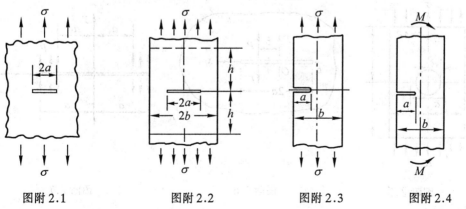

图附2.1　　　　　图附2.2　　　　　图附2.3　　　　图附2.4

5.有限宽中心圆孔边裂纹板(见图附2.5)

$$K_{\mathrm{I}} = F\sigma\sqrt{\pi a} \qquad\qquad (附2.5)$$

式中修正系数 F 由表附 2.1 给出。

表附 2.1　有限宽板中心圆孔边裂纹应力强度因子的修正系数 F

a/b	F (F/b = 0)	a/b	F (F/b = 0.25)	a/b	F (F/b = 0.5)
0.0	1.000 0	0.25	0.000 0	0.50	0.000 0
0.1	1.006 1	0.26	0.653 9	0.51	0.652 7
0.2	1.024 9	0.27	0.851 0	0.52	0.881 7
0.3	1.058 3	0.28	0.960 5	0.525	0.963 0
0.4	1.110 2	0.29	1.030 4	0.53	1.031 5
0.5	1.187 6	0.30	1.077 6	0.54	1.142 6
0.6	1.303 4	0.35	1.178 3	0.55	1.230 1
0.7	1.489 1	0.40	1.215 6	0.60	1.502 6
0.8	1.816 1	0.50	1.285 3	0.70	1.824 7
0.9	2.548 2	0.60	1.396 5	0.78	2.107 0
		0.70	1.579 7	0.85	2.477 5
		0.80	1.904 4	0.90	2.907 7
		0.85	2.180 6		
		0.90	2.624 8		

6.“无限大”平板贯穿裂纹线集中加载(见图附 2.6)

$$K_{\mathrm{I}} = \frac{p}{\sqrt{\pi a}}\sqrt{\frac{a+b}{a-b}} \qquad (A\ 端) \qquad\qquad (附2.6)$$

$$K_{\mathrm{I}} = \frac{p}{\sqrt{\pi a}}\sqrt{\frac{a-b}{a+b}} \qquad (B\ 端)$$

7.“无限大”平板贯穿裂纹线均布加载(见图附 2.7)

$$K_{\mathrm{I}} = 2p\sqrt{\frac{a}{\pi}}\cos^{-1}\left(\frac{a_1}{a}\right) \qquad\qquad (附2.7)$$

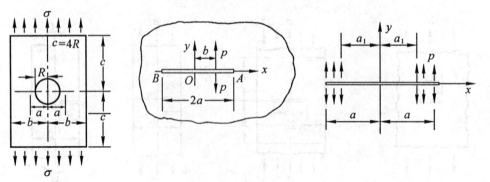

图附 2.5　　　　　　图附 2.6　　　　　　图附 2.7

8.内埋裂纹与表面裂纹

在工程结构上还会遇到构件内部或表面存在非贯穿的缺陷这类问题。内埋裂纹的计算模型是"无限大体"中的片状裂纹。表面裂纹的计算模型则是"半无限大体"中在一个自由表面上露头的片状裂纹。通常计算时总是取裂纹面垂直于拉应力的方向,以确保计算结果偏于安全。

Green 和 Sneddon 曾求解过无限大体中的椭圆片状裂纹问题(见图附 2.8(a)),远场受垂直于椭圆片所在平面的均匀拉应力作用。椭圆片的长轴为 $2c$、短轴为 $2a$,裂纹边界点 P 的坐标 (x_P, y_P) 满足椭圆方程。

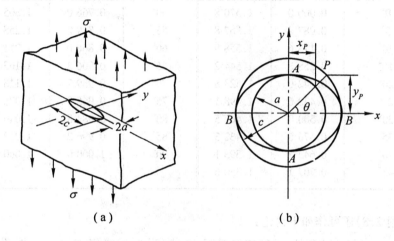

(a)　　　　　　　　　　(b)

图附 2.8　内埋椭圆片状裂纹

$$\frac{x_P^2}{c^2} + \frac{y_P^2}{a^2} = 1$$

P 点的应力强度因子 K_{I} 求出为

$$\left. \begin{aligned} K_{\mathrm{I}} &= \alpha\sigma\sqrt{\pi a} \\ \alpha &= \frac{1}{E(k)}(1 - k^2\cos^2\theta)^{1/4} \end{aligned} \right\} \tag{附2.8}$$

式中

$$\left. \begin{aligned} k^2 &= 1 - (a/c)^2 \\ E(k) &= \int_0^{\pi/2} \sqrt{1 - k^2\sin^2\theta}\,\mathrm{d}\theta \end{aligned} \right\} \tag{附2.9}$$

$E(k)$ 为以 k 为参照的第二类完整椭圆积分,其值可由表附 2.2 查出。由式(附 2.8)可见,椭圆片状裂纹前缘各点处的 K 因子随其位置 θ 而变化(见图附 2.8(b))。当 $\theta = \frac{\pi}{2}$ 或

$\theta = -\dfrac{\pi}{2}$ 时,即在椭圆的短轴两端点 A 和 A' 处,$\cos\theta = 0$,此时修正系数 α 有最大值

$$\alpha_A = \alpha_{A'} = \alpha_{\max} = 1/E(k)$$

所以,其应力强度因子最大;而在 $\theta = 0$ 或 $\theta = \pi$ 处,即在椭圆长轴的两端点 B 和 B' 处,$\cos\theta = 1$,此时有最小值的修正系数

$$\alpha_B = \alpha_{B'} = \alpha_{\min} = \frac{1-k^2}{E(k)}$$

表附 2.2 第二类完整椭圆积分表

$\sin^{-1}k$	k	$E(k)$	$\sin^{-1}k$	k	$E(k)$
0°	0.000 0	1.570 8	50°	0.766 0	1.305 5
5°	0.087 2	1.567 8	55°	0.819 2	1.258 7
10°	0.173 6	1.558 9	60°	0.866 0	1.211 1
15°	0.258 8	1.544 2	65°	0.906 3	1.163 8
20°	0.342 0	1.523 8	70°	0.939 7	1.118 4
25°	0.422 6	1.498 1	75°	0.965 9	1.076 4
30°	0.500 0	1.467 5	80°	0.984 8	1.040 1
35°	0.576 6	1.432 3	85°	0.996 2	1.012 7
40°	0.642 8	1.393 1	90°	1.000 0	1.000 0
45°	0.707 1	1.350 6			

由式(附 2.8)还可作如下讨论:

(1)在 $a = c$(圆片状裂纹)的特定情况下,由式(附 2.9)求得 $E(k) = \pi/2$,代入(附 2.8)有

$$\alpha = 2/\pi$$

以及

$$K_{\mathrm{I}} = \alpha\sigma\sqrt{\pi a} = \frac{2}{\pi}\sigma\sqrt{\pi a} \tag{附 2.10}$$

此时,圆片裂纹前沿各点处的应力强度因子 K_{I} 均相等。

(2)当 $c \gg a$ 或 $a/c \to 0$ 时,$E(k) = 1$,$\alpha = \sqrt{\sin\theta}$,故有 $K_{\mathrm{I}} = \sqrt{\sin\theta}\cdot\sigma\sqrt{\pi a}$。在 $\theta = \pi/2$ 即椭圆短轴端点处,$\alpha = \sqrt{\sin\theta} = 1$,$K_{\mathrm{I}}$ 有最大值,其值为 $K_{\mathrm{I}} = \sigma\sqrt{\pi a}$。这说明当 $a/c \to 0$ 时,无限大体内的椭圆片状裂纹可近似按无限大体内的中心穿透裂纹来处理。

工程上更多遇到的是表面裂纹问题。一般可近似按前述解经修正处理:

(1)用垂直于裂纹面并包含椭圆长轴的平面将无限大体切成两半,得半无限大体含表面半椭圆裂纹的情况。由于切开面变成解除原来约束的自由面,为此引入前表面修正因子 M_1,可按下式计算

$$M_1 = \left[1.0 + 0.12\left(1 - \frac{\alpha}{2c}\right)^2\right] \tag{附 2.11}$$

(2)对于半无限大体,再作一个与上述切开面相平行的背平面,就得到图附2.9所示的有限厚板含表面半椭圆裂纹的情况。为此,还要引入后表面修正系数 M_2。

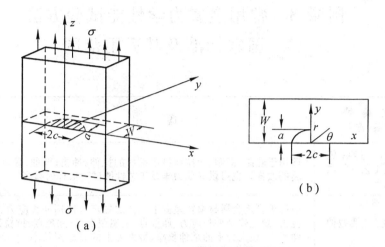

（a）

（b）

图附2.9　有限厚板含表面半椭圆裂纹

Shah－Kobayashi 同时考虑 M_1、M_2,得到弹性修正因子 $M = M_1 \cdot M_2$,随 $\dfrac{a}{c}$ 和 $\dfrac{a}{w}$ 的变化规律图(见图附2.10)。所以半椭圆表面裂纹在最深点 A 处的应力强度因子公式是

$$K_I = M_1 \cdot M_2 \frac{\sigma \sqrt{\pi a}}{E(k)} = M \frac{\sigma \sqrt{\pi a}}{E(k)} \qquad (附2.12)$$

工程上作为近似计算,也常用下式:

$$K_I = 1.1 \frac{\sigma \sqrt{\pi a}}{E(k)} \qquad (附2.13)$$

如果再考虑到塑性区的影响,应作如下修正:

由式(附2.12),令 $Y = M/E(k)$,代入式(4.24)经运算得平面应变状态下的 K_I 因子修正公式是

$$K_I = \frac{M\sigma \sqrt{\pi a}}{[E(k)^2 - 0.212(\sigma/\sigma_n)^2]^{1/2}} = \frac{M\sigma \sqrt{\pi a}}{\sqrt{Q}}$$

$$(附2.14)$$

式中

$$Q = E(k)^2 - 0.212(\sigma/\sigma_s)^2 \qquad (附2.15)$$

有些手册和书籍中提供 Q 值的图和表,可直接查出数值。

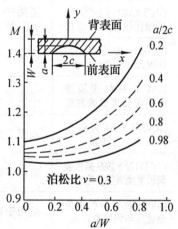

图附2.10　M 与 a/c 和 a/W 的关系

附录3　常用金属力学性能试验方法
国家标准及其适用范围

标准编号 及名称	适用范围
GB/T2975－1998 钢材力学及工艺性能试验取样规定	适用于轧制、锻制、冷拉和挤压钢材的拉伸、冲击、弯曲、硬度和顶锻等试验的取样。也可供其他力学及工艺性能试验取样时参考
GB228－87 金属拉伸试验方法	适用于测定金属材料在室温下拉伸的规定非比例伸长应力、规定总伸长应力、规定残余伸长应力、屈服点、上屈服点、下屈服点、抗拉强度、屈服点伸长率、最大力下的总伸长率、最大力下的非比例长率、断后伸长率及断面收缩率等性能指标
GB6397－86 金属拉伸试验试样	适用于钢铁和有色金属材料的通用拉伸试样及无特殊规定的棒、型、板（带）、管、线（丝）、铸件、压铸件和锻压件的试样
GB7314－87 金属压缩试验方法	适用于测定金属材料在室温下单向压缩的规定非比例压缩应力、规定总压缩应力、屈服点、弹性模量及脆性材料的抗压强度
GB231－84 金属布氏硬度试验方法	适用于金属布氏硬度（650HBW 或 450HBS 以下）的测定
GB/T230－1991 金属洛氏硬度试验方法	适用于金属洛氏硬度（A、B 和 C 标尺）的测定
GB/T1818－1994 金属表面洛氏硬度试验方法	适用于金属表面洛氏硬度的测定
GB/T4340－1999 金属维氏硬度试验方法	适用于金属维氏硬度（5～1 000HV）的测定。载荷范围为 49.03～980.0N
GB5030－85 金属小负荷维氏硬度试验方法	适用于金属维氏硬度的测定。载荷范围为 1.961～49.03N
GB4342－84 金属显微维氏硬度试验方法	适用于金属维氏硬度的测定。载荷范围为 $98.07×01^{-3}～1.961N$
GB4341－84 金属肖氏硬度试验方法	适用于金属肖氏硬度（5～105HS）的测定
GB/T1172－1999 黑色金属硬度及强度换算表	适用于碳钢及合金钢的硬度及强度换算
GB/T3371－1995 铜合金硬度与强度换算表	适用于黄铜（H62，HPb59－1 等）和铍青铜硬度与强度换算
GB/T229－1994 金属夏比（U 型缺口）冲击试验方法	适用于室温下处于简支梁状态的金属试样，在一次冲击载荷作用下折断时冲击吸收功的测定

标准编号及名称	适 用 范 围
GB/T2306-1997 金属夏比(V型缺口)冲击试验方法	适用于室温下处于简支梁状态的金属试样,在一次冲击载荷作用下折断时冲击吸收功的测定
GB4159-84 金属低温夏比冲击试验方法	适用于试验温度<15~192℃范围内处于简支梁状态的金属试样冲击吸收功的测定
GB4161-84 金属材料平面应变断裂韧度 K_{IC} 试验方法	适用于采用厚度≥1.6mm带材的疲劳裂纹的三点弯曲、紧凑拉伸、C 形拉伸、和圆形紧凑拉伸试样,测定金属材料的平面应变断裂韧度 K_{IC}。当试验结果无效时,还可按本方法规定测定试样强度比 R_{SX}
GB7732-87 金属板材表面裂纹断裂韧度 K_{IC} 试验方法	适用于具有半椭圆表面裂纹的矩形截面拉伸试样,在室温(15~35℃)和大气环境下测定金属板材表面裂纹断裂韧度 K_{IC}
GB/T2038-1991 利用 J_R 阻力曲线确定金属材料延性断裂韧度的试验方法	适用于带有疲劳预制裂纹的小试样,利用 J_R 阻力曲线确定金属材料延性断裂韧度,用于评定材料的断裂韧性
GB/T2358-1994 裂纹张开位移(COD)试验方法	适用于带有疲劳预制裂纹的三点弯曲试样,对钢材进行室温及低温裂纹张开位移(COD)试验。主要用于线弹性断裂力学失效的延性断裂情况。
GB6398-86 金属材料疲劳裂纹扩展速率试验方法	适用于在室温及大气环境下用紧凑拉伸(CT)试样或中心裂纹拉伸(CCT)试样测定金属材料大于 10^{-5} mm/cycle 的恒载幅度劳裂纹扩展速率
GB/T5027-1999 金属薄板塑性应变比(r值)试验方法	适用于在室温下测定深压延用金属薄板塑性应变化比 r 值的单轴拉伸试验
GB/T5028-1999 金属薄板拉伸应变硬化指数(n值)试验方法	适用于厚度在 0.1~6mm 范围内、真实应力与真实应变服从 $\sigma = K\varepsilon^n$ 关系的金属薄板材料,在室温下测定应变硬化指数 n 值的单轴拉伸试验
GB4337-84 金属旋转弯曲疲劳试验方法	适用于在室温、空气条件下,测定金属圆形横截面试样在旋转状态下承受弯曲力矩时的疲劳性能
GB3075-82 金属轴向疲劳试验方法	适用于在室温、空气条件下,测定金属在承受各种类型循环应力的恒载荷轴向疲劳强度
GB4157-84 金属抗硫化物应力腐蚀开裂恒负荷拉伸试验方法	适用于在实验室内在含有硫化氢的酸性水溶液中对承受拉伸应力的金属进行抗开裂破坏性能的试验。
GB/T2039-1997 金属拉伸蠕变试验方法	适用于金属材料试样在规定温度及恒定拉伸载荷作用下,试验时间不超过 100 00h,总伸长率在 1% 范围内的蠕变试验

标 准 编 号 及 名 称	适 用 范 围
GB6395－86 金属高温拉伸持久试验方法	适用于金属材料试样在规定温度及恒定拉伸载荷作用下,直至断裂的持续时间的测定或持久强度极限的测定。也可测定伸长率、断面收缩率和评定缺口敏感性
GB/T4338－1995 金属高温拉伸试验方法	适用于在 100～1 100℃ 测定金属材料的规定非比例伸长应力、屈服点、抗拉强度、伸长率和断面收缩率等拉伸性能
GB/T2107－1991 金属高温旋转弯曲疲劳试验方法	适用于金属圆形横截面试样在规定温度及旋转状态下承受弯曲力矩的疲劳试验,用定测定金属的高温旋转弯曲疲劳性能
GB10128－88 金属室温扭转试验方法	适用于在室温下测定金属材料的扭转性能
GB124444.1－90 金属磨损试验方法 MM 型磨损试验	适用于金属材料在滚动摩擦、滑动摩擦和滚动—滑动复合摩擦条件下摩损量及摩擦系数测定
GB10622－89 金属滚动接触疲劳试验方法	适用于测定金属材料滚动接触疲劳性能
GB1039－79 塑料力学性能试验方法总则	适用于塑料试样的制备和外观检查,试验环境及试样预处理
GB1040－79 塑料拉伸试验法	适用于塑料拉伸强度、断裂伸长和弹性模量测定
GB1041－79 塑料压缩试验方法	适用于塑性压缩性能测定
GB9342－88 塑料洛氏硬度试验方法	适用于塑料洛氏硬度测定
GB1034－79 塑料简支梁冲击试验方法	适用于塑料在简支梁冲击试验机上测定冲击韧度值
GB1684－79 橡胶静压缩试验方法	适用于测定橡胶的压缩变形及永久变形
GB8489－87 工程陶瓷压缩强度试验方法	适用高强度工程陶瓷在室温下压缩强度测定。对于高强度功能陶瓷也适用
GB6569－86 工程陶瓷弯曲强度试验方法	适用于高强度工程陶瓷在室温下三点和四点弯曲强度的测定

参 考 文 献

1. 束德林主编. 金属力学性能. 北京:机械工业出版社,1987

2. Я.Б.弗里德曼. 金属机械性能. 北京:机械工业出版社,1982

3. 周惠久,黄明志主编. 金属材料强度学. 北京:科学出版社,1989

4. 姚枚主编. 金属力学性能. 北京:机械工业出版社,1979

5. 黄明志主编. 金属力学性能. 西安:西安交通大学出版社,1986

6. 姜伟之等编著. 工程材料的力学性能. 北京:北京航空航天大学出版社,2000

7. 郑修麟主编. 材料的力学性能. 西安:西北工业大学出版社,1996

8. 王栓柱. 金属疲劳. 福州:福建科学技术出版社,1987

9. 陈南平等. 机械零件失效分析. 北京:清华大学出版社,1988

10. 刘家浚. 材料磨损原理及其耐磨性. 北京:清华大学出版社,1993

11. 温诗铸. 摩擦学原理. 北京:清华大学出版社,1990

12. S T Rolfe,J M Barsom. 结构中的断裂与疲劳控制. 刘文铤等译. 北京:机械工业出版社,1985

13. 冶金部钢铁研究总院等. 合金钢断口分析金相图谱. 北京:科学出版社,1979

14. 徐灏. 疲劳强度设计。北京:机械工业出版社,1981

15. 王兴业,唐羽章. 复合材料力学性能. 北京:国防工业出版社,1988

16. 吴人洁. 复合材料. 天津:天津大学出版社,2000

17. 周玉. 陶瓷材料学. 哈尔滨:哈尔滨工业大学出版社,1995

18. 许凤和. 高分子材料力学试验. 北京:科学出版社,1987

19. 过镇海. 钢筋混凝土原理. 北京:清华大学出版社,1999

20. R W Hertzberg. Deformation and Fracture Mechanics of Engineering Materials. John Weiley & Sons,1976

21. G E Dieter. Mechanical Metallurgy. McGraw – Hill,1976

22. B I Sandor. Fundamentals of Cyclic Stress and Strain. University of Wisconsin Press,1972

23. H O Fuchs,R. I. Stephens. Metal Fatigue in Engineering. John Weiley & Sons,1980

24. W S Pellini. Principles of Structurel Integrity Technology. Office of Naval Research，1976